北京市高等教育精品教材

地理信息系统原理与应用

（第二版）

靖常峰　朱　光　赵西安　杜明义　编著

科学出版社
北　京

内 容 简 介

本书系统地介绍了地理信息系统原理与应用方法。全书共 10 章：第 1 章介绍地理信息系统的原理、组成、应用与发展；第 2 章介绍空间数据获取、数据转换与输入方法，特别是介绍了移动测量技术、立体摄影测量、激光雷达测量等当代空间数据获取的原理与方法；第 3 章介绍空间数据的矢量结构、栅格结构，以及 DEM 的数据结构；第 4 章介绍空间数据文件管理、数据库模型和空间数据库等；第 5 章介绍空间数据编辑、拓扑关系建立、几何与投影变换；第 6 章介绍空间数据统计与回归分析、叠加分析、缓冲区分析和网络分析等；第 7 章介绍空间数据可视化的技术与方法；第 8 章介绍空间数据质量模型、空间数据质量元素、空间数据质量评价方法等；第 9 章介绍 ArcGIS 软件的特点与应用方法；第 10 章结合应用介绍地理信息系统工程开发方法。

本书可以作为测绘科学、地理科学、城乡规划等有关专业本科生和研究生教材，也可以作为从事地理信息科学、城乡规划管理等领域科研与工程技术人员的参考书。

图书在版编目(CIP)数据

地理信息系统原理与应用/靖常峰等编著. —2 版. —北京：科学出版社，2018.3

北京市高等教育精品教材

ISBN 978-7-03-055941-8

Ⅰ. ①地… Ⅱ. ①靖… Ⅲ. ①地理信息系统–高等学校–教材 Ⅳ. ①P208.2

中国版本图书馆 CIP 数据核字(2017)第 309432 号

责任编辑：杨 红/责任校对：何艳萍

责任印制：张 伟/封面设计：迷底书装

科学出版社 出版

北京东黄城根北街 16 号

邮政编码：100717

http://www.sciencep.com

北京中石油彩色印刷有限责任公司 印刷

科学出版社发行 各地新华书店经销

*

2010 年 10 月第 一 版 开本：787×1092 1/16

2018 年 3 月第 二 版 印张：11 1/2

2023 年 8 月第九次印刷 字数：298 000

定价：39.00 元

(如有印装质量问题，我社负责调换)

第二版前言

地理信息系统自20世纪60年代问世以来，推动国民经济产业大发展，在国内外高等教育诸多学科中产生学术交叉，支撑了智慧城市、大数据、人工智能等新方向的萌芽、发展。在我国，自20世纪80年代开始就在国家五年发展规划纲要中进行了重点规划和科研资助，其中地理信息系统架构、地理信息系统新应用模式、时空信息组织与表达、城市空间信息网格化集成和智能服务技术、应急响应综合信息集成关联分析等课题的研发，进一步推动了我国地理信息系统技术与应用的蓬勃发展。

本书为第二版，结构体系延续了《地理信息系统原理与应用》（2010年，朱光等）一书的框架。本书以地理信息系统的技术核心，即地理空间信息获取、管理及应用，以空间数据管理、空间数据分析、空间数据应用等为主线，同时强调空间数据获取技术与手段、空间数据质量评价、地理信息系统工程应用开发等内容。本书修订主要面向地理信息技术在智能服务、智慧城市等方向的新发展，补充了地理信息技术与社会科学等学科的交叉研究概述、移动测量技术、GIS软件的新体系结构等内容。

本书是北京市高等教育精品教材，得到了北京建筑大学教材建设项目基金（C1701）、国家自然科学基金（41771412）资助，科学出版社杨红编辑对于本书出版也给予了大力支持，在此一并表示感谢。

限于作者才疏学浅，书中难免存在不足之处，恳请读者批评指正。

作　者

2017年10月于北京

第一版前言

地理信息系统技术从20世纪60年代问世以来，在我国经历了三次大的发展阶段。特别是“九五”、“十五”期间，国家安排重大专项资金用于支持国产GIS软件开发与应用，在政府主管部门、科研院所和企事业单位的共同努力下，我国GIS软件总体技术已经达到国际先进水平，并在测绘、国土、电力水利、环保、电信、城市规划与管理等领域得到广泛应用。国家“十一五”期间更是在对地观测与导航技术等领域投入上百亿元经费，其中地理信息系统架构、地理信息系统新应用模式、时空信息组织与表达、城市空间信息网格化集成和智能服务技术、应急响应综合信息集成关联分析、网络环境下分布式空间信息高效可视化技术等课题的研发，必将对我国地理信息系统技术与应用的发展起到进一步的推动作用。

对地观测和信息技术、网络地理信息系统、空间信息网格技术、基于位置信息服务、Google Earth 等的研究与发展，正在对整个地球科学学科产生深远影响。1991 年，本书第一作者在英国留学期间就在思考，地理信息系统作为一门学科，其研究重点、培养目标和教育教学体系是什么，这也是长期以来从事该学科教学、研究与应用的工作者一直在思考的问题。特别是当前我国高等教育已经进入普及化阶段，高等教育教学改革如何才能适应新形势的发展需要？本书正是在强调地理信息系统的技术核心(地理空间信息获取、管理及应用)以及作者编著的《地理信息系统基本原理与应用》(1997 年)一书基础上，以空间数据管理、空间数据分析、空间数据应用等为主线，介绍了空间数据获取技术与手段、空间数据质量评价、ArcGIS 9.3 特点及应用、地理信息系统工程应用开发等内容。

本书结构体系确定、内容取舍、统稿与定稿由朱光、赵西安负责。朱光撰写第1章，赵西安撰写第2、5、6和8章，靖常峰撰写第3、4、7、9和10章。

本书作为北京市高等教育精品建设教材，还得到了北京市科研创新团队(PHR20070101)、(PHR20090712)国家自然科学基金(40771178)和北京市教育委员会专项科研基金重点项目(KZ200710016007)的资助，科学出版社郭淼女士对于本书的出版也给予了大力支持，在此一并表示感谢。

限于作者才疏学浅，书中难免存在不足之处，恳请读者批评指正。

作　者

2008年6月于北京

目　录

第1章 绪　　论

网络技术、信息技术、空间数据库技术、决策支持和智能应用系统等的发展，极大促进了环境、资源、城市等学科在规划、管理、分析、决策过程中的可靠性与科学性。同时，环境、资源、城市等方面的规划、管理、分析与决策过程，涉及的信息与空间位置和空间环境密切相关，不仅要表达事物发生的过程和结果，还要表达发生的环境、位置以及与其他事物之间的空间关系等，这促使了地理信息系统（geographic information system，GIS）技术的诞生。

1.1 地理信息系统概述

1.1.1 地理信息系统

地理信息系统是计算机数据库、计算机图形和图像等技术发展的产物。随着计算机技术的发展与应用，我们可利用计算机数据库技术处理和分析大量的空间数据，建立空间数据模型，进行图形数据和属性数据连接、空间数据分层和分类、空间网络分析等；计算机图形图像处理技术的发展，对地形图生产自动化和地形图质量提出了更高要求。同时遥感技术的发展，使得人们运用遥感信息快速获取地球空间信息成为可能，也促进了计算机图形图像处理技术的快速发展。由于一般数据库管理系统处理的业务数据中，可能会含有与空间位置有关的重要信息，而在数据库管理系统中进行有关操作难度很大，同时实际工作中许多问题需要借助地图来解决。例如，城市规划需要在地形图上进行量测、分析和设计，数据库管理系统无法实现这样的工作，这些需求极大地促进了地理信息系统的发展。

1. 地理信息系统定义

地理信息系统由计算机系统、空间数据库和用户组成，通过对空间数据的集成、存储、检索、操作和分析，生成并输出各种空间信息，为资源管理、土地利用、环境监测、交通运输、城市规划以及政府各部门行政管理提供有用信息，为规划、管理和工程设计提供辅助决策支持。

地理信息系统中地理信息或数据包括位置特征数据和属性特征数据。地理信息系统通过将这些信息进行分类、分层管理，建立位置特征和属性特征数据连接，实现空间数据查询、分析与处理。例如，对投资环境的分析，涉及区位论、城市土地经济理论、城市空间经济学、城市交通经济学、空间统计学、模糊数学等，利用地理信息系统空间分析与有关学科、方法相结合，使科学分析和决策更加科学可靠。

2. 地理信息系统主要特征

地理信息系统是对地球及表面有关地理分布数据进行采集、存储、管理、处理、分析、描述和三维可视化的技术系统。地理信息系统是数据库技术、网络技术和信息处理技术发展到一定阶段的产物，同时，地理信息系统的发展在很大程度上与计算机硬件水平的发展密切相关，即地理信息系统是基于计算机的软硬件技术系统。目前使用地理信息系统处理、传输的信息量可高达数吉字节（GB）、甚至太字节（TB），这对于计算机的海量数据存储、快速处理分析和三维可视化等提出了极高的要求。尽管地理信息系统的定义不尽相同，但一般来说，应具有如下特征：

(1)地理信息系统应包括数据采集子系统、数据管理子系统、数据处理和分析子系统、图形图像处理子系统、数据输出子系统等，地理信息系统硬件平台、功能、效率、数据处理的方式和产品输出等与上述子系统的性能有关。

(2)地理信息系统技术难点在于其处理的数据具有空间位置特征，包括点、线、面、体等三维空间特征。数据都是按统一的地理坐标系编码，以便进行地理实体的空间定位、定性和定量描述。地理信息系统强调空间分析，通过建立空间模型来分析空间数据，地理信息系统的成功应用有赖于空间分析技术的发展与应用。

(3)地理信息系统的技术优势，在于空间数据的空间特征和属性特征关联、空间数据拓扑关系结构等特点，具有空间建模、分析和三维可视化的能力；可以模拟空间运行过程，实现辅助决策和预测。

(4)地理信息系统处理的数据具有多样性，包括描述地理空间实体的空间特征、属性特征数据，也包括地图和影像等数据。其处理的数据载体可以是磁带、光盘等物理载体。

3. 地理信息系统主要类型

按内容划分，地理信息系统主要类型有以下几种。

1)地理信息系统通用工具软件

它是专门为地理信息系统建立和开发研制的通用工具软件，是一组高效率系统化的具有图形图像数字化、空间数据存储管理、查询检索、分析运算和多种输出等地理信息系统基本功能的软件包，为用户提供基础空间信息管理与分析功能。地理信息系统通用工具软件具有对计算机硬件适应性强、数据管理和操作效率高、功能强并易于扩展、操作简便、容易掌握等特点。地理信息系统软件工具作为地理信息系统支撑软件，用于建立专题或区域性信息系统。将其和与特定任务相关联的地理空间数据、应用模型相结合，就可形成各种不同规模、不同专题的实用 GIS。国内较为流行的地理信息系统通用工具软件包括美国环境系统研究所(Environmental Systems Research Institute Inc.，ESRI)研发的 ArcGIS、武汉大学研发的 GeoStar、中国地质大学研发的 MapGIS 和超图公司研发的 SuperMap 等。

2)专题信息系统

具有有限目标和专业特点的地理信息系统，系统数据项的选择和操作功能设计是为特定的目的服务，如土地利用现状信息系统、水土流失信息系统、水资源管理信息系统、矿产资源信息系统、农作物估产信息系统、森林动态监测信息系统、草场资源管理信息系统等。

3)区域信息系统

主要以区域综合研究和信息服务为目标，可以有不同的规模，如国家级、地区或省级、市级或县级等，为不同级别行政区服务的区域信息系统，也可以是按自然区划或流域为单位的区域信息系统。其特点是数据项较多、功能齐全，通常具备较强的开放性，如加拿大国家信息系统、美国 Oakridge 地区信息系统、中国黄河流域信息系统等。

1.1.2　地理空间信息与特征

地理空间信息(在不致引起混淆情况下，本书也称为地球空间信息)是关于地球及表面空间现象(如山顶、河流、居民区等)的性质、特征、分布状态等的知识与表达。英国著名科学

杂志 *Nature* 在 2004 年发表文章，将地球空间信息技术、纳米信息技术和生物信息技术并列为 21 世纪最具发展潜力的三大高新技术，可见地球空间信息产业具有广阔的发展前景。

1. 地理空间信息

地理信息系统处理的信息也称为地理空间信息。地理空间信息用数字、文字、语言、语音、图形图像等记录，并进行处理和交流。统计资料表明，人们日常使用的信息 80%以上都与地理空间信息有关，即地理空间信息是日常生活中使用最多的信息之一。地理空间数据或空间数据是指能被计算机处理的空间信息。地理空间信息和地理空间数据不可分离，地理空间信息是空间数据的内容和解释，地理空间数据是地理空间信息的载体和表达。

2. 地理空间数据特征

如图 1-1 所示，地理空间数据描述空间实体的空间特征、属性特征和时间特征。其空间特征是指地理实体空间位置及空间关系；属性特征是指空间实体的名称、类型和数量等；时间特征是指地理数据采集或地理现象发生的时间。

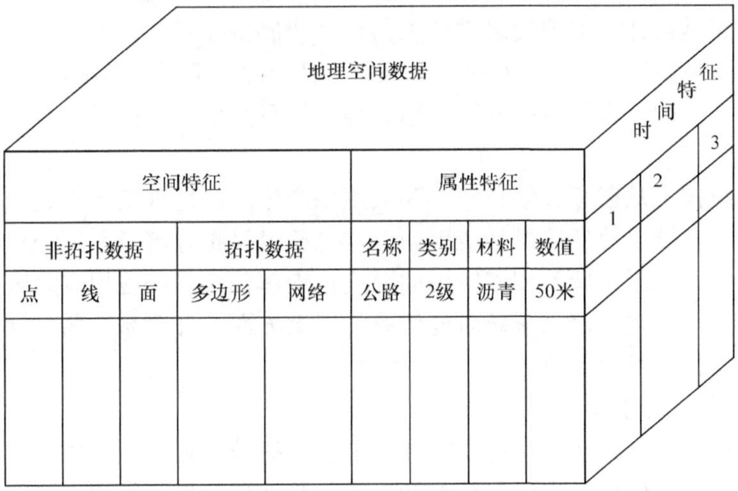

图 1-1　地理空间数据特征

1) 地理空间数据的空间特征

地理空间数据的空间特征，是指描述空间实体位置的一类数据，包括与空间位置有关的矢量数据和图像栅格数据。空间数据既可以用统一坐标参考系描述，也可用相对位置关系描述，如空间上的相邻、包含等。描述空间位置的参考坐标系可以是局部坐标系，也可以是国家坐标系或地心坐标系。研究表明，虽然地理实体的空间表示形式多种多样，但是都可以抽象为最基本的点、线或面三种实体。从理论上讲，任何空间实体都可以用点、线或面这三种实体加上属性注记来表达(朱光等，1997)。

2) 地理空间数据的属性特征

地理空间数据的属性特征，是指描述空间实体及特征的一类数据。属性数据描述空间实体特征的定性或定量指标，提供空间要素的描述信息。也可以说属性数据是关于空间实体的描述信息，如行政区名称、总人口数等。

3）地理空间数据的时间特征

地理空间数据的时间特征是指地理数据采集或空间实体发生、发展的时间。

1.1.3　地理信息系统与任务

前面已提到，地理信息系统是对地球及表面有关地理空间数据进行采集、存储、管理、处理、分析、描述和三维可视化的空间数据库系统。

1. 地理信息系统的研究体系

地理信息系统的任务是对地球及表面自然资源、环境、人文、经济等信息进行综合管理与分析。从地理信息系统研究体系看，主要有以下三方面的任务：

(1) 地理信息系统基础理论。包括研究地理信息系统的概念、定义和内涵，地理信息系统的构成、功能、特点和任务，地理信息系统理论体系。

(2) 地理信息技术系统设计。侧重于计算机软硬件技术系统的逻辑设计和物理实现，包括 GIS 硬件设计与配置、地理空间数据结构及表示、输入输出系统、空间数据库管理系统、用户界面与用户工具设计、地理信息系统工具软件研制等。

(3) 地理信息系统应用方法。地理信息系统应用问题的研究，包括应用系统设计与实现方法、数据采集、空间分析与专题分析模型、地理信息系统与遥感技术结合方法、地理信息应用系统研究等。

地理信息系统技术是在有关学科研究和实践中产生的，地理信息系统应用使其技术系统不断完善，并逐渐发展了地理信息系统理论；理论研究又指导着开发新一代高效的地理信息系统，并不断拓宽其应用领域和加深应用的深度；地理信息系统应用也对理论研究和技术方法提出了更高的要求。地理信息系统研究体系的三个方面相互联系、相互促进，这也是地理信息系统发展和自身特点决定的。

2. 地理信息系统的任务

地理空间数据是地理信息系统重要的基础信息，有效地管理、应用地理空间数据，实现空间数据查询、分析和模拟，实现系统辅助决策，是地理信息系统的主要目标与任务。从地理信息系统的技术角度分析，地理信息系统应具备以下几个方面的任务。

(1) 空间数据管理。数据管理是地理信息系统的初级任务，即以多种方式录入空间数据，以有效的数据组织形式进行数据库管理、更新、维护、快速查询检索，输出决策所需的地理空间信息。地理信息系统数据管理的目的是提高决策的效率和科学性。其优点表现在：信息量大、存储效率高，利于信息的共享和交流；检索效率高，可即时输出辅助决策信息；数据精度高，便于不同实体要素间的匹配；可根据不同任务选择不同内容、不同形式输出空间信息；支持各种分析、统计和模拟实验；采用计算机辅助制图技术，支持非专业制图人员制图，可快速更新地图信息。

(2) 空间数据查询。地理信息系统是以图层方式存储地理空间数据，便于灵活、快速、动态地对与地表有关的各种空间数据进行精确量测、查询和分析。

(3) 空间分析、评价与预测。地理信息系统不仅对空间数据进行存取、管理与分析，还可以基于地理空间数据实现自然世界各个层面分析、思考和综合评价。采用数学模型或数学函数研究模拟客观世界和自然过程的发生与发展，对未来进行定量的、趋势性预测，实现预测预报科学化。同时对比、分析和研究不同决策方案，从中选择最优方案。例如，城市规划学科中，利用地理信息系统的空间分析技术，研究分析和预测城市未来形态与发展趋势，做出合理的规划方案，使城市发展更加科学。

1.1.4 地理信息系统应用

地理信息系统是用来管理、分析空间数据的信息系统，几乎所有与地理空间数据和空间信息有关的部门都可以应用地理信息系统。不同部门涉及的空间数据不同，地理信息系统在具体业务系统中应用方式也不尽相同，如城市规划、资源与环境等领域。地理信息系统应用按研究范围大小可分为全球性、区域性和局部性地理信息系统；按研究内容不同又可分为综合性与专题性地理信息系统。

1）国土资源地理信息系统

国土资源信息包括土地、地质矿产、海洋、环境、生态等，其涉及对象、内容和过程十分复杂。国土资源数据涉及行业、部门和层次多，不同行业对数据的获取、处理、控制和管理的模式不同。我国已建成的国土资源地理信息系统包括土地利用现状数据库、土地利用规划数据库、基本农田数据库、土地开发整理规划数据库、土地开发整理项目数据库、耕地储备数据库、农用地分等定级数据库、建设项目用地数据库、土地供应备案数据库、执法监察数据库、土地利用遥感监测数据库、矿产资源储量数据库、矿产资源规划数据库、矿产资源可供性数据库、矿产权数据库、矿产品数据库、矿产资源潜力数据库、全球矿产资源数据库等。例如“土地利用现状数据库”中地理空间数据包括行政区、境界、等高线、高程点、权属单位、界址线、界址点、图斑、线状地物、零星地物、地类界线和注记等图层，这些图层记录了土地利用调查中的土地利用要素，而有关实体要素通过图形和相应属性值来表达。土地利用图形数据分为点、线、面三种实体类型，其中面状实体图层有行政区、权属单位和图斑等图层；线状形态的图层有境界、等高线、界址线、线状地物和地类界线等图层；点状形态的图层有高程点、界址点和零星地物等图层。

2）农业气候区划地理信息系统

农业气候区划地理信息系统，目的是建立气候资源开发利用和保护监测体系，实行资源全方位优化配置，发挥区域气候优势，趋利避害，减轻气候灾害损失，提高资源开发的总体效益。为各级政府分类指导农业生产、农村产业结构调整、退耕还林、防止水土流失等提供决策依据，为地方政府服务。该系统是基于地理信息系统工具软件，建立面向专业技术人员的应用系统，适用于农业气候资源监测评价、气候资源管理与分析、网格气候资源推算与空间查询、省地县三级区划产品制作等。具体功能包括地理基础信息管理，即管理工作区的基础地理数据，如行政区划，水系，交通数据等；网格资源信息管理，即管理栅格格式的、与农业气候区划有关的信息，各种 DEM 数据；网格资源推算与区划产品制作；农业气候资源监测与评价；农业气候区划成果可视化。

3）城乡规划地理信息系统

城乡规划学科要处理涉及资源、环境、人口、交通、经济、教育、文化和金融等领域的大量空间数据。城乡规划地理信息系统将这些数据信息抽象、综合，建立统一数据库系统，进行城市与区域多目标开发规划，包括城镇总体规划、城市建设用地适宜性评价、环境质量评价、道路交通规划、公共设施配置以及城市环境的动态监测等。这些规划功能的实现，是基于空间信息搜索、多源信息叠加、回归分析、投入产出分析、线性与非线性规划、系统动力学等实现的。我国大城市数量居于世界前列，根据加快中心城市的规划建设，加强城市建设决策科学化的要求，利用地理信息系统作为城市规划、管理和分析的工具，具有十分重要的意义。

4）城市地下管网信息系统

城市地下管网信息系统是地理信息系统技术应用较早，涉及城市较多的应用系统。城市地下管网信息(包括上水、污水、电力、通信、燃气、工程管线等)精确地反映城市地下管线分布。通过对管线数据查询、更改、统计、管理和显示，极大提高管理部门的工作效率。例如，以城市大比例尺地形图为基础数据，综合地下及地面上水、污水、电力、通信、燃气、工程管线、规划路网等基础地理信息，形成城市地下管线信息系统，实现城市地下管线信息现代化管理，为城市规划设计、市政工程、城市交通、道路建设等部门提供精确地城市地下管线分布信息。

5）电力地理信息系统

电力输配电系统中，由于配电网节点多、设备分散，运行管理工作常与地理位置有关，应用输配电地理信息系统，可以更加直观地进行电力运行管理。其主要包括设备管理系统，将变电站、馈线、变压器、开关、电杆等设备的技术数据反映在有关输配电线路专题图上；用户信息系统，借助地理信息系统对大量用户信息，如用户名称、地址、账号、电话、用电量和负荷、供电优先级、停电记录等进行处理，便于迅速判断故障的影响范围，用电量和负荷的统计信息还可作为网络分析的依据；停电管理系统，接到停电投诉后，系统通过调用专门功能软件，迅速查明故障地点和影响范围，选择合理的操作顺序和路径，显示处理过程中的进展，自动将有关信息转给用户投诉电话应答系统，并具有辅助配电网发展规划设计功能等。

6）军事地理信息系统

军事地理信息系统是指在计算机软硬件的支持下，对军事地形、资源与环境等空间信息进行采集、存储、检索、分析、显示和输出的技术系统。它在军事信息保障和指挥决策中起着重要作用。军事地理信息系统一般由六个子系统组成：信息收集子系统、信息传递子系统、信息处理子系统、信息显示子系统、决策监控子系统和执行子系统。其中情报信息是军事决策的基础，信息收集、处理和显示是系统的核心，通信和控制是信息传输和决策过程的保证，决策和执行子系统保证最后决策得以实施。

军事地理信息系统涉及的主要空间信息是地形图、DEM、DTM 等；其主要功能有地形分析(包括通视点分析、战场模拟、行军路线分析、距离量测、面积量测等)、情报收集(包括武器监视与跟踪、情报收集等)、战略任务规划(包括军事基地规划、军事基础设施管理、打击效果评估、巡航导弹支持、目标分析等)、战场管理(包括战场监测、战场管理、登陆计划、战术模拟、后勤保障规划等)。

1.2　GIS 与相关学科、技术的关系

地理信息系统与计算机科学、测绘科学、地理科学等的发展有着密切的关系，可以说地理信息系统是测绘科学、遥感科学、地理科学、环境科学、资源管理、空间数据库和网络技术等学科发展与融合形成的一门交叉学科。地理信息系统正在科学研究、国民经济建设和国

防建设中起着越来越重要的作用。全球卫星定位技术、摄影测量学、遥感技术等为获取不同类型、不同比例尺的地球空间信息提供必要技术支撑，已经成为地理信息系统获取可靠、实时数据的手段，并促进地理信息系统技术的发展。

1.2.1 地理信息系统与数据库管理系统

从技术层面分析，地理信息系统基本任务是对地理空间数据进行管理。地理信息系统在数据管理上继承了数据库管理系统的理论和方法。数据库管理系统是管理、操作、分析事务性数据的信息系统。它提供可以被多个应用程序和用户调用的软件系统，具有对数据库的建立、更新、查询和维护功能。数据库技术对非几何属性数据可采用通用数据库管理系统或在其上开发的软件系统进行管理。与地理信息系统相比，数据库系统在管理地理空间数据方面尚存在两点不足：

(1) 缺乏空间实体表达能力。目前流行的数据库结构，如网状结构、层次结构、关系结构等，都难以对地理空间数据结构进行全面、灵活、高效地描述与表达。

(2) 缺乏空间关系查询能力。通用数据库系统的查询主要是针对实体的查询，而地理信息系统中不仅要求对实体的查询，还要求对空间关系进行查询，如关于方位、距离、包容、相邻、相交和空间覆盖关系等。因此，通用数据库系统尚难以实现空间查询和空间分析。一般而言，数据是信息的载体，对数据进行解释可以提取信息。目前通用数据库是针对数据本身进行管理，地理信息系统是在数据管理基础上，通过地理空间数据操作与分析，产生有用的地学信息。

1.2.2 地理信息系统与地图学

地图是现实世界经抽象化后的，对应某一坐标参考系的点、线、面实体的空间位置、属性描述(如注记、标志、符号等)的集合。一幅地图可描述地球表面，在某时期的空间实体信息可对地物地貌的形状、大小和相对位置进行可视化描述，可以从地图上得出地球空间实体的空间坐标、长度、面积和体积。除表示地物的数量和质量方面的特征以外，地图还可表示出实体间空间关系，如相邻性、包含性、叠加性、从属关系等，可以说地图是由点、线、面实体组成的一种图解图像。

1. 地图制图学及特点

地图包括表示地表形态和地物分布(包括水系、植被、土质、居民点、交通路网、国界和行政区划等)的普通地形图，和详细表示某种自然要素或社会要素的专题地图。严格地讲，地图可以定义为由数学方法确定的、经过抽象概括、用专门符号表示的地理空间信息的二维图形表达。有关地球的各类自然现象和社会现象的分布、状态和联系，可根据具体应用进行选择和概括，得到专题图。

进入信息时代以后，从传统的地图制图与使用地图的角度来看，将地图及有关注记等作为表达地理空间数据的一种形式，实际上相当于一个地理空间数据库的作用。从地图制图过程中的数据采集、编码成图直至应用等阶段，传统的制图技术已不适合当今地理空间信息变化的要求，可以从以下几点看出：

(1) 在地图成图过程中，对地物进行取舍和概括，不可避免地会忽略、删除或综合某些局部实体要素。

(2) 从传统地图的制图过程来看，地图数据采集、编辑直至印刷出版是一项耗时的过程。

(3) 地图上的地理空间数据，因为难以直接对其进行空间查询和空间分析，所以很难与其他空间信息数据结合使用。

2. 地理信息系统——第三代地理语言

长期以来，采集和获取地理空间数据的工作主要是由航海家、地理学家和测量学家来完成的，并且是以地图的形式来表达采集到的地理空间数据。到 18 世纪，随着欧洲文明的昌盛，地图生产又一次复苏，此时欧洲各国政府开始意识到系统地测绘出本国领土的重要性，经典测量学在理论和实践上随之不断完善和发展。随着人类对地球认识的不断丰富，需要进行测绘的内容也不再仅限于对地球表面地物进行量测。地质学、地貌学、生态学以及土地管理等学科的出现，使得需要进行测量与绘图的内容大大增加了。一般的地形图，已经不能满足人类生产的特殊需要。为解决这一矛盾，所谓的专题地图应运而生，这些为特定目的而测绘的专题图应用于很多行业，如土壤分布图、土地酸碱性分布图等。航空摄影测量的应用以及后来出现的遥感技术，使得人类采集地理空间数据的技术大大提高，由此人类可以在更大范围内，以更高的精度获取更大量的地理空间数据。

随着计算机的广泛应用，在计算机图形学的基础上出现了数字地图；计算机辅助制图和辅助专题地图分析技术的发展，使地图综合分析和制图输出系统日益增多；数据自动采集、存储、分析和表达技术也得到极大的发展。地图作为被地学工作者普遍使用的一代地理语言在技术上开始向新一代地理语言，即地理信息系统转变，也称为第三代地理语言(陈述彭等，1999)。

1.2.3 地理信息系统与计算机辅助设计

计算机辅助设计(computer-aided design，CAD)是使用计算机技术来辅助设计人员进行设计，以提高设计的自动化程度，已在机械制造设计、电工电子设计和建筑设计中被广泛使用。CAM(computer-aided manufacturing)是使用计算机技术进行几何图形的编辑和绘制的计算机软件系统。 CAD 和 CAM 使众多行业和部门的设计人员从制图板的手工劳动中解放出来，因而受到广大设计人员、制图人员的青睐。地理信息系统与 CAD 和 CAM 有许多共同点，例如，两者都有空间坐标，都能把目标和参考系统相联系，也都能描述图形数据的拓扑关系，以及处理非图形的属性数据。它们也都可以对空间数据建立空间关系，对所描述对象的拓扑结构进行处理等。地理信息系统与 CAD/CAM 的主要区别在于，CAD/CAM 处理的多为规则几何图形，其图形功能特别是三维图形功能更强；此外，CAD 不能建立地理坐标系及完成地理坐标的变换，且一般仅在单幅图上进行操作，海量数据的图库管理的能力比地理信息系统要弱。地理信息系统的数据量大、数据结构、数据类型复杂、数据之间的联系紧密，图形与属性之间相互操作频繁，可以进行空间数据查询和网络分析等。同时，地理信息系统采用大地坐标系，可以进行复杂的多层叠加分析，所用的数据分析方法具有专业化特征。因此，尽管 CAD 功能较全，但是并不完全适用于完成 GIS 任务。

1.2.4 地理信息系统与计算机技术

地理信息系统技术的创立和发展是与地理空间信息的表达、处理、分析和应用手段的不断发展密不可分的。计算机技术是地理信息系统的支撑技术，正是因为有了计算机技术，地理信息系统才能在地图学的基础上产生。计算机技术，特别是计算机图形学对地理信息系统的发展有着巨大的支撑作用。计算机图形学(computer graphics)是借助计算机处理图形信息以及借助图形信息进行人机通信处理的技术，是地理信息系统算法设计的基础。虽然地理信息系统是随着计算机图形学的发展而不断完善的，但计算机图形学处理的图形数据是纯几何图形，不包含任何地理属性，是地理空间数据的几何抽象。计算机图形学可以实现地理信息系统的底层图形操作，但是却不能完成数据的地理模型分析以及具有实际地理意义的数据处理，并不能构成完整的地理信息系统。此外，计算机硬件技术的不断发展也助推了地理信息系统的发展。从地理信息系统的发展历程来看，每一次的硬件突破都能带给地理信息系统质的飞跃。计算机硬件技术对地理信息系统的支持主要体现在数据存储技术、大规模集成电路技术、CPU 技术以及图形图像显示技术等几个方面。

1.2.5　地理信息系统与社会科学

虽然地理信息系统由于其技术密集度，使许多社会科学学者望而却步，但是地理信息系统技术在社会科学研究中却仍然越来越得到普遍应用。近年来，地理信息系统的发展在向着多功能、网络化发展的同时，一个很重要的特征就是其用户界面越来越简单、越来越“友好”。经过短期技术培训，社会科学学者使用地理信息系统并不是望尘莫及的事。地理信息系统在社会科学中的应用是十分广泛的，主要有社会学、犯罪学、政治学、商学、情报学以及图书馆学。其中，布拉德肖(Bradshaw)于 1998 年就在文章中介绍了如何利用地理信息系统制作土地使用模型来研究郊区土地转变成城区后产生的各种后果。在该项研究中涉及将一个区域划分成 75 万个单位进行繁复的计算，这是人力很难完成的，这项研究显示了地理信息系统在社会科学研究中的强大功能，也展示了社会科学学者如何利用地理信息系统研究农村社区和周围环境的互动。拉特克利夫(Ratcliffe)等在 1998 年的文章中介绍了如何利用地理信息系统来确定案件多发地。厄尔(Earle)描述了地理信息系统是如何使过去选民分区的繁重工作变得轻而易举，也提到了地理信息系统给选举系统带来的变化。克米塔(Kmitta)指出地理信息系统可以在兴建购物中心的决策过程中起到举足轻重的作用。而对于地理信息系统在情报学与图书馆学中的应用除了研究利用地理信息系统提供读者服务、实现资源共享、帮助图书馆规划与选址、制定地理信息描述性信息标准外，地理信息系统还可以用于建立更为有效的地图检索系统。

1.3　地理信息系统组成与开发

前已述及，地理信息系统是对理地空间数据进行采集、存储、管理、处理、分析、描述和三维可视化的技术系统。地理信息系统的发展与计算机数据库、网络技术、信息技术及计算机硬件水平等密切相关。

从计算机科学角度看，完整的地理信息系统至少应由四个主要部分组成，即地理信息系统硬件、软件、空间数据、系统管理人员与用户。其中，硬件和软件是地理信息系统的核心部分；空间数据是指与地球有关的地理空间数据，包括图形数据、属性数据、影像数据、文本数据等；系统管理人员和用户则决定系统的工作方式和信息表达方式，如图 1-2 所示。

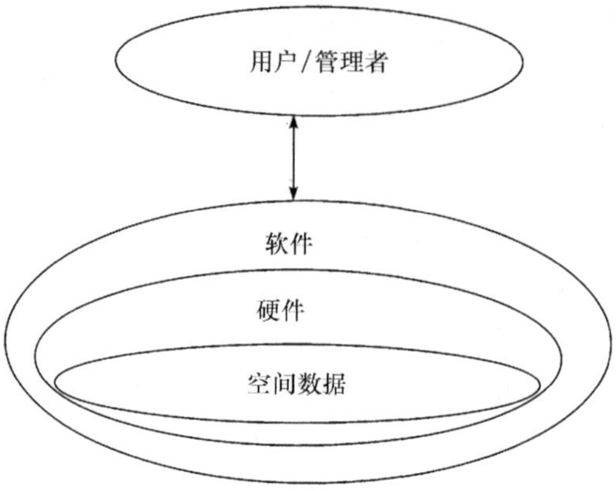

图 1-2　地理信息系统组成(龚健雅，2001)

1.3.1　地理信息系统硬件配置

地理信息系统硬件设备是构成 GIS 的物理外壳。GIS 系统的规模、速度、功能、形式、使用方法甚至软件配置都与硬件设备有极大的关系，受到硬件指标的制约。GIS 任务的复杂性和特殊性，决定其必须由计算机主机、外围设备等构成整个 GIS 的硬件环境。GIS 的硬件配置一般包括四个方面，即计算机主机、数据存储设备、数据输入设备、数据输出设备。其主要硬件设备构成与外设如图 1-3 所示。

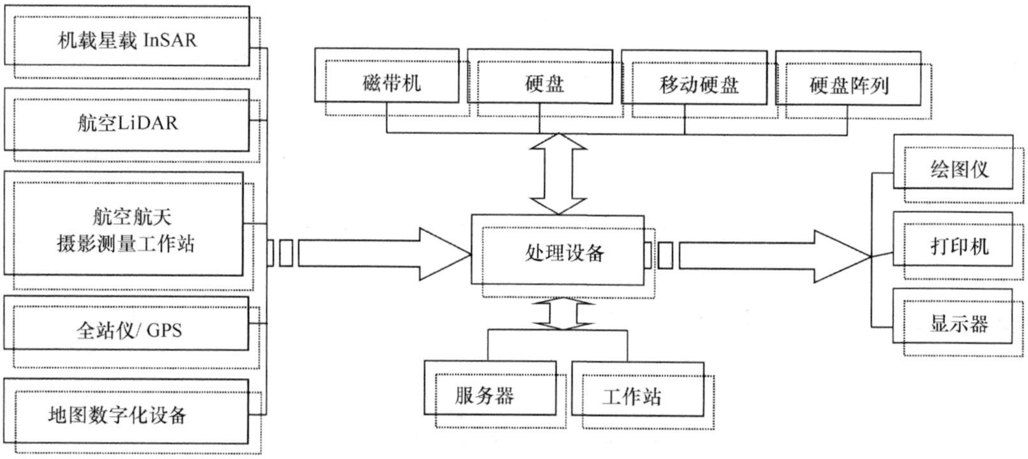

图 1-3　地理信息系统硬件设备构成与外设(刘仁义和刘南，2006)

1. 计算机主机

计算机是 GIS 的核心，是进行地理空间数据处理、加工和分析的设备，可以组成网络，也可以单独使用。它的主要部件由中央处理器和主存储器构成。目前运行 GIS 的计算机包括大型机、中型机、小型机、工作站或微型机等。各类计算机的主要性能可以用处理速度、处理位数和内存容量来描述。

计算机处理速度用每秒处理机器指令条数(处理指令数/秒)或主机时钟频率来衡量。大型机、中型机、小型机的处理速度用处理指令数/秒表示。如图 1-4(a)的国产曙光 4000 系列计算机是面向网格计算的高性能计算机。其体系结构以构件性、标准性、协作性为基准，采用服务化、安全化、专业化、智能化的 3SI 技术路线。其中曙光 4000 A 为 64 位，处理速度 10 万亿次/s。工作站和微型机的处理速度用时钟频率衡量，即主机每秒访问内存的次数。例如，戴尔 Demension E521 采用 AMD Athlon 64 双核处理器，其时钟频率为 2.0GHz；HP xw4550 工作站的 AMD 64 双核处理器系列，时钟频率可选 AMD 1212(2.0G)、AMD 1214(2.2G)、AMD 1216(2.4G)、AMD 1218(2.6G)、AMD 1220(2.8G)或 AMD 1222(3.0G)。计算机主机处理位数(字长)和内存也是影响计算机效率的重要指标。字长由比特(Bit)位数来定义，而内存容量则以 MB 或 GB 为单位。目前大多数微机或工作站的字长是 64 位个人计算机，其内存容量达到 1 GB 以上。如图 1-4(b)所示，HP xw4550 工作站的 AMD 64 双核处理器为 64 位操作，可以对 64 位的内存地址空间进行寻址。

(a) 曙光4000A超级计算机监控制中心

(b) HP xw4550工作站

图 1-4　计算机设备

目前工作站的处理速度、内外存容量、工作性能已接近或达到小型甚至中型机的水平，特别是专用图形工作站上配有大屏幕、高分辨率图形终端，高性能的图形图像处理能力，很适用于 GIS 中的图形图像处理。工作站体积、价格与中小型机相比具有更大优势，从最佳性能价格比考虑，图形工作站已成为 GIS 主流机型。基于工作站、服务器的网络配置模式，可将众多不同功能计算机联成一个网络。网络内不同程序可在不同的计算机上分布式运算，数据和资源供网络上不同用户共享，从而可以大大地扩展 GIS 的应用。

网格计算也称分布式计算，是把各种服务器、高性能计算机、图形工作站通过互联网连接起来，并按照需求提供计算处理能力。网格计算是继传统因特网、Web 之后的第三代因特网应用。如果说传统因特网实现了计算机硬件的连通，Web 实现了网页的连通，网格计算则是实现互联网上所有资源的全面连通，包括计算资源、存储资源、通信资源、软件资源、信息资源、知识资源等。

2. 数据存储设备

数据存储设备包括：硬盘、光盘、磁盘阵列等及其相应的驱动设备。磁盘是一般计算机必备的存储装置，目前工作站或微机的硬盘容量从几十吉字节到上千吉字节，移动硬盘容量在 100GB 左右，外接磁盘阵列容量可达太字节，如 EMC CX500 磁盘阵列，其最大存储容量达 20000GB，平均传输速率 200MB/s，硬盘转速 5400～10000rpm，如图 1-5 所示。由于地理信息系统处理的海量数据，不仅涉及大数量空

图 1-5　EMC 磁盘阵列

间操作，还需要频繁地访问大型、复杂空间数据库，这些都对 GIS 的数据存储设备提出极高要求。

3. 数据输入设备

地理信息基本的输入设备除键盘、鼠标和通信端口外，还包括扫描仪、数字摄影测量工作站、全站型仪和 GPS 接收机等测量仪器设备。

扫描仪也是 GIS 图形、图像数据输入的一种重要工具，如图 1-6 和图 1-7 所示。按不同的划分方法，扫描仪可以分成不同类型。例如，按照辐射分辨率划分，有二值扫描仪、灰度值扫描仪和彩色扫描仪。二值扫描仪每个像元占一位，取值 0 或者 1，用于线划图和文字的扫描；灰度值扫描仪每个像元占 8 位，分为 256 个灰度级，可扫描图形、影像和文字等；彩色扫描仪是通过滤光镜将彩色图件分解为红、绿、蓝 3 个波段，每个波段占 8 位，共占 24 位。按照扫描仪结构划分，又可分为滚筒式、平台式和 CCD 摄像扫描仪。滚筒式扫描仪将扫描图件装在圆柱形滚筒上，扫描头沿 X 轴方向移动，滚筒沿 Y 方向转动，从而实现对图件的扫描；平台式扫描仪是将图件平放在扫描平台上，扫描头可以在该平面内沿 X 和 Y 两个方向移动对图件扫描；CCD 摄像扫描仪是一种装有电荷耦合器件(CCD)且具有高清晰镜头的电视摄像扫描装置，通常将低功率激光源与它组合在一起，扫描过程中 CCD 将摄取的影像分解成离散的像元。按扫描方式划分，又可分为按栅格数据形式扫描的栅格扫描仪和按线划扫描并直接产生矢量数据的矢量扫描仪。通常，扫描仪的分辨率是用像元大小(10～100μm)或每英寸点数(dpi)[1in(英寸)＝2.54cm]表示，一般扫描仪的分辨率要求在 400dpi 以上。

图 1-6　HP 扫描仪

图 1-7　A_0 彩色扫描仪

数字摄影测量工作站也可以作为 GIS 的输入设备。数字摄影测量是利用航空航天摄影测量获取立体像对，以及左右影像上同名像点坐标，建立共线或共面模型，解算对应地面点坐标，进而实现地形地物的三维重建。数字摄影测量的主要工作包括左右影像同名像点匹配、影像的相对定向和绝对定向，地面点三维坐标计算等。其空间数据产品包括数字线化图、数字栅格图、数字高程模型和数字正射影像等，如图 1-8 所示。

全球卫星导航系统，由围绕不同轨道运行的卫星星座(空间部分)、地面控制部分和用户接收机部分组成。基本原理是通过测量卫星在观测瞬间的轨道位置，计算得到卫星接收机地面三维坐标。特别是 GPS RTK 测量技术应用，可以 24 小时连续、实时获取地形数据，是重要的 GIS 空间数据源，如图 1-9 所示。

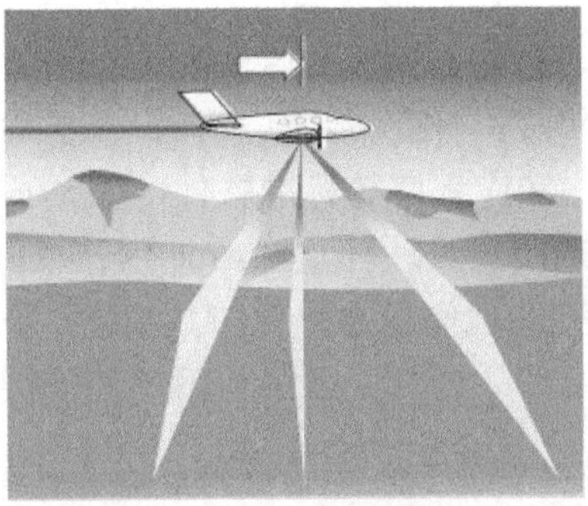

图 1-8　航空摄影测量

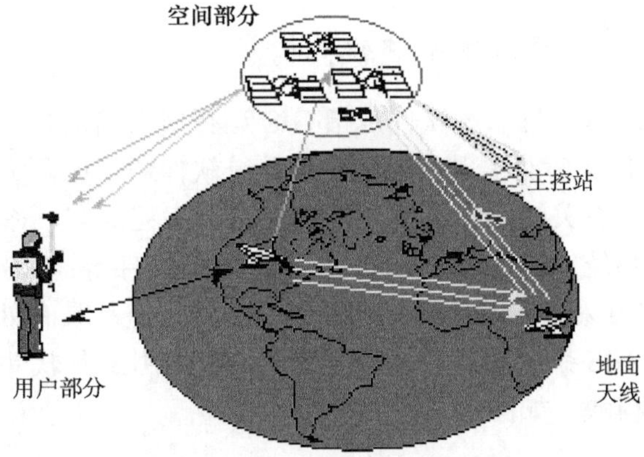

图 1-9　全球导航定位系统（宁津生等，2004）

全站仪(total station)是目前使用非常广泛的获取地球空间数据的仪器设备。将全站仪安置在地面控制点上，观测地面点目标，可获取其三维坐标并自动记录测量数据。全站仪与数字测图系统配合，可以快速获取地面点三维数据，并快速生成有关地形图或专题图，可直接生产 GIS 空间数据，如图 1-10 所示。

4. 数据输出设备

地理信息的输出设备主要有图形图像显示器、矢量式绘图仪、栅格式绘图仪、行式打印机、点阵式或喷墨打印机和彩色喷墨绘图仪等。如图 1-11 是惠普 Designjet Z6100 专业影像级大幅面绘图仪，最高分辨率 2400dpi×2400dpi，打印速度 20.4m^2/h，最大打印宽度 152cm。

图 1-10　全站仪

图 1-11　惠普 Designjet

GIS 应用过程，有时并不要求硬拷贝输出，只是在屏幕上显示。因此，图形显示器也是 GIS 图形、图像或文本等数据输出的重要外设。图形图像显示设备在数据输入、编辑和检索等阶段都要用到。高分辨率大屏幕的图形显示终端，特别是三维立体显示终端，使 GIS 的图形图像等输出效果更好。绘图仪是 GIS 的主要图形输出设备，矢量绘图机有滚筒式和平台式两种，其图形输出质量主要取决于笔控马达的步进量，对制图而言，以不超过 0.05mm 为好。绘图的灵活性和绘图速度则很大程度上取决于绘图软件的功能。

1.3.2 地理信息系统软件构成

地理信息系统软件是指GIS运行所必需的各种程序，它们是构成GIS的核心部分，关系到GIS及功能实现。地理信息系统软件通常由两大部分组成：计算机系统软件，包括与计算机硬件有关的操作系统、汇编程序、编程语言、诊断程序和库程序等标准软件，如Windows操作系统、图形处理软件、数据库管理软件等；GIS系统通用工具软件，如ArcGIS、MapInfo、GeoStar和MapGIS等。GIS通用工具软件是具有处理各种地理信息的软件工具系统，是建立应用GIS系统的通用软件平台。GIS通用工具软件包括管理、分析、显示与用户通信接口等功能模块，如图1-12所示。

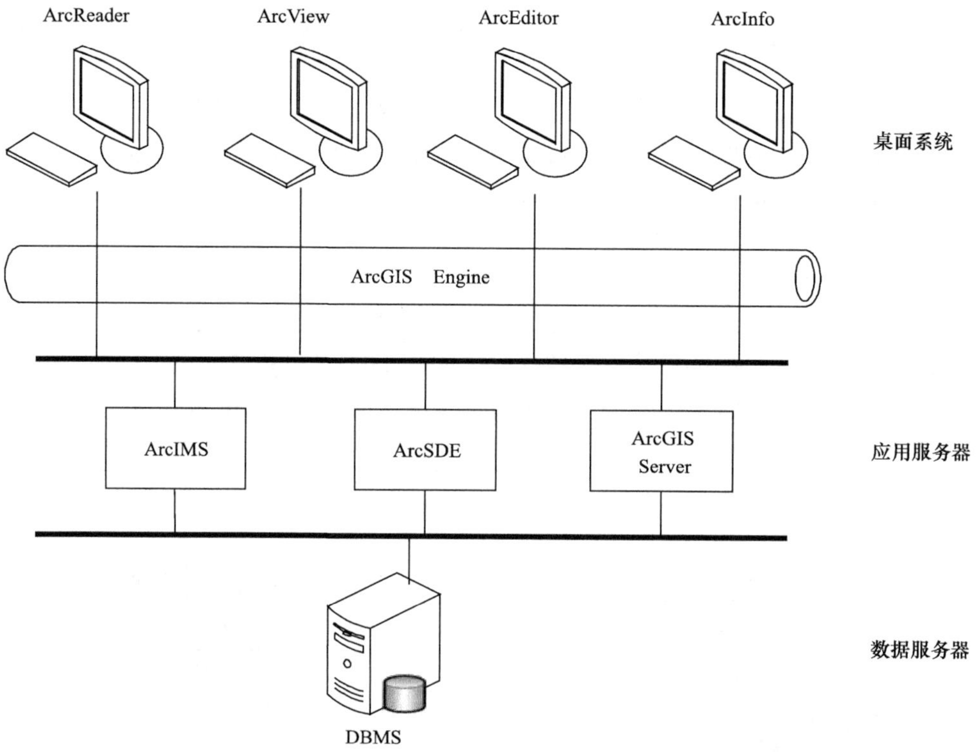

图1-12 ArcGIS系列产品

1. 数据输入与编辑

利用数字化设备将现有地图、航空像片、遥感图像、文本等数据转换成计算机能处理的数据；也可以通过读取磁盘等方式录入已有野外测量数据、野外统计调查数据等。数据编辑是对原始输入数据进行检查、分析，发现数据中存在的各种错误，进行编辑修改。另外，还要对图形进行修饰，建立拓扑关系以及组合复杂地物等。

2. 数据存储和管理

数据存储和管理内容包括所有地理空间数据，如地球表面地物(点、线、面、体)等空间位置、空间关系以及描述其属性的数据编码和数据组织，以便于计算机空间数据库组织、管理和应用。数据存储和管理还包括数据格式的选择和转换、数据压缩编码、数据的连接、查询、提取等内容。

实现数据存储和管理的常用数据库模型包括层次模型、网状模型或关系模型等。由于 GIS 涉及空间实体描述、空间查询、空间分析等， GIS 中既含有关系数据模型，又有特殊的拓扑数据模型和栅格数据模型。原有数据库模型侧重于从层次上描述数据组织结构，对数据对象层次关系和内涵表现不足，面向对象的数据模型不仅可以描述图形数据和属性数据，又可以表达空间数据间关系，已经成为 GIS 空间数据库中重要的数据模型。

3. 空间查询与空间分析

空间查询与空间分析是 GIS 区别于一般事物型数据库的关键所在，它可以对单幅或多幅专题图进行分析和空间操作。空间操作通常以一幅图为输入，查询和分析结果则是用空间操作后生成的新图来表示，因此也可将其称为空间函数变换。例如，查询某县所有地块的土壤类型，或查询某铁路沿线周围 2km 的居民点，就要用拓扑叠加分析和缓冲区分析功能。GIS 应用人员还可以根据需要和有关数学模型编写应用程序，实现专门的空间数据分析。空间查询与分析是系统功能的扩充与延伸，例如，城市规划人员利用 GIS 进行城市交通与路网分析，模拟预测城市交通出行，为科学的城市交通设计与规划服务。需要说明的是，GIS 应用程序的开发应是透明的和动态的，与系统的物理存储结构无关，这是从空间数据中提取地理信息的关键。通常用户进行 GIS 系统开发，大部分工作是利用 GIS 通用工具软件提供的功能进行应用程序二次开发。

4. 数据输出与表达

输出与表达是指将 GIS 内的原始数据或经过系统分析和转换，重新组织数据，以用户可以理解的方式显示或输出，用如地图、表格、图表、文字、数字、影像等形式表达；或将输出结果记录于存储设备或传输到用户的其他计算机系统。

5. 用户通信接口

用户通信接口模块是用于接收用户指令和数据的程序。系统通过菜单和命令方式接收、解释并执行用户请求任务的系统程序。用户自行编制的应用程序可以是调用系统功能的批处理程序，也可以是处理系统数据的分析程序。用户通信接口模块可接受用户开发的应用程序，并提供系统与用户程序的数据接口。该模块还随时间向用户提供系统运行信息和系统操作帮助信息，从而使 GIS 成为人机交互的开放式系统。

1.3.3 地理信息系统开发与实施

1. 地理信息系统开发

地理信息系统开发包括系统需求分析、系统设计和系统开发调试等。

1) 系统需求分析

系统需求分析的基本思想是从系统观点出发，通过对系统需求进行综合与分析，找出各种可行的方案，为系统设计提出依据。它的任务是对 GIS 用户进行需求调查，对选定的对象进行初步调查研究和可行性分析；在明确系统目标的基础上，开展对新系统的深入调查研究和分析；最后提出新系统的结构方案。系统分析是使设计达到合理、优化的重要步骤。这个阶段的工作深入与否，直接影响到将来新系统的设计质量和实用性，因此必须给予高度重视。

(1) 用户需求分析。在地理信息系统开发的准备阶段，应该首先对用户需求和情况进行调查分析。通过调查，确定系统的用户结构、用户对应用界面和程序接口的要求，以及系统应具备的功能等。地理信息系统的不同用户，对 GIS 有不同的要求。

对用户需求调查和分析，是地理信息系统设计的基础，通过与系统用户进行书面或口头交流，归纳整理得到对系统的概略描述。对用户需求情况的调查和分析内容包括了用户的范围、领域、类型、数量、基础以及其对 GIS 了解、掌握的程度等。

(2) 可行性分析。可行性分析是在对用户需求分析基础上，根据社会、经济和技术条件确定系统开发的必要性和可能性。可行性分析就是从社会因素、技术因素和经济因素三大方面对建立地理信息系统的必要性和实现系统目标的可能性进行分析，以确定用户实力、系统环境、原始数据、数据流量、存储空间、软件系统、经费预算以及时间分析和效益分析等。

(3) 系统结构方案分析。在调查分析的基础上，明确系统的目标，弄清用户要解决什么问题，各个阶段达到什么要求，并确定系统数据关系基本配置，提出系统结构方案，作为系统研制的基础和依据。

2) 系统设计

系统设计是地理信息系统研制工作的核心，不但要完成逻辑模型所规定的任务，而且要使设计的系统达到整体优化。选择最优方案，是系统设计人员和用户共同关心的问题。一般而言，在系统设计阶段可以根据所研究对象的不同分成三个部分进行设计：首先，根据系统研制目标，确定系统必须具备的空间操作功能，又称为系统的总体设计；其次，处理数据分类和编码，完成空间数据的存储和管理，称为数据库设计，含有数据采集、数据结构、数据存储和检索等设计；最后，建立系统应用模型和产品的输出，称为应用设计。

(1) 系统总体设计。总体设计或功能设计的主要任务是根据系统研制的目标，规划系统的规模和确定系统的各个组成部分，并说明它们在整个系统中的作用、相互关系，确定系统的硬件配置，规定系统采用的技术规范，以保证系统总体目标的实现。

(2) 数据库设计。数据库是地理信息系统的重要组成部分。数据库设计是对于一个给定的应用环境，提供一个确定最优的数据模型与处理模式的逻辑设计，以及一个确定数据库存储结构与存取方法的物理设计。建立既能反映现实世界信息和信息联系，满足用户要求，又能被某个数据库管理系统所接受，同时能实现系统目标并有效存取数据的数据库。数据库设计目标是满足用户需求、具有良好的数据库性能、对现实世界模拟的精确程度能被某个数据库管理系统接受。

数据库逻辑设计的任务是运用数据库管理系统提供的工具与环境，将对现实世界抽象得到的概念性模型转换成相应的数据库管理系统的数据模型，并用数据描述语言描述出来。通过逻辑设计形成的相应数据库的数据模型应该独立于计算机的硬件和软件，面向应用和易于为用户理解。逻辑设计的核心任务是找出相关的数据模型，如层次模型、网状模型和关系模型等。

2. 地理信息系统实施

系统实施是 GIS 建设付诸实现的实践阶段。在这一阶段，需要投入大量的人力物力和较长的时间周期。因此，做好细致的组织工作，制订出周密的计划，是非常必要的。系统实施的主要内容是程序编制与调试、数据采集与数据库建立，此外还应包括人员的技术培训和系统测试等。

为了保证程序编制和调试及后续工作的顺利进行，GIS 硬软件人员首先应进行 GIS 系统设备的安装和调试工作；然后在适当的开发软件提供的环境下，将详细设计产生的每个模块功能用程序语言实现；再进行程序调试、数据录入和试运行，建立一个能交付用户使用的实用系统。程序编制工作要尽量做到标准化和通用化，对所编制的程序应该按统一的格式编写程序说明，包括程序名称、程序功能、程序设计算法、程序使用方法、需要的存储空间、设备和操作系统、程序设计语言、程序使用的数据文件等。此外，为充分发挥系统的效率，在程序编制时还应顾及运算速度、对硬软件环境的依赖程度、对计算机内存的要求、算法的复杂程度、程序的可靠性和适用性等。

在系统进行硬、软件测试和安装调试过程中，应该结合系统目标，采用模拟数据或实验数据，对各种功能进行全面试验。试验阶段不仅应测试系统各部分的工作性能，同时还应测试各部分之间数据传送性能、处理速度和精度的高低，以保证系统能正常工作。系统的调试与测试是指对新建 GIS 系统进行从上到下的全面测试和检验，看它是否符合系统需求分析所规定的功能要求，并发现系统中的错误，以保证 GIS 的可靠性。一般来说，应当由系统分析员提供测试标准、制订测试计划、确定测试方法，然后和系统设计人员、程序设计人员及用户共同对系统进行测试。测试的数据可以是模拟的，也可以是来自用户的实际业务，经过新建 GIS 系统的处理和检验，判断输出数据是否符合预期的结果，能否满足用户的实际要求，并对不足之处加以改进，直到满足用户的要求为止。

GIS 建设过程中需要投入大量的人力进行数据的收集、整理和录入工作。GIS 规模大、数据类型复杂多样，数据的收集和准备是一项繁琐、劳动强度大的任务。通常要求数据库模式确定后就应进行数据的输入，并且应按数字化作业方案的要求严格进行，输入人员还应该进行相应的培训工作。在这一阶段，由于很多人员参与工作，包括系统开发人员、用户和管理人员，为了保证 GIS 的调试顺利和使用户尽快掌握使用方法，应提前对有关开发人员、用户、硬软件操作人员等进行技术培训，并制订出相应的工作规程与管理制度等。

1.4 地理信息系统发展

1.4.1 国外地理信息系统发展现状

20 世纪 60 年代初，一些发达国家开始研究和开发地理信息系统技术。随着计算机技术的发展和空间数据使用价值的提高，GIS 的研究和建设得到了飞速发展。加拿大和美国学者首先从不同角度提出了地理信息系统的概念。加拿大土地调查局于 1963 年开始研制建立，1971 年投入正式运行的加拿大地理信息统，被认为是国际上最早建立的、较为完善的大型地理信息系统。该系统提出的空间数据分块和分层、图形数据与属性数据连接、栅格矢量数据相互转换，以及地理数据模型等，为地理信息系统技术的发展奠定了基础。由于当时计算机硬件系统功能较弱，限制地理信息系统的应用与发展。这一时期地理信息系统软件主要是针对具体的地理信息应用系统。20 世纪 60 年代末，针对 GIS 应用功能的软件技术有了较大进展。同期，美国西北大学利用计算机研制开发大规模城市交通数据处理软件系统，提出了地理信息系统的思想。哈佛大学计算机图形与空间分析实验室，开发了 SyMAP、ODYSSEY 等软件包。世界公认 SyMAP、ODYSSEY 软件包对当今地理信息系统发展具有重要影响。

早期的计算机技术主要用于土地量算、分析和制作。计算机机助制图技术由于具有快速、灵活多样、易于更新、操作简便，便于存储、量测、分类、合并和覆盖分析等优点而迅速发展起来。对大量空间数据存储、分析和显示技术等需求，和计算机技术在资源、环境信息处理中应用的发展，促进了专业地理信息系统应用日益增多。20 世纪 60 年代中后期，许多与 GIS 有关的组织和机构纷纷建立并开展工作，如国际地理联合会(IGU)的地理数据遥感和处理小组委员会、美国州际信息系统全国协会(NASIS)、美国城市和区域系统协会(URISA)、城市信息系统跨机构委员会(UAAC)等组织和机构相继成立，并组织了一系列地理信息系统国际讨论会，大大促进了地理信息系统技术的应用与发展。

20 世纪 70 年代，计算机硬件和软件技术快速发展，为空间数据的录入、存储、检索和输出提供了强有力的技术手段。计算机图形学的发展增强了人机对话和高质量图形显示功能，促使地理信息系统向实用化方向发展。发达国家的地理信息系统研究经过从 20 世纪 60 年代到 80 年代中期，约 20 年左右的发展，已经进入专业化应用与商品化生产阶段。例如，日本国土地理院从 1974 年开始建立数字国土信息系统，可存储、处理和检索有关测量数据、航空像片信息、行政区划、土地利用、地形地质等信息，为国家和地区土地规划提供服务。美国、英国和日本等早在 80 年代中期就建立了基于地理信息系统的高层决策系统，为政府部门提供了有效的决策服务。如美国地质调查局开发的地理信息系统用于获取和处理地质、地理、地形和水资源信息；美国森林调查局开发林业资源信息系统；法国建立地理数据库系统和地球物理信息系统；瑞典建立如区域统计数据库、道路数据库、土地测量信息系统、城市规划信息系统等。在将遥感数据融入地理信息系统的研究中，美国喷气推动实验室成功研制具有影像数据处理和地理信息分析功能的信息系统，可以处理 Landsat 多光谱影像数据。NASA 的地球资源实验室开发的地理信息系统，可以处理 Landsat MSS 影像数据、数字化地图数据、机载热红外多波段扫描仪以及海洋卫星合成孔径雷达的数据等。

计算机价格的大幅度下降，功能较强的微型计算机系统的普及，图形输入、输出和存储设备的快速发展，大大推动了地理信息系统软件的发展。特别是高性能图形工作站和个人计算机等新一代计算机应用，促使地理信息系统技术逐渐走向成熟。遥感影像的自动校正、目标识别、影像分类和智能分析功能明显增强。与硬件技术相配合，地理信息系统软件可支持多种形式的地图输出。同时地理信息系统处理的数据量和复杂程度大大提高，许多软件技术固化到专用的处理器中。随着数据库技术的发展，支持大型地图数据库、适合地理空间关系表达和分析的空间数据库管理系统也有很大的发展。

随着地理信息产业的建立和数字化信息产品在全世界的普及，地理信息系统已深入到各行各业，地理信息系统成为许多部门重要的工作系统。有关政府决策部门由于在一定程度上受地理信息系统影响，正在改变现有管理、运行方式。随着对地理信息系统认识的提高，其应用和需求大幅度增加，导致地理信息系统应用的扩大与深化。国家级乃至全球性的地理信息系统已成为公众关注的问题。发达国家的政府和私人企业都在投入大量人力、物力资源以发展各自的地理信息系统，致力于建立国家规模的、地区性的以至全球性的地理信息系统。网络地理信息系统、嵌入式地理信息系统等研究与应用，基于位置信息的服务、Google Earth、空间信息网格技术、虚拟现实技术等正在影响和改变人们的生活、工作和学习方式。

1.4.2 国内地理信息系统发展现状

我国 GIS 的发展是从 20 世纪 80 年代初开始的，与发达国家相比晚了 20 余年，但在较短时间内取得了令人瞩目的进步。我国自 1984 年开始成立一些专门的 GIS 研究实体，形成了具有一定规模的专业队伍。建设或正在建设一批全国性、地方性综合或专题空间信息系统。

由中国测绘科学研究院研发的国土基础信息系统，就是起步较早、投资规模较大、发展较快的 GIS 应用系统。以后又相继研发全国 1∶100 万基础地理信息数据库，1∶100 万比例尺数字地面模型、地形要素数据库和地名数据库，1∶400 万全国资源和环境信息系统，1∶250 万水土保持信息系统等。这些系统已在如防洪实时监测、快速灾情分析、水土保持、国土管理等方面发挥了作用。

进入 20 世纪 90 年代，我国地理信息系统步入快速发展阶段，重点是强调地理信息系统的实用化、集成化和工程化，为国民经济重大决策提供分析依据。许多大中城市也在纷纷开发和建立城市信息系统的工作。例如，上海市于 1995 年建成的综合地理信息系统，不仅为宏观决策提供多要素、多层次、多时态的空间信息，同时也为办公管理提供了先进科学的分析、预测、规划、决策等技术手段。可以说该系统的建立和使用在上海市人民政府办公决策服务方面发挥了重要作用。此后，我国许多大中型城市相继开发、建立了自己的城市地理信息系统。

我国国家基础地理信息设施也取得重大进展，包括 1998 年完成全国 1∶25 万地形数据库、数字高程模型和地名数据库建设；1999 年建设七大江河重点防范区 1∶1 万数字高程模型数据库和正射影像数据库；2000 年建成全国 1∶5 万数字栅格地图数据库；2002 年建成全国 1∶5 万数字高程模型数据库；2003 年建成 1∶5 万地名数据库、土地覆盖数据库、TM 卫星影像数据库；正在建立的有全国 1∶5 万矢量要素数据库、正射影像数据库等，以及省级 1∶1 万地形数据库、数字高程模型数据库、正射影像数据库、数字栅格地图数据库等。

中国 GIS 协会对我国 2006 年地理信息产业调查的结果表明，整个产业的产值已经超过 400 亿元，从业人员超过 30 万。据不完全统计，“十五”期间仅信息产业部电子信息产业发展基金就安排超过 2000 万元资金，用于支持国产 GIS 软件开发与应用。在政府主管部门、科研机构和有关企业的共同努力下，GIS 软件总体技术已经达到国际先进水平，并在国土、地矿、水利、环保、电力、测绘、电信及城市与社会的公共管理等多个领域得到广泛应用，涌现出一批 GIS 软件的骨干企业，有力地支撑了我国的信息化建设。国家“十一五”期间更是在对地观测与导航技术等领域投入上百亿元经费，支持地理信息系统架构、地理信息系统新应用模式、时空信息组织与表达、城市空间信息网格化集成和智能服务技术、应急响应综合信息集成关联分析、网络环境下分布式空间信息高效可视化技术等课题，必将对我国地理信息系统技术与应用起到进一步推动作用。

1.4.3 地理信息系统发展趋势

目前，地理信息系统正在科学研究、国民经济和国防建设中起着越来越重要的作用。随着对地观测和信息技术、网络地理信息系统、空间信息网格技术、基于位置信息服务、Google Earth 等研究的发展，它们正在对整个地球科学学科产生深远影响。

1. 地球观测与信息技术

基于 RS、GIS、GPS 与计算机网络或网格计算技术，正在形成对地观测与信息处理的技术体系，可实现对各种空间信息的收集、处理、更新和共享。地球观测与信息技术涉及地球科学、空间科学、信息技术、计算机技术、通信技术等多学科交叉，实现地理空间信息的动态获取、处理、管理、分析、表达、传输和应用。卫星导航定位系统和遥感技术为获取地球及其表面空间信息提供实时、连续、高精度、大范围的技术手段，空间数据库或地理信息系统为地球空间信息管理、分析和共享提供了智能平台。

目前世界上在轨运行或正在建设的全球卫星导航定位系统，主要有美国的 GPS 系统、俄罗斯的 GLONASS 系统、欧空局的伽利略系统、中国的北斗系统。其中 GPS 是美国从 20 世纪 70 年代研制，于 1994 年全面建成，具有海、陆、空全方位实时三维导航与定位能力的新一代卫星导航与定位系统。全球卫星导航系统具有全天候、高精度、自动化、高效益等显著特点，广泛应用于军事、船舶、飞机、汽车等导航以及大地测量、摄影测量、野外考察、资源与土地利用调查、精准农业等不同领域。基于全球卫星导航与网络技术，建立国家及城市连续运行参考站服务系统(Continuously Operating Reference Service，CORS)，研究 CORS 系统核心技术、开发具有自主知识产权的双频 CORS 基准站接收机和软件系统，CORS 基准站数据管理与数据处理软件系统开发等，都为快速、高效、准确地获取和共享地球及表面三维信息奠定了坚实基础。

遥感技术主要指航天航空立体成像技术、雷达干涉成像技术(InSAR)、航空激光扫描技术、高光谱成像技术等。其原理是从高空或外空接收来自地球及表面电磁波信息，对这些信息进行处理和分析，远距离识别地球及表面各类地物和要素的现代技术。航天航空遥感器接收的电磁波信息可以是由传感器发射并经地球反射的信息，称为主动遥感；也可以是由太阳光经地球反射或辐射的信息，称为被动式遥感。航天航空立体成像技术、雷达干涉成像技术和航空激光扫描技术等，在生成数字地面模型、数字正射影像、不同比例尺地形图和专题图，获取地球及表面三维立体信息和三维重建，以及地质灾害监测与预报等方面起着重要作用。例如，2008 年我国的嫦娥奔月工程，利用太空飞船上三线阵相机，获取月球表面三维立体信息，在世界上首次生成高清晰月球表面数字模型。利用机载或星载极化干涉 SAR 技术，极化干涉 SAR 典型物理参数定量反演技术等，在地球及表面三维信息提取、土地利用和土地覆盖分类等应用研究正在进行。遥感技术特别是多光谱遥感在资源调查、环境质量监测、气象观测预报、交通网络分析等方面有着重要应用。例如，利用热红外遥感图像，能够进行城市热岛效应分析，进而提出城市热岛形成、分布与对策。在城市遥感图像上直接统计机动车辆的数量、类型与尾气排放，结合实测资料以及城市气象、风向、风速变化等，估算城市大气状况。遥感图像还能反映水体的色调、形态、纹理等特征，基于影像分析和分类技术可以识别水体的污染源、污染范围、面积和浓度。

地理信息系统是对地球空间信息管理和处理的计算机软件系统，可对有关地球空间信息进行分级、分层管理；其强大的空间分析功能，可以进行各类空间数据组合、叠加、拓扑关系分析；还能查询、检索、修改、输出、更新等。地理信息系统可以直观、逼真和清晰地表现与空间位置有关信息的本质与规律。例如，基于虚拟地理信息技术，可以动态描述城市空间的历史、现在和未来发展形态。地学信息图谱的研究，利用图形语言对空间实体进行时间、空间综合表达与分析，为高效处理海量空间信息与知识挖掘提供理论基础。

总之，随着空间信息系统网格化和智能化技术、海量空间数据广域缓存技术，自适应终端地理信息服务、基于位置信息智能服务等，以及遥感技术、卫星导航技术等技术发展，正在形成对地观测与信息处理的技术体系，为地球科学研究和人类社会可持续发展奠定重要基础。

2. 网络地理信息系统

网络地理信息系统(Web GIS)是 Internet 技术和 GIS 技术结合的产物，是利用 Web 技术来扩展地理信息系统的一项新技术。Web GIS 具有较强的用户交互能力，可以传输并在浏览器上显示多媒体数据。与传统的地理信息系统相比，Web GIS 主要区别在于：基于网络的客户机/服务器系统；利用 Internet 来进行客户端和服务器之间的信息交换；用户和服务器分布在不同地点和不同的计算机平台的分布式计算等，如图 1-13 所示。

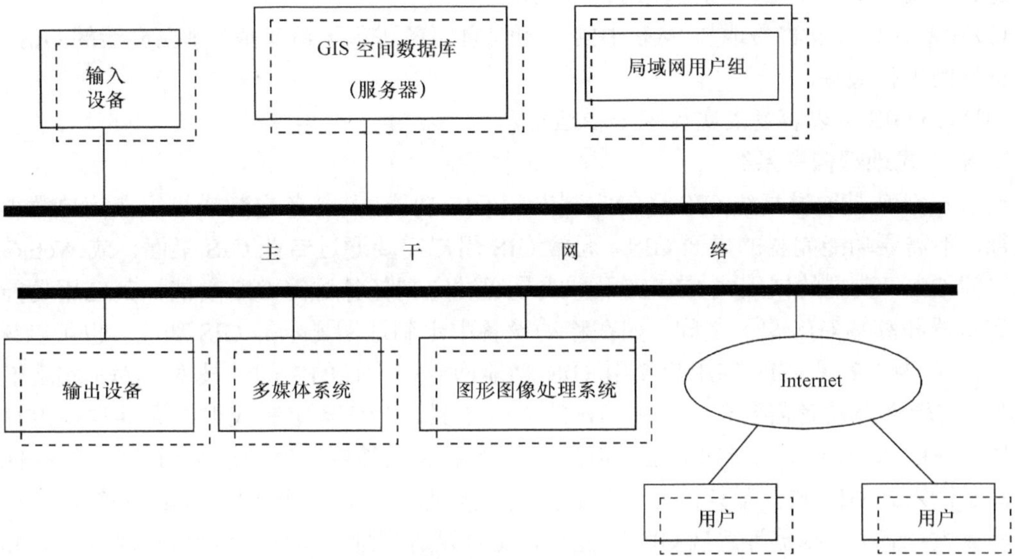

图 1-13 网络 GIS 硬件组成(刘仁义和刘南，2006)

GIS 经历了单机环境向网络环境发展的过程，网络 GIS 从局域网客户/服务器(client/server，C/S)结构，向 Internet 环境下浏览器/服务器(browser/server，B/S)结构的发展。早期 Web GIS 主要用于电子地图发布和简单空间分析与数据编辑，难以实现复杂图形交互和复杂空间分析，其 C/S 结构涉及客户端与服务器端大量数据传输，无法在互联网平台实现复杂的、大规模的地理信息服务。为了实现多个地理信息系统之间的资源(包括数据、软件、硬件)共享、互操作和分布计算，构建空间信息网格体系要求将 GIS 的数据分析与处理功能移到服务器端，通过客户端上 Web Browser 调用服务器端功能，实现 B/S 结构取代 C/S 结构的应用。

目前，B/S 结构应用由浏览器/网络服务器/数据服务器(browser/web server/data server)三层架构阶段进入浏览器/网络服务器/应用服务器/数据服务器(browser/web server/application server/data server)四层架构阶段。在四层架构中，网络服务器和应用服务器分离，将 GIS 复杂数据分析与处理功能移到 GIS 应用服务器上，使客户端与服务端的数据传输减少到最少，为在 Internet 上实现复杂、大规模的地理信息服务提供了可能。这种四层 B/S 架构的优势是使服务器端具有极强扩展性，应用服务器的组件式 GIS 所具备的功能，都可以通过 B/S 结构实现。

基于 Web GIS，Internet 用户可以获取 Web GIS 站点的空间数据，进行空间信息检索、空间分析、专题图制作等。Web GIS 面向用户提供四种空间信息服务：空间信息的在线浏览与制图服务、空间数据下载服务、空间元数据信息服务、开放式空间数据访问接口等。在四层

B/S 架构下，Web GIS 不再是仅满足地图浏览和查询的简单系统，而是体系先进、功能强大的服务器端 GIS，新的服务器端 GIS 将是未来应用发展的主流。Web GIS 主要特点如下：

(1) 全球范围内任意 WWW 节点的 Internet 用户，都可以访问 Web GIS 服务器提供的各种 GIS 服务，甚至还可以进行全球范围内的 GIS 数据更新。Web GIS 可以使用通用浏览器进行浏览、查询，扩大了 GIS 的潜在用户范围。

(2) Web GIS 可以容易地与 Web 中的其他信息服务进行无缝集成，建立灵活的 GIS 应用，具有良好的可扩展性。

(3) Web GIS 可以容易的实现跨平台运行。

3. 嵌入式地理信息系统

嵌入式 GIS 是通过高级 GIS 逻辑定制专门 GIS 功能，其任务定制或组织在简单数据编辑器进行，不需要功能完整的桌面 GIS。通常 GIS 用户需要通过专业 GIS 桌面，或 Web GIS 服务器访问 GIS。典型的嵌入式 GIS 应用方式是通过定制任务访问 GIS 功能，其应用功能介于 Web 浏览器和高端 GIS 桌面之间，如在移动设备中定制地图显示等 GIS 功能。也可以说，嵌入式 GIS 是为不熟悉 GIS 的用户使用 GIS 功能而专门设计的中间件技术。为了实现嵌入式 GIS 功能，软件开发者需要有一个可编程的 GIS 工具，为任务定制或组织提供常规的 GIS 功能。如实现嵌入 Web 浏览器内的辅助应用，可将 GIS 功能嵌入字处理文档和电子表格中。

基于嵌入式 GIS 软件工具，用户可以扩充、定制、开发专用嵌入式 GIS 系统，除可以实现地图放大、缩小、漫游等常规 GIS 功能外，还可以进行地图旋转、路径分析和自动导航等。用户通过二次开发构建特殊 GIS 应用系统，如 PDA 数字地图、车载 GPS 导航、机顶盒数字地图等。应用系统可以运行在装有 Windows 系列操作系统的多种硬件平台上，如 Palm-size PC、Pocket PC、HandHeld PC/Pro、HPC 2000 等。地图显示是嵌入式 GIS 最基本的功能，其显示的地图可为栅格地图或矢量地图。栅格数据结构简单，空间叠置和组合方便，容易实现数学模拟，对一幅栅格地图进行放大或缩小时，会损失其图像质量。矢量数据利用点、线、面及拓扑关系描述实体特征，矢量数据精度高。矢量地图放大和缩小，不会损失其地图精度。

ArcGIS Engine 提供的嵌入式 GIS 组件，是用户定制和开发特殊 GIS 应用系统的基础。目前嵌入式 GIS 产品大多是基于 Windows CE 操作系统平台，而基于 Linux 的 GIS 具有成本低、操作系统开源、实时性强等特点，使得基于 Linux 的嵌入式 GIS 具有强大竞争力。对于强调系统安全性的用户，基于 Linux 的嵌入式 GIS 研究、开发具有更为重要的意义。

4. 4D 地理信息系统

4D GIS (也称为 T-GIS) 是建立在时态数据库等基础上的综合应用系统。其研究对象是地球及表面实体或现象，在过去、现在和未来等时空状态信息。4D GIS 是一种采集、存储、管理、分析与显示空间实体随时间变化信息的空间数据库系统。空间实体 $f(x, y, z, t)$ 的时间、空间状态，是描述空间实体和空间现象的基本特征，是反映空间实体状态和演变过程的重要信息。比较而言，传统 GIS 是对于空间实体的静态描述，它反映空间实体的当前状态，无法描述空间实体的历史状态，更无法预测其未来发展趋势。4D GIS 是把时间作为空间实体的基本特征，即研究空间实体随空间、时间变化规律的时空信息的模拟方法。时空 GIS 研究包括时空数据模型、时空语义描述、时空拓扑关系、时空查询语言、实体时空过程模拟。

(1) 4D GIS 核心问题是时空数据模型的建立，即解决数据更新和存取便捷、海量数据存储、空间实体的空间和时间语义描述，以及空间关系、时态关系、演变关系和时空关系正确描述等。4D GIS 时空数据建模的根本任务在于时间和空间语义建模。从动态和时空变化角度去考虑，研究 GIS 时空特征，根据具体应用剖析研究对象及特定时空语义，为时空数据模型的建立奠定基础。

(2) 时空数据库是不同历史、不同尺度和不同维度的海量时空数据和非时空数据的集合，它是时空 GIS 的核心组成部分。数据检索的效率和数据更新的机制是衡量时空数据库性能的指标。结合时空信息的查询特点和特定时空数据模型框架，研究实用的时空 GIS 查询语言，建立时空数据库管理系统，是一项长期的基础性工作。

(3) 时空数据的可视化除了实现传统 GIS 对某时刻空间实体分布和形状表达外，还应能用计算机以动画的形式对地理空间实体各时刻的状态或属性按照演化过程进行空间动态模拟（王家耀等，2004）。

5. 基于 Web 的空间信息服务

基于 Web 的空间信息服务，是为实现空间信息的跨部门、跨区域、跨专业通信、互操作和协同处理等提供技术服务。Web 的空间信息服务，要解决面向异构数据、分布式资源、网络服务集成和互操作等技术。由于地理空间数据的多源、多格式、多时空、多比例尺、多语义及分布管理等特点，不同系统间的数据交换，不同应用部门对不同空间现象理解和表达不同，造成应用系统间、不同领域间协作数据共享和交流存在困难，实现空间数据共享和互操作成为共识。开放地理空间信息联盟(Open Geospatial Consortium，OGC)，提出开放地理数据互操作规范(OGIS)，给出分布式访问、获取空间数据软件处理框架，软件开发人员可以通过使用规范描述的公共接口模板实现互操作。OGIS 规范了传统地理信息系统软件和网络环境下的异构数据互操作。

Web 服务技术为实现空间信息 Web 服务，提供了跨平台互操作功能，为分布式异构空间信息共享和互操作提供了有效的框架。如 ESRI 推出的 ArcWeb Service 和 Microsoft 推出的 MapPoint，分别发布了地址查询、路径查询、邻域查询等各种的空间信息处理服务。实现空间信息 Web 服务链的跨平台互操作，采用工作流技术将业务逻辑与应用逻辑分离，提供业务逻辑描述语言标准和工作流引擎；语义网为 Web 服务提供了计算机可以理解的语义信息，为自动服务发现、组合提供了语义支持。将 Web 服务技术、工作流技术和语义网技术结合是实现动态空间信息服务链的技术支撑。基于 OGC 服务规范的动态服务发现和选择方法，语义网技术的动态服务发现和选择方法，为自动空间信息 Web 服务链的实现提供技术支撑。

习题与思考题

1. 什么是地理空间数据？其主要特征是什么？
2. 什么是地理信息系统？它与管理信息系统的主要异同点是什么？
3. 举例说明地理信息系统的主要应用。
4. 简述地理信息系统的组成及各部分主要功能。
5. 简述地理信息系统的主要发展趋势。

第 2 章　空间数据获取

空间数据是地理信息系统的重要基础信息，决定了地理信息系统采用的空间数据结构和数据编码方法，也决定了其空间数据管理方法和空间数据分析能力。空间数据是以地球表面空间位置为参照系的自然、社会和人文景观数据，这些数据可以用图形、图像、文字、表格和数字等形式表达，如某行政区的位置、行政区轮廓、人口数等。

2.1　概　　述

2.1.1　空间数据来源

地理信息系统的空间数据是通过各种测量技术手段，对地球及表面地物、地貌进行测量和调查，获取与地球及表面点、线、面等实体的空间位置、形状、空间分布、空间关系、属性描述等有关的空间数据。地理信息系统空间数据获取常用方法包括：地面测量与调查、摄影测量、遥感信息提取等。

地面测量与调查主要是指采用野外测量仪器如全站仪、GPS（RTK）等，在野外实地获取地球空间数据。例如，土地利用现状数据调查采用野外测量与调查方法获取。数字平板测图由电子手簿记录观测数据、地物属性、地物空间关系，自动绘图软件现场绘制草图，由计算机屏幕显示，特别适用于房屋密集的城镇地区地籍测图。

摄影测量分为航空摄影测量与航天摄影测量。摄影测量基本原理是利用航空或航天平台上的传感器，获取地面立体影像，建立传感器中心、像点与地面点的几何模型，解算地面点在大地坐标系中坐标，基于此实现三维目标重建。

随着遥感技术的发展，合成孔径雷达（D-InSAR）技术和机载激光雷达测量（LiDAR）技术等也正在成为空间数据获取的重要技术手段。

2.1.2　空间数据输入

空间数据输入和建立空间数据库是地理信息系统建设的重要基础性工作。空间数据输入包括对获取的空间数据进行分类编码、图形数据输入和属性数据输入。

1. 数据分类与编码

为了保证地理信息系统数据及与其他专题 GIS 系统的数据采集、存储、检索、分析和交换的一致性和信息共享，在空间数据输入之前，要对由不同手段获取的数据进行分类与编码。空间数据分类是将数据按照专题进行归纳、分层和分级；数据编码是确定 GIS 中数据的表达格式与编码形式。

《国土基础信息分类与代码》（GB/T13923—1992）将基础地理数据按要素分为 9 个大类（一级类）、42 个小类（二级类）、300 个一级代码（三级类）、240 个二级代码（四级类），如图 2-1 所示。

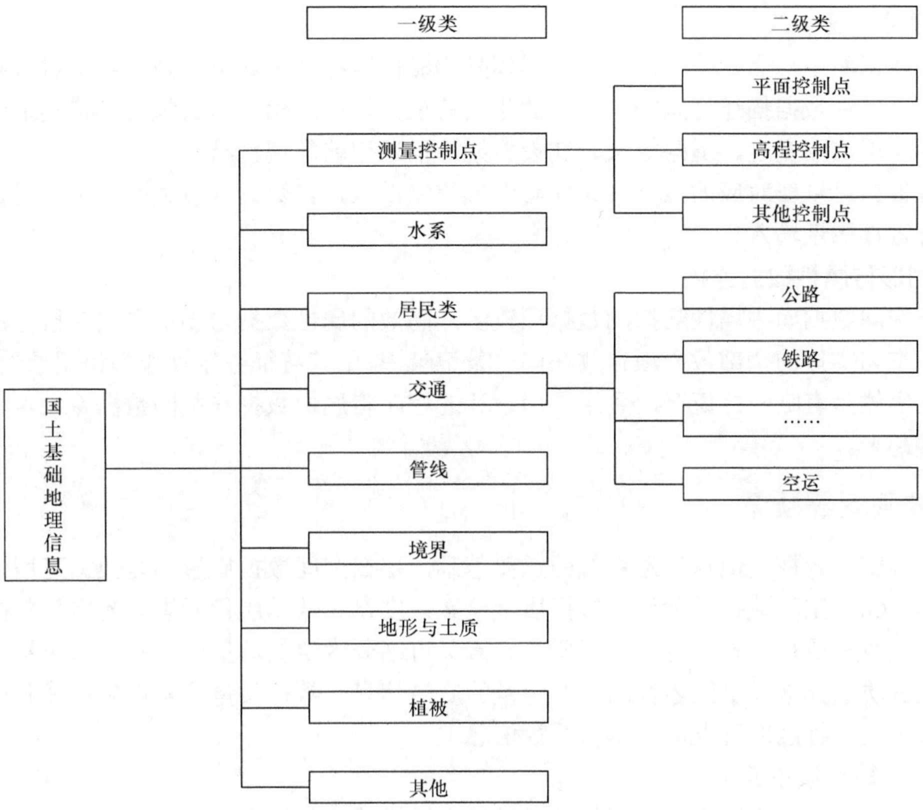

图 2-1　国土基础信息分类体系

基础地理数据分类代码由 6 位数字组成，其结构如图 2-2 所示。

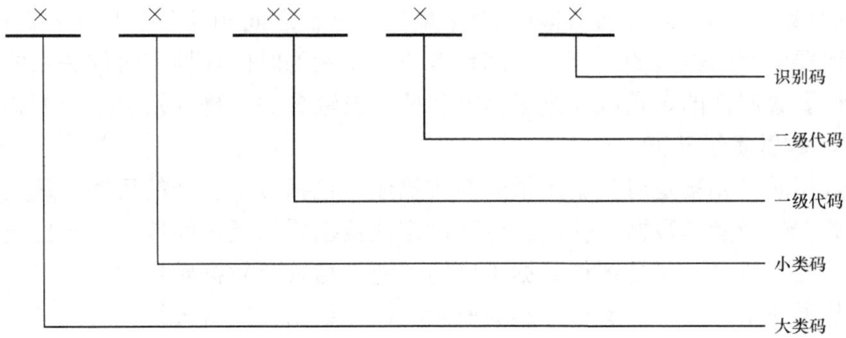

图 2-2　基础地理信息分类代码结构

其中第 1、2 位分别为大类码、小类码，第 3、4 位是一级代码，第 5 位是二级代码，最后 1 位是识别码，由用户自行定义，用来标注某种特定意义。

2. 图形数据输入

图形数据输入是建立地理信息系统的基础性工作。通过各种输入设备，将点、线和多边形等实体数据输入到空间数据库。主要方法有图形手扶数字化、图形扫描数字化、人工输入等。

3. 属性数据输入

空间数据库中，点、线和面等空间实体是用栅格数据结构或矢量数据结构进行存储和管理，同时用属性数据描述这些空间实体的相关特征。例如，用一组矢量坐标描述道路空间布置和走向，用道路宽度、道路等级、建设日期等描述道路的属性特征。

属性数据可以在对应的点、线、面等图形位置键入，当数据量较大时，可通过建立数据文件方法进行属性输入。

4. 图形与属性数据连接

由于空间数据库中属性数据的数据项较多，高效的属性数据与图形数据连接方法，是把属于同一空间实体的全部数据项存放在同一条记录中，用其特征数据项作为该记录的关键字，使该空间实体具有唯一标识符，利用专门设计的程序将属性数据与空间数据库中点、线、面实体连接起来。

2.1.3 空间数据质量

如果说空间数据是地理信息系统的重要基础，那么空间数据质量则是数据可用性的唯一衡量指标。GIS 空间数据质量可用数据质量元素来度量。数据质量元素分为定量数据质量元素和非定量数据质量元素，定量数据质量元素又可细分为定量质量元素与定量质量子元素，非定量数据质量元素提供综述性的、非定量的质量信息。数据质量元素用来描述和度量数据集满足预定质量标准的程度，并提供质量信息[①]。

1. 定量数据质量元素

定量数据质量元素用来对数据的质量进行定量描述，包括数据的完整性，如实体要素的完整性、属性描述的完整性等；逻辑一致性，如拓扑一致性；位置精度，如地籍点位置精度、相对精度等；时间精度，如与时间有关的属性或属性类型误差等；属性精度，如要素值域精度等。数据完整性描述要素、要素属性及要素关系存在或不存在。逻辑一致性描述数据结构(包括概念的、逻辑的或物理的数据结构)、要素属性和它们之间相互关系符合逻辑规则的程度。位置精度描述要素空间位置的精度。时间精度描述要素的时间属性和时间关系的精度。属性精度用来描述要素属性的定量或非定量精度和要素属性分类正确性及它们间的相互关系。

2. 非定量数据质量元素

非定量数据质量元素是对数据质量的间接描述，包括数据生产的目的、适应性、用途和数据志等。数据生产者和数据的使用者可通过定性数据质量元素间接评价数据集的质量。

GIS 空间数据质量元素是评价数据质量的关键。尽管对数据质量的含义有不同的看法，但一般认为数据质量是一个多层次分类的概念，每一数据集质量最终分解成具体的数据质量元素。数据质量评价的核心在于如何科学地确定数据质量元素，如准确性 、完整性、一致性等。

2.2 地面测量与地图数字化

利用地面测量仪器在野外直接测量与调查。如土地利用现状数据调查、野外数字测图、

① ISO/TC211.2003.地理信息质量基本元素(ISO19113). http：www.isotc211.org.

已有地形图数字化等。

2.2.1　野外测量与调查

采用 GPS RTK 技术、全站仪和掌上电脑等，在野外直接获取有关空间数据，如采用野外测量与调查方法获取土地利用现状数据等。全国第二次土地调查的主要任务包括农村土地调查，要求查清每块土地的地类、位置、范围、面积分布和权属等情况；城镇土地调查，掌握每宗土地的界址、范围、界线、数量和用途；基本农田调查，将基本农田保护地块(区块)落实到土地利用现状图上，并登记上证、造册；建立土地利用数据库和地籍信息系统，实现调查信息的互联共享。在调查的基础上，建立土地资源变化信息的统计、监测与快速更新机制。

2.2.2　地面数字测图

地面数字测图简称数字测图，是野外获取空间数据的常用方法之一。数字测图经历了数字测记和数字平板两种工作模式的发展。数字测记模式使用电子手簿自动记录观测数据、地物属性及相互间连接关系，由 PDA 等掌上电脑现场绘制地物草图和检查野外测量数据的正确性，在室内进行数据整饰、图形编辑等。数字平板是将便携机与野外测量仪器直接通信，现场测量、自动记录和绘制测量草图，检查无误后，回到室内进行数据的整饰和图形修改、编辑。数字平板工作模式特别适用于房屋密集的城镇地区地籍测图。目前也有利用现代化通信手段与数字平板结合起来，由持便携式电脑的作业员现场指挥人员跑点，并发出指令遥控驱动全站仪观测，观测结果通过无线传输到便携机，并在屏幕上自动展点和绘制草图等，可以提高野外测量的作业效率。

数字测图的优点是野外测量自动记录、数据自动处理与解算、自动生成矢量图。数字测图的成果是以点的位置信息和属性信息存入计算机，不仅能向用户提供数字产品，而且其数字成果易于共享、数据深加工和数据快速更新。数字测图获得的点位精度高，可避免图纸伸缩带来的各类误差。

不论地形数据测绘，还是各类专题数据测绘，地面数字测图都包括数据采集、数据处理和图形输出三个阶段，如图 2-3 所示。

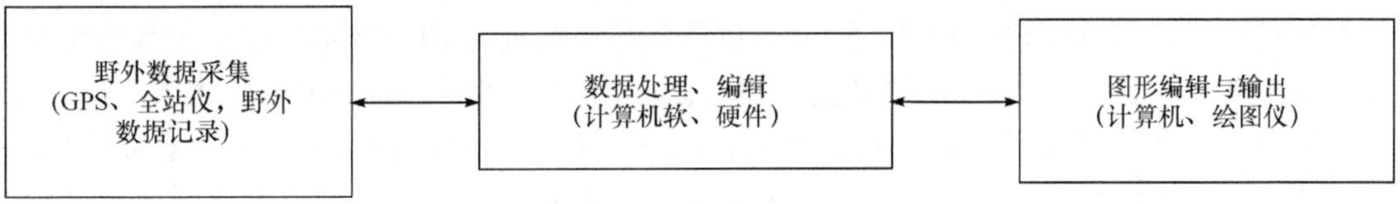

图 2-3　数字测图流程

1. 数据采集

数据采集是利用 GPS、全站仪、测距仪、经纬仪等在野外直接测定地形或地物特征点空间位置，记录特征点属性和地物几何关系等，并按照标准数据编码格式对野外数据进行编码，需要时可实时传输到数据记录设备。

1) 全站仪测量

利用全站仪进行地形或地物特征点测量通常采用极坐标法。

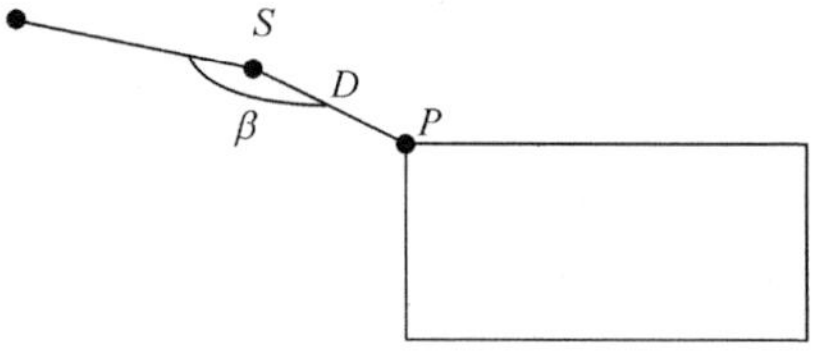

图 2-4　极坐标法点位测量

如图 2-4 所示，S 为测站点，P 为地物特征点，仪器高为 I，棱镜高为 A，观测水平角为 β，竖直角为 θ，测站 S 到特征点 P 水平距离为 D，则特征点 P 三维坐标由下式计算：

$$\left.\begin{aligned} X_p &= X_s + D \cdot \cos\beta \\ Y_p &= Y_s + D \cdot \sin\ \beta \\ H_p &= H_s + D \cdot \tan\theta + I - A \end{aligned}\right\} \tag{2-1}$$

2）数据编码

野外测量特征点空间位置，特征点属性及地物间几何关系等，要按照一定规则进行数据编码，转化为计算机易于处理的数据结构。数据编码包括地物代码、地物特征码、地物属性码；连接关系编码，即连接点号、连接序号、连接线形等编码。《大比例尺地形图机助制图规范》（GB 14912—1994）规定，野外数据编码为地形码＋信息码。

地形码是表示地形图要素的代码，GB 14804—1993 规定地形图要素代码由四位数字码组成，分为九大类。信息码用于表示地形地物要素间连接关系的代码。

2. 数据处理

野外采集数据的处理主要包括数据预处理、数据转换、数据计算、图形生成、图形编辑与整饰、图形信息的管理与应用等。经过数据处理后，可产生平面图形数据文件和数字地面模型文件。数据处理是数字测图的关键阶段，其既有对图形数据进行交互处理，也有批处理。

由于地形地物类型繁多、关系复杂，野外数据采集过程漏测或错测情况时有发生，同时由于野外测量误差的存在，必须对有关地形地物的观测数据进行适当调整和处理，使之满足一定的拓扑关系。对于漏测或错测地形地物特征，还要及时进行补测或重测。随着时间的推移，原有地形地物关系发生变化，为保证空间数据的现势性，有必要对变化的地形地物进行修改、维护与更新，这也是衡量空间数据质量的重要指标之一。

3. 图形输出

输出图形是数字测图的主要目的。通过对图层的控制，生成和输出各种专题地图（包括平面图、地籍图、地形图、管网图、带状图、规划图等）。

例如，清华大学的 EPSW 数字平板野外测图系统，采用便携机作为数据采集的处理器，作业人员直接对图形数据进行操作。野外数据采集软件以记录段为核心，在记录测点位置（水平角、竖直角、斜距）的同时，也记录测点属性及图形间连接信息。记录软件将人工输入信息减少到最少，一些记录项是由软件自动填写，内业由计算机自动查询与检索，自动生成矢量图形文件，实现了内外业一体化。如图 2-5 所示，现场成图直观地在屏幕上显示所测的地物、地貌，错误及遗漏地物易于发现和纠正。对于地物复杂、房屋密集地区，可以较大提高野外作业效率和测量数据的可靠性。

2.2.3　地图数字化

地图数字化是将地形图或各类专题图转换成离散空间数据的过程。地图数字化主要有跟踪数字化和扫描数字化。地图跟踪数字化采用跟踪数字化仪对地图图形要素（点、线、面）进行逐点跟踪，量测并记录其 X，Y 坐标，最终获取地图的矢量数据。

(a) 数字测图系统

(b) 1:500地形图

图 2-5　数字测图

地图扫描数字化是用扫描数字化仪对地图沿 X 或 Y 方向进行连续扫描，获取图像像素的二维矩阵，形成栅格数据结构。地图数字化得到的扫描坐标还要转化为地面坐标。扫描坐标系与地面坐标系间转换关系由二维仿射变换给出。

$$\left.\begin{aligned} X &= a_0 + a_1 x + a_2 y \\ Y &= b_0 + b_1 x + b_2 y \end{aligned}\right\} \tag{2-2}$$

式(2-2)也称为二维仿射变换，式中 (X, Y) 为地面坐标系坐标，(x, y) 为扫描坐标系坐标。

地图数字化还包括地形图属性数据的编码和输入。地图属性数据编码可设计为数字化台面“菜单”方式输入，数字台面每类“菜单”项代表一种地图要素，当对某一地图要素数字化时，选中此菜单项，即可对该类要素进行数字化。例如，选中“房屋菜单”后，可连续进行房屋层数据数字化。数字台面“菜单”方式数字化代替手工键盘输入，可减少错误。地图数字化一般在联机系统上进行，由计算机控制实现输入数据实时屏幕显示、目视检查、图形编辑等。

2.3 摄 影 测 量

现代摄影测量，即数字摄影测量，是通过对影像匹配、解译和量测，获取影像上同名像点坐标，解算对应地面点的大地坐标。摄影测量的主要任务是基于立体像对测绘各种比例尺地形图或专题图。摄影测量的数字产品包括数字线划图(DLG)、数字栅格图(DRG)、数字高程模型(DEM)和数字正射影像(DOM)。数字摄影测量还是快速建立三维数字城市的主要技术与手段。

2.3.1 立体摄影测量

航空航天摄影测量是利用安置在飞机或卫星等平台上的传感器，获取地面的立体影像，计算机读取立体影像左、右像点的屏幕坐标，建立传感器中心、像点与地面点间几何模型，根据几何模型解算地面点在大地坐标系中坐标，进而实现空间数据获取和三维目标重建的目的。

图 2-6 是航空摄影测量实现原理。摄影测量可分为航空摄影测量、航天摄影测量、地面或近景摄影测量、显微摄影测量等。

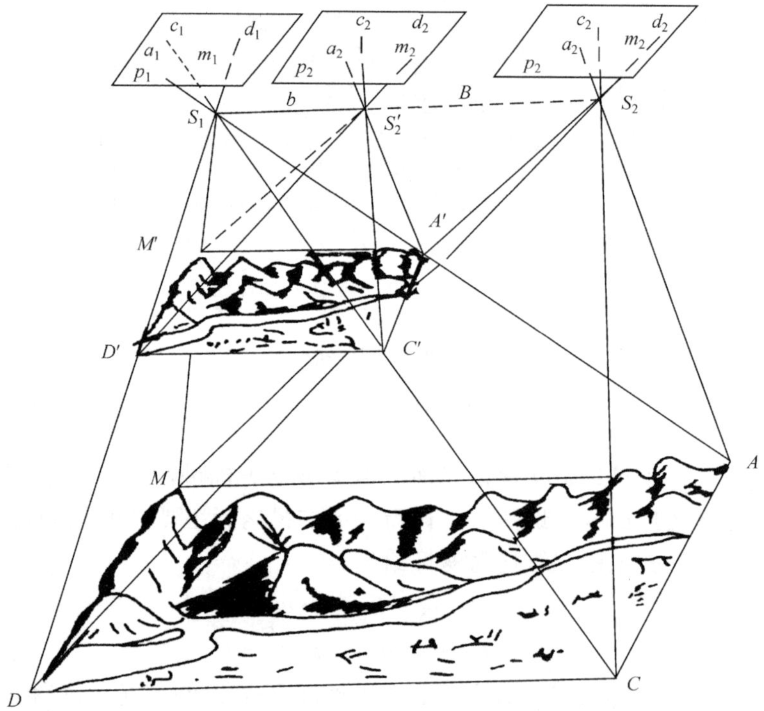

图 2-6　航空摄影测量(李德仁等，2008)

2.3.2 摄影测量构像方程

摄影测量构像方程是描述影像获取瞬间，传感器中心、像点与地面点间存在的几何模型，解算该模型可获得地面点的三维大地坐标。

1. 摄影测量共线方程

如图 2-7(a)所示，建立像空间辅助坐标系 $S\text{-}XYZ$，地面摄影测量坐标系 $D\text{-}X_{tp}Y_{tp}Z_{tp}$，对于 $\boldsymbol{R}$，$\boldsymbol{R}_o$ 与 $\boldsymbol{SA}$ 三向量，存在

$$\boldsymbol{SA} = \boldsymbol{R} - \boldsymbol{R}_o \tag{2-3}$$

$$\boldsymbol{Sa} = \lambda \cdot \boldsymbol{SA} \tag{2-4}$$

式中，$\boldsymbol{R} = (X_A, Y_A, Z_A), \boldsymbol{R}_o = (X_S, Y_S, Z_S), \boldsymbol{Sa} = (X, Y, Z)$。

故有

$$\begin{pmatrix} X \\ Y \\ Z \end{pmatrix} = \frac{1}{\lambda} \begin{pmatrix} X_A - X_S \\ Y_A - Y_S \\ Z_A - Z_S \end{pmatrix} \tag{2-5}$$

$$\begin{pmatrix} x \\ y \\ -f \end{pmatrix} = R^{-1} \begin{pmatrix} X \\ Y \\ Z \end{pmatrix} = \begin{pmatrix} a_1 & b_1 & c_1 \\ a_2 & b_2 & c_2 \\ a_3 & b_3 & c_3 \end{pmatrix} \cdot \begin{pmatrix} X \\ Y \\ Z \end{pmatrix} \tag{2-6}$$

式中，$(x, y, -f)$为像点 a 在像空间直角坐标系中的坐标。共线方程如下：

$$\left.\begin{aligned} x &= -f \frac{a_1(X_A - X_S) + b_1(Y_A - Y_S) + c_1(Z_A - Z_S)}{a_3(X_A - X_S) + b_3(Y_A - Y_S) + c_3(Z_A - Z_S)} \\ y &= -f \frac{a_2(X_A - X_S) + b_2(Y_A - Y_S) + c_2(Z_A - Z_S)}{a_3(X_A - X_S) + b_3(Y_A - Y_S) + c_3(Z_A - Z_S)} \end{aligned}\right\} \tag{2-7}$$

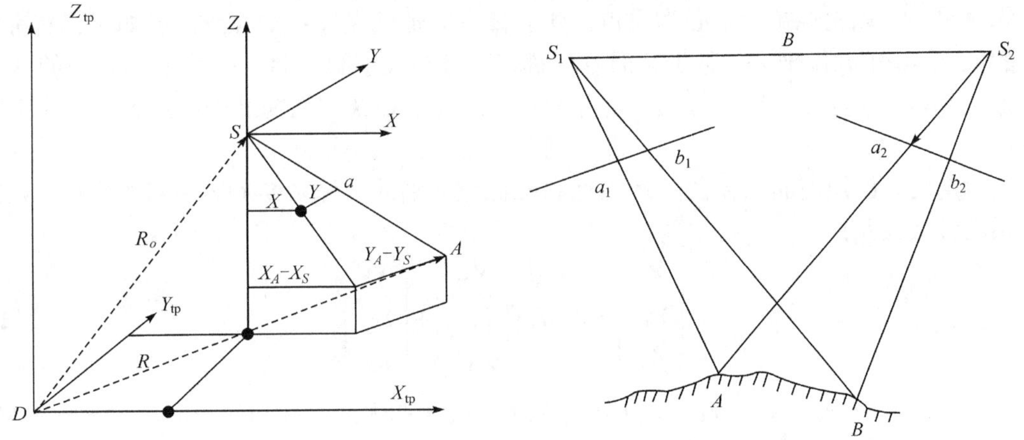

(a) 共线方程　　(b) 共面方程

图 2-7　摄影测量构像方程

2. 摄影测量共面方程

如图 2-7(b)所示，由三矢量 $\boldsymbol{B}, \boldsymbol{S}_1\boldsymbol{a}_1, \boldsymbol{S}_2\boldsymbol{a}_2$ 共面，可建立共面方程如下：

$$\boldsymbol{B} \cdot (\boldsymbol{S}_1\boldsymbol{a}_1 \times \boldsymbol{S}_2\boldsymbol{a}_2) = 0 \tag{2-8}$$

式中，$\boldsymbol{B}=(b_x, b_y, b_z)$，$\boldsymbol{S}_1\boldsymbol{a}_1=(X_1, Y_1, Z_1)$，$\boldsymbol{S}_2\boldsymbol{a}_2=(X_2, Y_2, Z_2)$。

共面方程纯量形式为

$$\boldsymbol{F}=\begin{vmatrix} b_x & b_y & b_z \\ X_1 & Y_1 & Z_1 \\ X_2 & Y_2 & Z_2 \end{vmatrix}=0 \tag{2-9}$$

2.3.3　地面点坐标解算

摄影测量中，解算地面点 A 坐标的常用方法有空间后方交会-前方交会法、相对定向-绝对定向法，以及光束法严密平差。

1. 空间后方交会-前方交会法

该方法是基于共线方程，由空间后方交会、空间前方交会两步计算，实现地面点 A 坐标的解算。空间后方交会是利用 4 个及 4 个以上已知的像点 a 的像片坐标，和地面点 A 的大地坐标，在共线方程中解算出影像的 6 个外方位元素（X_S，Y_S，Z_S，φ，ω，κ）。

空间前方交会是在已知立体像对的外方位元素和像点 a_1 和 a_2 像坐标，由共线方程解算地面点 A 坐标的过程。

2. 相对定向-绝对定向法

该方法是基于共面方程，由已知立体像对中影像像点 a_1 和 a_2 像坐标，解算地面点 A 的大地坐标，其实质是要已知两张影像的 12 个外方位元素。相对定向-绝对定向就是将 12 个未知的外方位元素解算，分为相对定向和绝对定向两步进行，同时将地面点大地坐标在相对定向-绝对定向解算过程也一并解出。

相对定向：以左像摄影中心为原点，建立像空间辅助坐标系 $S\text{-}XYZ$，已知左、右影像上对应的像点 a_1 和 a_2 像坐标，基于共面方程解算右像在像空间辅助坐标系 $S\text{-}XYZ$ 中的 5 个相对外方位元素，可建立相对立体模型，并解算出地面点在像空间辅助坐标系 $S\text{-}XYZ$ 中对应的坐标。

绝对定向：已知地面点 A 的大地坐标和在像空间辅助坐标系 $S\text{-}XYZ$ 中对应坐标，建立两坐标系间转换关系：

$$\begin{pmatrix} X_A \\ Y_A \\ Z_A \end{pmatrix}=\lambda\cdot R\cdot\begin{pmatrix} X_M \\ Y_M \\ Z_M \end{pmatrix}+\begin{pmatrix} X_S \\ Y_S \\ Z_S \end{pmatrix} \tag{2-10}$$

式中，（X_A，Y_A，Z_A）、（X_M，Y_M，Z_M）分别为地面点 A 的大地坐标和像空间辅助坐标系坐标。绝对定向只要解算出 12 个未知外方位元素中其余 7 个即可。

3. 光束法严密平差法

光束法严密平差法基于共线方程建立误差方程、法方程，将待求地面点大地坐标、立体像对的 12 个外方位元素在平差模型中一并解算。

2.3.4　阵列 CCD 立体摄影测量

传统摄影测量是利用安装在航空平台上的框幅式相机获取立体像对，采用 2.3.2 节共线方程或者共面方程实现空间点位三维坐标解算。随着空间科学技术的发展，摄影测量传感器平台由传统的机载平台，发展为地面车载平台，以及星载或航天飞机平台。摄影测量中传统的框幅式相机，也正在发展成为阵列 CCD 相机。同时航天摄影测量正在成为空间信息获取的重要手段。例如，2008 年我国的嫦娥奔月工程，利用搭载在太空飞船平台上的三线阵相机，获取月球表面三维立体信息，在世界上首次生成高清晰月球表面数字模型。航天立体成像技术在生产数字地面模型、数字正射影像、不同比例尺地形图和专题图，地球及表面三维立体信息获取和三维重建等领域起着重要作用。

1. 阵列 CCD 传感器

在线阵列 CCD 传感器中，法国 SPOT-5 卫星平台上搭载的高分辨立体成像传感器 HRS(high resolution stereoscopic)，是一类双线阵立体成像传感器。其 CCD 单元的物理尺寸为 6.5μm×6.5μm，每条线阵长度为 16000 像元。SPOT-5 HRS 双线阵传感器由前视、后视 CCD 线阵列组成，卫星在轨道上飞行过程，前视阵列传感器对目标区成像，短时间内后视阵列传感器对相同地区二次成像，得到同轨立体影像。由于 SPOT-5 采用了新的恒星跟踪仪和定轨装置，保证了精确的测定卫星平台姿态和轨道位置，可进行无地面控制摄影测量。利用 SPOT-5 HRS 获取的异轨立体像对，可以生产 1∶2.5 万到 1∶5 万地形图。

LH-ASD40 数字成像系统是由瑞士 Leica 公司与美国 Helava 公司共同研制的三线阵机载数字传感器。ASD40 每条线阵长度为 12000 像元，CCD 单元的物理尺寸为 6.5μm×6.5μm。在 2000m 以上飞行高度，可同时获取前视、底视、后视影像，具有 60% 三度重叠，可以构成 3 对连续无缝的地面立体影像。通过安装在聚焦单元上惯性导航系统获取摄影瞬间传感器姿态，GPS 获取传感器中心位置参数，实现无地面控制的航空摄影测量。目前国内有关部门利用 ADS40 三线阵 CCD 数字摄影系统，完成了 1∶500、1∶10000 测图的试验生产研究，把大地水准面精化成果应用到 ADS40 数字航空摄影测量作业，解决了测量成果坐标和高程的高精度转换等问题。

面阵列 CCD 传感器中代表性的有 DMC(digital mapping camera)、UCD(UltraCAM-D)和 SWDC(siwei digital camera)等机载数字传感器。DMC 是 Z/I 公司推出的面阵机载数字相机。DMC 的 CCD 单元尺寸为 12μm×12μm，焦距为 120mm，影像尺寸为 7680 像素×13824 像素，最大连拍速度为 2 秒/幅，波段为黑白全色＋多光谱。UCD 是 Vexcel 公司 2003 年推出的面阵机载数字相机。UCD 的焦距为 100mm, CCD 单元尺寸为 9μm×9μm，影像尺寸为 11500 像素×7500 像素，波段为黑白全色＋多光谱。SWDC 面阵机载数字传感器是具有我国自主知识产权的科研产品。其主体由 4 个高档民用相机(单机像素数为 3900 万，像元大小为 6.8μm×6.8μm)经外视场拼接而成，系统集成了 GPS 和自动控制等关键技术。SWDC 的焦距为 50mm / 80mm，像元大小为 6.8μm×6.8μm，影像尺寸为 15K×10K/14K×11K 。

IKONOS 星载传感器也是 CCD 面阵数字传感器，可获取同轨立体像对和异轨立体像对，实现立体测图功能。

2. 线阵列传感器影像构像方程

SPOT、IKONOS 和 QuickBird 等星载线阵列 CCD 传感器是推扫式成像传感器。其传感器沿轨道垂直方向扫描，每扫描一行，获得一条严格满足中心投影的影像扫描行，随着传感器沿轨飞行构成连续影像，该影像在扫描影像行之间为近似平行投影影像。

现以传感器平台轨道方向为 y 轴，扫描行方向为 x 轴，建立瞬间像平面坐标系。第 i 扫描行影像中心投影的共线方程为

$$
\left.\begin{aligned}
x_i &= -f\frac{a_1(X_A - X_{S_i}) + b_1(Y_A - Y_{S_i}) + c_1(Z_A - Z_{S_i})}{a_3(X_A - X_{S_i}) + b_3(Y_A - Y_{S_i}) + c_3(Z_A - Z_{S_i})} \\
y_i &= -f\frac{a_2(X_A - X_{S_i}) + b_2(Y_A - Y_{S_i}) + c_2(Z_A - Z_{S_i})}{a_3(X_A - X_{S_i}) + b_3(Y_A - Y_{S_i}) + c_3(Z_A - Z_{S_i})}
\end{aligned}\right\} \tag{2-11}
$$

式(2-11)表明，每扫描行影像在其瞬间像平面坐标系中，y 坐标为零。对于星载线阵列CCD传感器，近似认为各扫描行影像外方位元素随时间呈线性变化。假设一幅影像像平面坐标系原点在中央扫描行中点，第 i 扫描行影像外方位元素可表达如下：

$$
\left.\begin{aligned}
X_{S_i} &= X_{S_o} + \dot{X}_S \cdot y \\
Y_{S_i} &= Y_{S_o} + \dot{Y}_S \cdot y \\
Z_{S_i} &= Z_{S_o} + \dot{Z}_S \cdot y \\
\varphi_i &= \varphi_o + \dot{\varphi} \cdot y \\
\omega_i &= \omega_o + \dot{\omega} \cdot y \\
\kappa_i &= \kappa_o + \dot{\kappa} \cdot y
\end{aligned}\right\} \tag{2-12}
$$

式(2-12)右方第一项为中央扫描行图像外方位元素。第二项表示第 i 扫描行影像外方位元素是外方位元素变化率与 y 坐标的乘积。利用空间后方交会与前方交会法，或者光束法严密平差可进行地面点位三维坐标解算(王任享，2003)。

2.4　合成孔径雷达干涉测量

与前述光学传感器成像方式不同，合成孔径雷达(synthetic aperture radar，SAR)是一类工作在微波段的主动传感器。无论机载或星载 SAR 都能够不受光照和天气限制全天候，24 小时连续对地观测，并具有一定穿透地表和植被获取地表下信息的特点。

SAR 成像传感器平台包括机载、星载和航天飞机平台。目前基于地面 SAR 测量技术、干涉 SAR 测量技术也正在大型工程、桥梁等动态监测、变形监测中得到应用(廖明生和林珲，2003)。

2.4.1　SAR 影像地形测量

1. SAR 摄影测量

研究利用解析摄影测量原理处理 SAR 立体像对，获取地形信息的技术与方法。采用 F.Leberl 成像模型实现 SAR 影像摄影测量，包括 F.Leberl SAR 构像方程、等效共线方程重建 SAR 影像外方位元素，SAR 影像立体模型建立和解析处理，基于 DEM 的 SAR 正射影像制作。

与 SAR 干涉测量相比，SAR 摄影测量的特点是可以利用摄影测量的理论和方法，对于植被覆盖地区测量效果较好，对获取像对的时间、基线和地物类型要求不甚严格等。

2. SAR 极化测量

在垂直于 SAR 电磁波传播方向的平面上，存在互相垂直的电场强度和磁场强度矢量。其中平面波极化描述了电磁场中电场矢量顶端在垂直于传播方向平面随时间变化在一周期内的轨迹，也称为极化波。其中线性极化波又可分解为水平极化波和垂直极化波。

SAR 电磁波发射和接收过程，地物后向散射回波极化特征与地物形状、位置和方位有关。SAR 极化测量是基于极化 SAR 的后向散射系数、极化响应特征、极化度(表征地表去极化作用强度)和相位差等与地形变化有关参数计算地表三维信息。SAR 极化测量包括测量方位向地形变化和地面高程等。

3. SAR 干涉测量

SAR 干涉测量是利用 SAR 影像中相位信息，解算地表高程信息的过程。其原理是获取相同地区的具有较强相干性主辅影像对，对主辅影像进行干涉运算，提取主辅影像间相位差，结合传感器平台的轨道参数，提取高分辨、高精度的地面高程信息。利用差分干涉技术，可以高精度获取地表微小变形。

2.4.2　SAR 干涉测量方法

SAR 干涉测量获取地表高程信息步骤包括：主辅复影像粗配准和精配准、影像干涉图生成、相位解缠、高程计算与影像纠正。

1. SAR 主辅复影像配准

影像配准是对同一地区主辅影像，在对应空间位置进行逐像素最佳对准。星载 SAR 影像配准分为基于轨道的粗配准和影像精配准。影像粗配准精度一般为 20～30 像素，精配准要求为子像素精度，如图 2-8 所示。

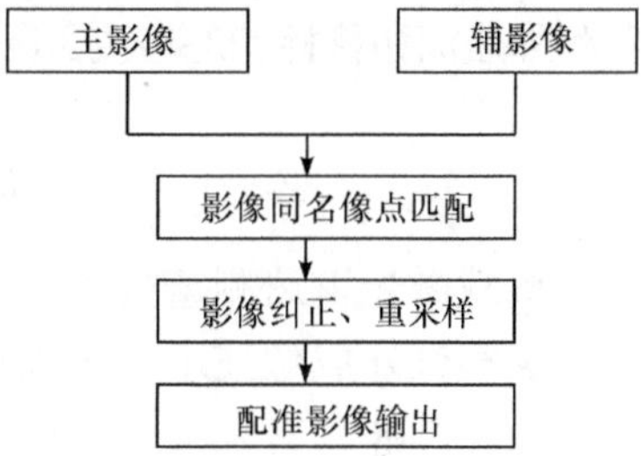

图 2-8　影像配准流程

(1) 影像匹配：是在主辅影像间寻找足够多同名像点。影像匹配算法一般为基于影像特征粗匹配、基于影像连续性或一致性约束精匹配。

(2) 影像纠正：选择影像间相对变形模型，利用影像同名像点坐标计算变形模型系数，建立主辅影像间纠正模型。对辅影像逐像素进行空间纠正，实现主辅影像间像素空间对准。

(3) 影像重采样：利用灰度重采样技术，对纠正影像每个像素进行灰度赋值。

2. 影像干涉图生成

设主辅复数影像为 U_1、U_2：

$$U_1=|U_1|\mathrm{e}^{\mathrm{j}\varphi_1} \tag{2-13}$$

$$U_2=|U_2|\mathrm{e}^{\mathrm{j}\varphi_2} \tag{2-14}$$

影像干涉是指主、辅复影像对应像素共轭相乘，形成干涉条纹图像，即

$$U_{\mathrm{int}}=|U_1|\cdot|U_2|\mathrm{e}^{\mathrm{j}(\varphi_1-\varphi_2)} \tag{2-15}$$

干涉条纹图相位差为

$$\varphi=\arctan\left[\frac{\mathrm{Im}(U_{\mathrm{int}})}{\mathrm{Re}(U_{\mathrm{int}})}\right] \tag{2-16}$$

3. 相位解缠

干涉条纹图中相位差是[0，2π]区间主值，相位解缠是根据相位主值推算出干涉条纹图绝对相位差的过程，也称为相位展开。相位解缠的方法包括：基于路径积分解缠、最小二乘相位解缠等。

由于平坦地区干涉成像时，也会产生干涉条纹，并与地形起伏产生干涉条纹叠加在一起，增加了相位解缠难度。一般而言，在相位解缠前，还要对干涉条纹图进行滤波和去平地效应处理。

4. 高程计算与影像纠正

干涉相位差与地面点高程 h 关系可由下列公式计算：

$$h = H - \rho_1 \cdot \sin\theta \tag{2-17}$$

$$\theta = \alpha - \arcsin\left[\frac{\lambda\varphi}{2\pi PB}\right] \tag{2-18}$$

式中，SAR 天线参数为$(H，B，\alpha)$；SAR 成像系统参数为 θ。

SAR 影像所有像素是在距离-方位坐标系统，SAR 影像几何改正是将所得高程和像素平面位置转换到常用测量坐标系，如 WGS84 坐标系统。

5. 差分干涉 SAR 测量

将两幅干涉条纹相位图进行差分运算，可以获得观测地区地形的微小变化，用于城市地表沉降监测和目标动态检测。资料表明，基于差分干涉 SAR 测量的微变形检测精度可达毫米级。

2.5　机载激光雷达测量①

机载激光雷达测量技术，具有直接、快速获取高精度地球表面数字模型的特点。配合光学影像和红外成像技术，可提供高空间分辨率的多源地表信息。同时，由于机载激光雷达系统的激光脉冲具有全天候对地观测、部分穿透树木遮挡等能力，已经在灾害监测、环境监测、资源调查、地形测绘等领域显示出极大的应用前景。

2.5.1　机载激光雷达与三维测量

1. 机载激光雷达测量系统

LiDAR 系统的传感器为激光扫描测距系统，航空平台为其传感器平台，能实时获取地球表面三维空间信息以及红外光谱信息。

如图 2-9 所示，机载激光雷达测量系统主要组成有：

(1) GPS 接收机，利用动态差分技术，测定激光雷达发射装置中心的空间位置；

(2) 惯性导航装置(INS)，测定激光雷达装置主光轴空间姿态参数；

(3) 激光测距装置，测定激光雷达发射装置中心到地面激光脚点间距离；

(4) CCD 相机，获取地面影像，为激光点云处理提供参考。

① 本节内容参考张小红(2007)。

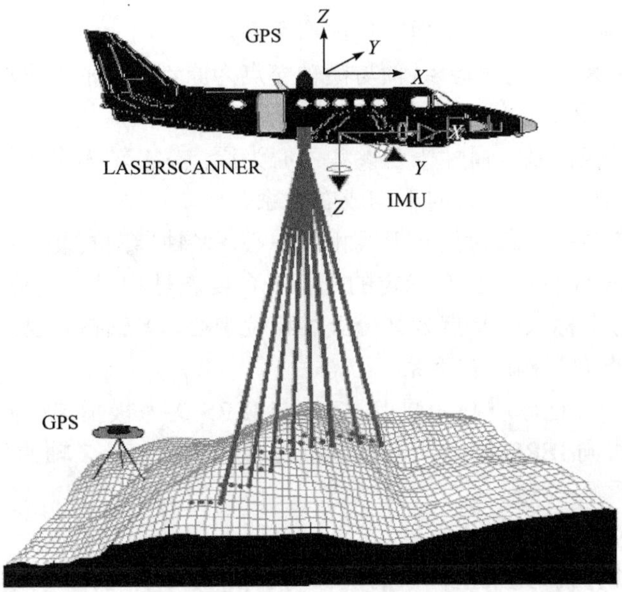

图 2-9　机载激光雷达测量系统(李德仁，2006)

2. 机载激光雷达定位原理

设激光雷达测量系统发射中心为 $O(X_O,Y_O,Z_O)$，激光束到达地面的脚点为 $P(X_P,Y_P,Z_P)$，发射中心 O 到地面 P 点距离为

$$\rho=\sqrt{(X_P-X_O)^2+(Y_P-Y_O)^2+(Z_P-Z_O)^2} \tag{2-19}$$

当已知 $O(X_O,Y_O,Z_O)$ 和矢量 $\boldsymbol{OP}$ 的空间姿态(φ，ω，κ)，激光束脚点三维坐标 $P(X_P$，Y_P，$Z_P)$ 可求。

其中，激光雷达测量系统传感器中心 $O(X_O$，Y_O，$Z_O)$ 坐标由 GPS 动态差分技术获取，$\boldsymbol{OP}$ 姿态(φ，ω，κ)通过高精度惯性导航系统得到。

3. 机载激光雷达数据处理

机载激光雷达数据处理，是通过计算得到激光脚点三维坐标 $P(X_P$，Y_P，$Z_P)$。其计算内容包括：①GPS 动态数据后处理；②INS 与 GPS 联合定姿定位处理；③多传感器时间同步处理；④激光脚点三维坐标计算。

对激光雷达测量形成的激光点云数据，进行点云分割等处理，可以得到地面的数字地面模型。

2.5.2　机载激光雷达测量点位坐标

机载激光雷达测量涉及 INS、GPS、激光雷达测量等多传感器数据处理，涉及机载激光雷达测量模型激光脚点在不同坐标系间转换。

1. 机载激光雷达系统涉及坐标系

(1) 瞬时激光束坐标系：激光发射中心为原点，X 轴指向飞行方向；Z 轴指向瞬时激光束方向；Y 轴垂直于 XZ 平面，构成右手系。

(2) 激光扫描参考坐标系：激光发射中心为原点，X 轴指向飞行方向；Z 轴指向瞬时激光扫描系统零方向；Y 轴垂直于 XZ 平面，构成右手系。

(3) 飞行平台坐标系：飞行平台纵轴与横轴交点为原点，X 轴为飞机机身纵轴前向；Y 轴垂直于 X 轴并指向右机翼；Z 轴垂直向下构成右手系。

(4) 惯性平台参考坐标系：惯性平台参考中心为原点，X 轴为飞机机身纵轴前向；Y 轴垂直于 X 轴并指向右机翼；Z 轴垂直向下构成右手系。

(5) 当地水平参考系：原点为某一天线相位中心，X 轴指向真北；Z 轴沿椭球法向量指向地心；Y 轴指向东构成右手系。INS 确定的飞行平台姿态是相对于当地水平参考系。

(6) 当地垂直参考坐标系：原点为某一天线相位中心，X 轴指向真北；Z 轴平行大地水准面法向量向下；Y 轴指向东构成右手系。

(7) WGS84 坐标系：地球质心为原点，Z 轴与 IERS 参考极指向相同，该极与历元 1984.0 协议地极一致；X 轴指向 IERS 参考子午线与通过原点并垂直于 Z 轴的平面交点；Y 轴垂直于 XZ 平面，构成右手系。

2. 机载激光雷达测量模型

设激光束脚点在瞬时激光束坐标系的坐标为 $P(X_{LV}, Y_{LV}, Z_{LV})$，发射中心 O 到地面 P 点距离 ρ，即

$$\begin{bmatrix} X_{LV} \\ Y_{LV} \\ Z_{LV} \end{bmatrix} = \begin{bmatrix} 0 \\ 0 \\ \rho \end{bmatrix} \tag{2-20}$$

经过瞬时激光束坐标系→激光扫描参考坐标系→飞行平台坐标系→惯性平台参考坐标系→当地水平参考系→当地垂直参考坐标系→WGS84 坐标(7 步转换坐标变换)，即可得

$$\begin{bmatrix} X_{84} \\ Y_{84} \\ Z_{84} \end{bmatrix} = R \cdot R_G \cdot R_N \cdot \left\{ R_M \cdot R_L \cdot \begin{bmatrix} 0 \\ 0 \\ \rho \end{bmatrix} + \begin{bmatrix} \Delta x_I^L \\ \Delta y_I^L \\ \Delta z_I^L \end{bmatrix} - \begin{bmatrix} \Delta x_I^G \\ \Delta y_I^G \\ \Delta z_I^G \end{bmatrix} \right\} + \begin{bmatrix} x_{84} \\ y_{84} \\ z_{84} \end{bmatrix}_{\text{天线相位中心}} \tag{2-21}$$

激光束脚点在 WGS84 坐标系的坐标为 $P(X_{84}, Y_{84}, Z_{84})$。

2.6 移动测量技术

移动测量技术(mobile mapping technology，MMT)是当今测绘界最为前沿的技术之一，具有独立测成图系统、成果全面准确、高效率和低成本等诸多优点。该技术在测绘工程应用、公路 GIS 与公路路产管理、铁路 GIS 与铁路资产管理、公安 GIS 和汽车导航等方面得到应用，在地理空间数据采集与更新中发挥着重要的作用。

2.6.1 移动测量技术概述

移动测量技术集成了全球卫星定位、惯性导航、图像处理、摄影测量、地理信息及集成控制等技术，通过采集地理信息和实景影像，由卫星及惯性定位确定实景影像的位置和姿态等测量参数，实现了任意影像上的按需测量。移动测量的多传感器系统可以放置于航天航空飞行器、陆地交通工具、水上交通工具、人体背部等多种载体上，形成不同的移动测量系统，满足不同的测量需求。根据运载平台的不同，移动测量又分为空基移动测量、陆基移动测量

等。本书重点介绍陆基移动测量系统。

移动测量系统(mobile mapping system，MMS)是一种基于道路的快速移动测量系统，其原理是在机动车上装配 GPS(全球定位系统)、CCD(视频系统)、INS(惯性导航系统)或航位推算系统等传感器和设备，在车辆高速运行的同时快速采集道路两侧的地物类型和地理信息，并同步存储于车载计算机中，经专门软件处理形成各种空间地理信息数据成果，如电子地图、设施数据库、兴趣点(POI)数据库等。

1. 移动测量系统关键技术

(1) 多传感器集成技术。移动测量技术将各种空间数据采集传感器进行集成，对空间数据进行全面高精度采集。虽然多传感器系统与单个传感器系统相比有诸多优点，但是多个传感器的引入使整个系统的处理过程复杂化，会产生一系列新问题，如多传感器协调工作、多传感器描述的一致性等问题。

(2) 传感器时间和空间同步技术。

(3) 系统检校技术。

(4) 地理参考技术。对于多传感器集成空间数据采集系统而言最重要的是直接地理坐标参考。直接地理坐标是指不使用地面控制点和摄影测量、三角测量的方法来确定测量传感器的坐标，使得移动测量系统成为一种独立的测成图系统。

(5) 道路几何特征的快速重建和交通标志的自动提取技术。

2. MMS 系统的优势

(1) 独立测成图系统。作为独立的测成图系统，无需借助底图和传统测成图方式即可完成道路电子地图的测制。

(2) 成果全面准确。数据采集成果包括：空间坐标、矢量数据以及连续的三维图像，数据链全面完整，精度满足国家规范要求。

(3) 有效融合其他来源数据。MMS 获得的数据可与航片、卫片以及传统地形图进行有效融合，从而生成信息更为全面的地理信息系统。

(4) 高效率。能以 60km/h 的速度完成测图作业，通过数据处理软件可方便地对数据进行编辑处理。相比传统导航图测成图方式，MMS 可将整个测成图效率提高 10 倍乃至数十倍以上，完全满足道路电子地图的快速测制与更新需要。

(5) 成本低。只需 3 人即可完成测成图工作，大大降低了人工成本和作业成本，从而留给用户较大的增值空间。

2.6.2　基于 MMS 的可量测实景影像获取①

1. MMS 的基本构成

MMS 的原理是在机动车上装配 GPS(全球定位系统)、CCD(视频系统)、INS(惯性导航系统)或航位推算系统等先进的传感器和设备，在移动载体高速运行的同时采集道路两侧的地物类型和地理信息，并且同时生成高精度的可量测立体影像序列，由立体影像序列包含的摄影测量原理解析出所需要的外方位元素和姿态元素，再结合精确的时间参数最终实现任意空间和时间序列上的量测。下面以 LD2000-RM 型移动道路测量系统为例进行介绍。

---

① 康燕燕. 2011. 海量多角度街景影像的格网化管理. 北京建筑大学硕士学位论文。

LD2000-RM 型移动道路测量系统作为一套独立的测图系统，相比于传统人工的测量方式更加简便，更加安全，省略了绘制测量底图和布设测量控制点等繁琐的步骤。采集过程是随着移动载体以较为匀速的速度行驶，便可实现对该系统所行驶轨迹周围地理信息的采集。该系统车顶平台上布设了九台 CCD 相机、一台 GPS 接收机和一台摄像机。其系统外观、车内硬件结构及车顶平台如图 2-10 所示。

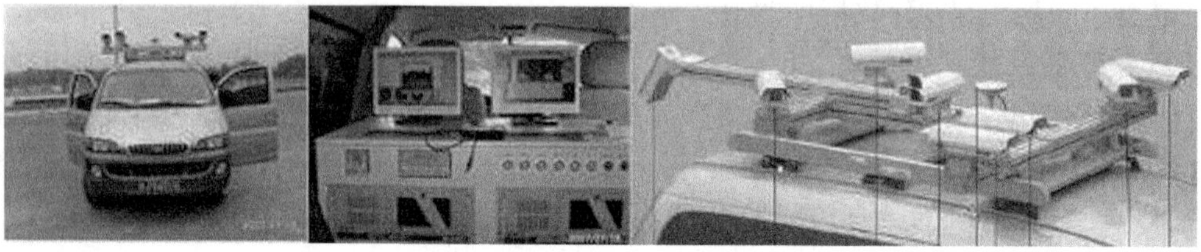

图 2-10　LD2000-RM 型系统结构

LD2000-RM 型移动道路测量系统车顶总体上由机械平台、温控防护罩、摄像机、CCD 相机和 GPS 天线组成。

机械平台：用于车顶设备的安装固定及线缆布设。结构件强度满足系统设备安装及使用环境要求。

温控防护罩：该防护罩具有自动调节温度功能，当温度低于 5℃时自动加热，高于 40℃时自动降温，用于保护 CCD 相机和摄像机。

摄像机：系统摄像设备。分辨率为 702×574 的彩色摄像机，置于温控防护罩内，拍摄方向为正前方，主要用于视频拍摄。

CCD 相机：系统立体摄影测量影像获取设备。包括 8 台分辨率为 1624×1234 的彩色 CCD 相机和 1 台分辨率为 1394×1020 的彩色 CCD 相机，均置于温控防护罩内。九台 CCD 相机分别用于采集移动载体车辆前方、右前、正右侧、正右上方、左前、正左上方及下方路面的影像数据，并同时生产出多角度可量测立体影像序列。其姿态在出厂前经过了精密校准。

GPS 天线：用于接收 GPS 卫星信号。

2. 基于移动道路测量系统的街景影像获取

1）外业数据采集流程和过程质量控制流程

因为移动道路测量系统是移动载体在高速行驶下多传感器协同作业，所以数据的质量不仅受单个传感器本身的影响，外界环境的影响也尤为显著，因此要协调各个传感器的最适合作业时间将误差降到最小。下面以 GPS 采集频率为 0.5 秒为例，介绍外业流程如图 2-11 所示，复杂环境下外业预案流程如图 2-12 所示，外业数据采集过程质量控制流程如图 2-13 所示。

2）可量测影像数据质量评价

MMS 所采集的立体影像序列是信息提取和内业测图的基础，同样也是最终地理信息数据产品的重要组成部分，所以立体影像序列的质量是整个数据成果质量的关键。因为移动测量系统所采集的影像数据包含三维地理坐标，所以数据的质量需要从影像地理参考数据、影像数据、影像时间参数以及移动载体设备的检校参数等方面考虑。

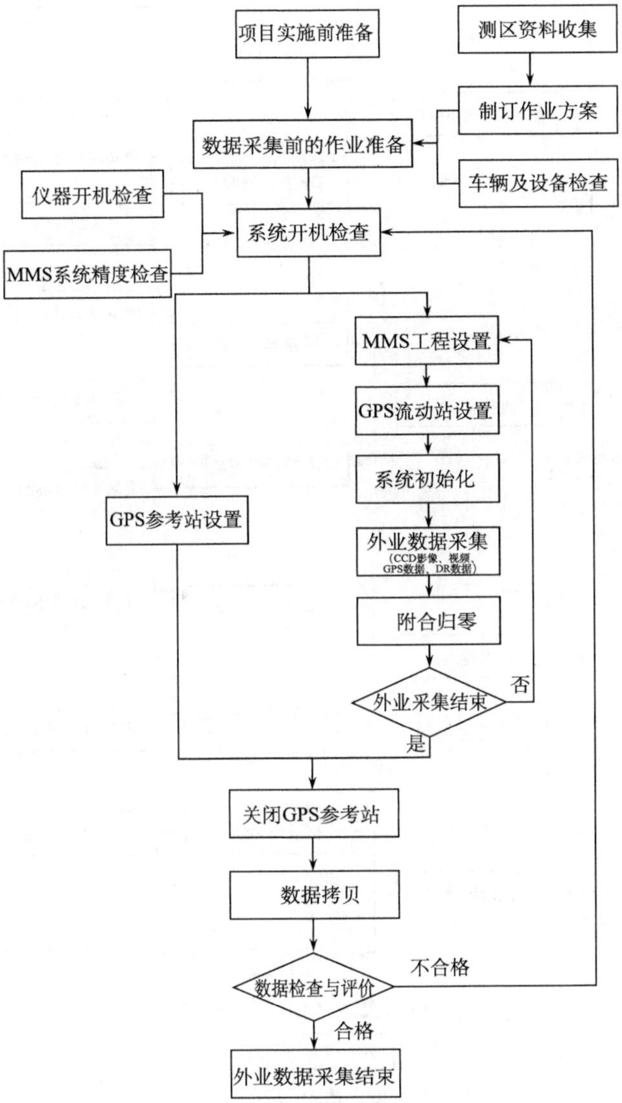

图 2-11　外业流程

3) 影像的处理及补测

在 MMS 数据采集中，影像质量必须严格控制才不会使数据精度和影像应用受到影响。先通过内业影像处理将影像调节到理想的效果，若此方法还不能达到要求，就要采取外业补测的方式对影像进行重新采集。

(1) 影像的处理：多角度影像数据会有背光和向光两种情况，因此在阳光较为强烈，或者天气较为阴沉的情况下有时会出现过亮或者过暗的影像数据，为了实时对所获取的影像数据进行亮度、曝光度调整，可以用相应的方法对不合格的影像进行批量调整。作业员可以灵活根据数据采集的轨迹线选择相应的问题影像数据，根据影像曝光度的不同设计方案，以获得比较理想的效果。

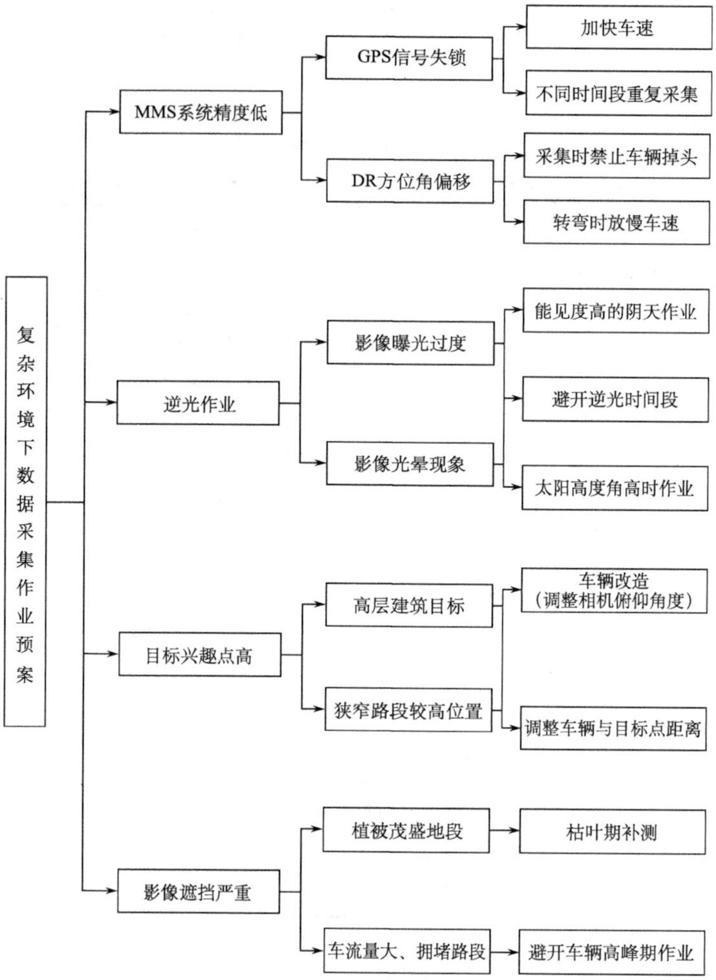

图 2-12　复杂环境下外业预案

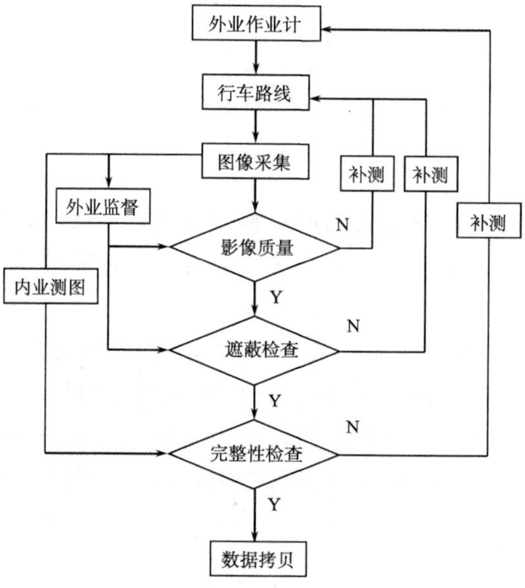

图 2-13　外业数据采集过程质量控制流程

(2) 外业补测：如果上述调节不能达到标准的影像数据，需要外业人员就其影响因素进行分析，寻找原因，最终结合图 2-11 和图 2-12 所示流程对不合格的数据重新采集，以保证外业数据的质量并为之后的内业编辑和信息提前打好基础。

习题与思考题

1. 什么是空间数据的分类与编码？为什么要进行分类编码？
2. 简述空间数据获取的主要技术手段。
3. 线阵列 CCD 影像摄影测量技术的特点是什么？
4. 简述机载激光雷达测量的主要技术特点。

第 3 章　空间数据结构

数据结构是计算机中数据组织的形式，是计算机组织、存储、处理的数据逻辑结构。空间数据结构是数据结构在空间领域的扩展应用，是指空间数据在计算机内的组织和编码形式，是地理实体的空间排列和相互关系的抽象描述。GIS 空间数据结构主要有栅格数据结构、矢量数据结构以及 DEM 数据结构。

3.1　空间对象与关系

空间对象又称作空间实体、空间目标，是客观世界中对象或目标经抽象表达为 GIS 中的实体。空间对象分为简单空间对象和复杂空间对象。简单空间对象是构成复杂空间对象的基础，主要包括点、线、面。本节参考美国 USGS 的空间数据交换标准(spatial data transfer standard，SDTS)和 ArcGIS 软件中对空间实体对象的定义，介绍 GIS 常用空间对象的定义及空间关系。

3.1.1　空间对象定义①

美国 USGS 的空间数据交换标准中将空间数据按维数划分为零维空间对象、一维空间对象、二维空间对象、三维空间对象，如图 3-1 所示。

1)零维空间对象

零维空间对象的主要作用是空间定位，分为如下类别：

(1)实体点：用于标示点状地物或者是面状地物经地图综合后的点状表达，如塔、建筑物等。一个村庄在省级行政区划图上经地图综合后可能以一个点表示，这个点被称作实体点。如图 3-2(a)所示。

(2)标记点：地图显示中使用的参考点，这些点用于标记地图符号或者标注文本的位置。

(3)面属性点：位于某面内，用于表示面属性信息的点。如图 3-2(b)所示。

(4)节点：节点是多条连线和链的连接点，或者是其端点。

2)一维空间对象

线是一维空间对象的典型代表，主要分为如下几种：

(1)线段：两个点定义的一条直线，称为线段(图 3-3)。

(2)链：链是不相交线段和(或)弧构成的无分支但有方向的节点序列。两端的节点可以相同也可以不同。

① 本节内容及示例图片引自 USGS 的 SDTS 标准。

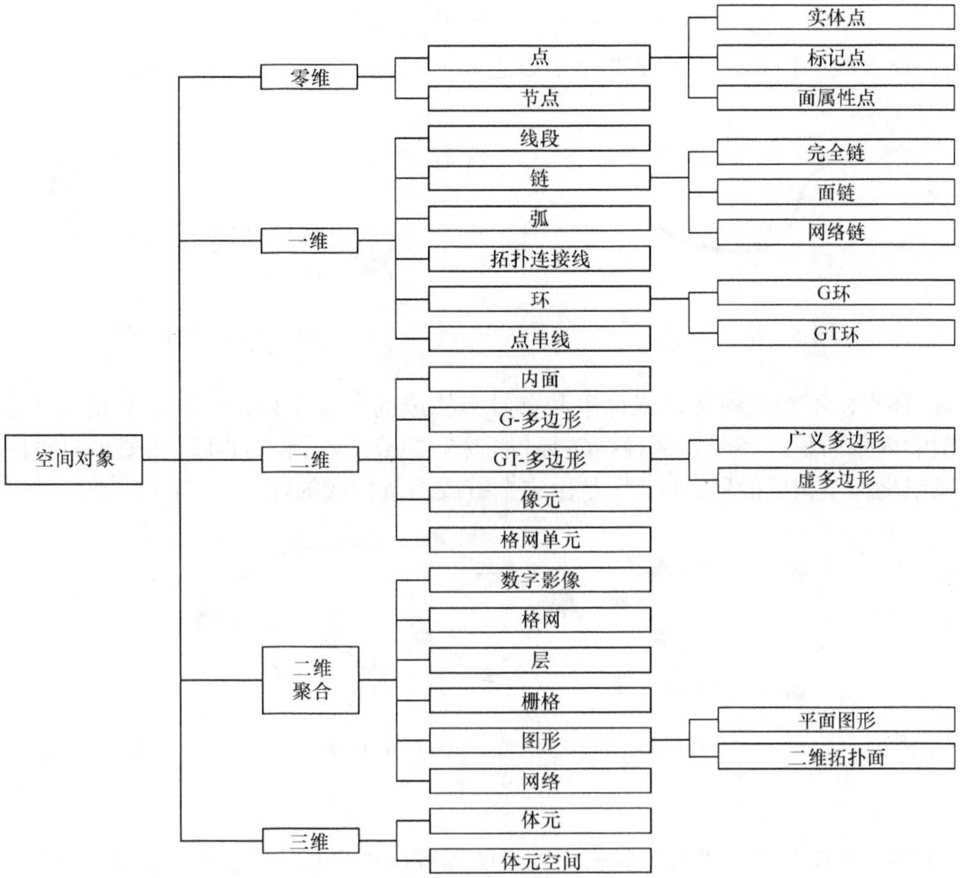

图 3-1　USGS 的空间数据交换标准对空间对象的定义

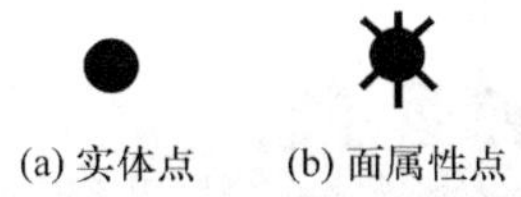

图 3-2　零维空间对象

图 3-3　线段

根据链是否具有左右多边形或端点分为三种。既有左右多边形又有起始和终止端点的称为完全链，如图 3-4(a)所示；只有左右多边形无起始和终止端点的称为面链，如图 3-4(b)所示；没有左右多边形但有起始和终止端点的称为网络链，如图 3-4(c)所示。

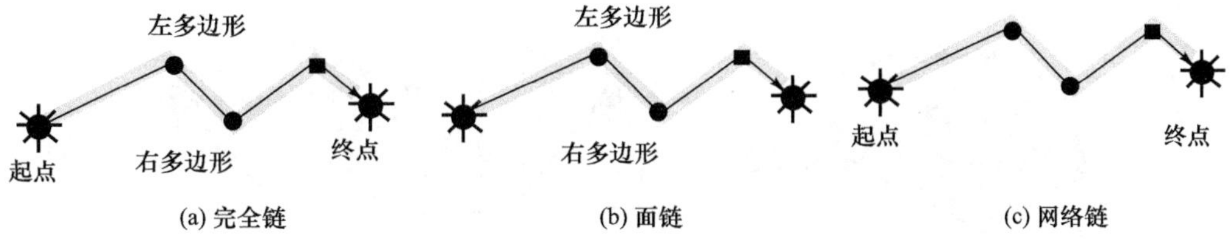

图 3-4　链

(3) 弧：由一系列点构成的曲线，称为弧，如图 3-5 所示。

(4) 拓扑连接线：拓扑连接线是两个节点之间的连线，可以通过节点顺序确定其方向，如图 3-6 所示。

图 3-5　弧

图 3-6　拓扑连接线

(5) 环：环是由不相交的链或坐标串和(或)弧构成的闭合序列，环表达的是封闭边界而不是其包围的内部面积。环分为两种：G-环[如图 3- 7(a)所示]和 GT-环[如图 3-7(b)所示]。G 环是由弧或坐标串构成的环；GT 环是由完全链或面链构成的环。

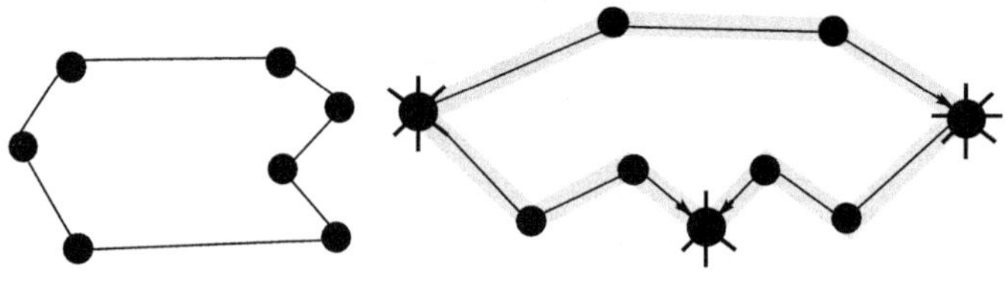

(a) G-环　　(b) GT-环

图 3-7　环

(6) 点串线：没有分支的线段前后相连构成的以顺序点坐标构成的线，如图 3-8 所示。点串线可以和自身或其他点串线相交。

3) 二维空间对象

(1) 内面：不含边界的内部面积称为内面，如图 3-9 所示。

图 3-8　点串线

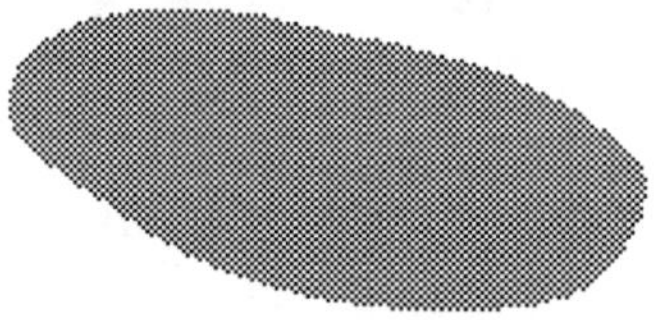

图 3-9　内面

(2) G-多边形：G-多边形是一个由内面、一个外圈 G 环和零个或多个不相交不内嵌的内圈 G 环构成的面，如图 3-10(a)所示。内圈 G 环和外圈 G 环都不可以和其他环相交。

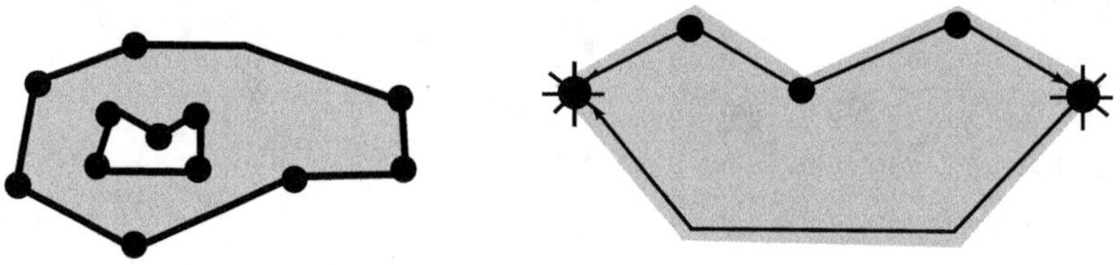

(a) G-多边形　　(b) GT-多边形

图 3-10　多边形

(3) GT-多边形：GT-多边形是一个并仅是一个二维拓扑面的两维面元，如图 3-10(b)所示。GT-多边形的边界是由边界链构成的 GT 环。

(4) 广义多边形：广义多边形是 GT-多边形覆盖面之外的面部分，如图 3-11 所示。

(5) 虚多边形：虚多边形定义了二维拓扑面的一部分，与广义多边形具有相似特性，如图 3-11 所示。

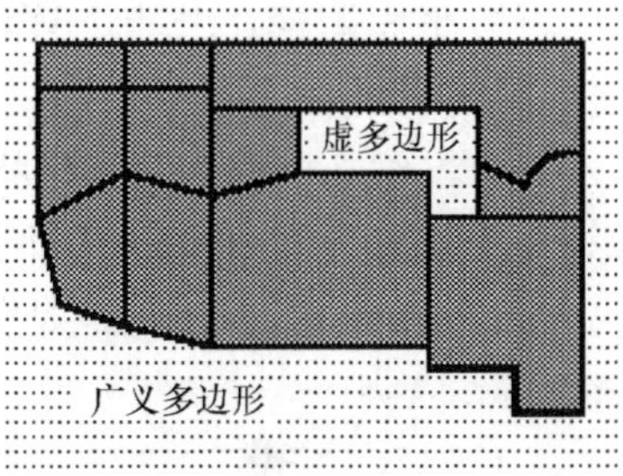

图 3-11　广义多边形和虚多边形

(6) 像元：数字影像中不可再划分的最小元素，一般用行列号表示。

(7) 格网单元：格网中的一个二维地理空间对象，是不可再分割的最小元素。

4) 二维聚合空间对象

(1) 数字影像：由像元规则排列构成的二维数组。

(2) 格网：由规则格网单元构成的二维地理空间表示的平面，如图 3-12 所示。

(3) 层：按面分布、具有同一主题或者具有与空间对象相关的公共属性(值)的空间数据称为层。在栅格数据中，层是与格网、图像、体元空间等相关的二维、三维或多维属性值的数组，如图 3-13 所示。

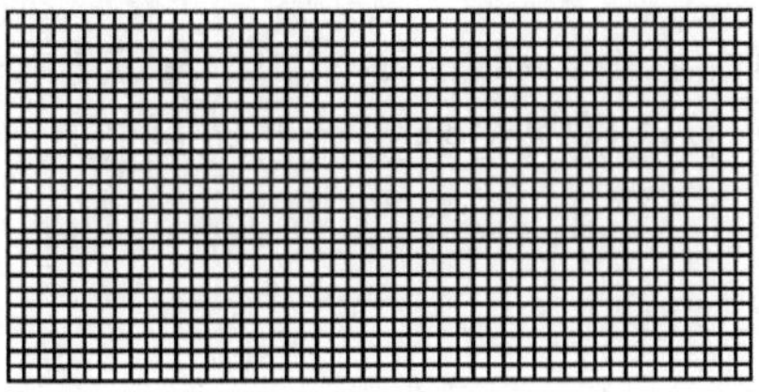

图 3-12　格网

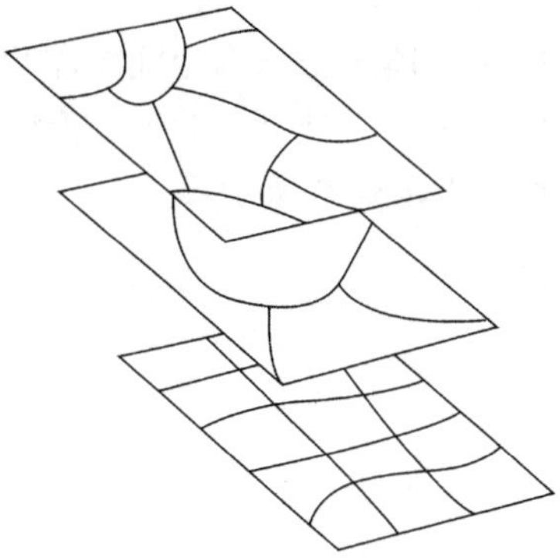

图 3-13　层

(4) 栅格：同一格网或影像的一个或多个相关覆盖层，称为栅格，如图 3-14 所示。

图 3-14　栅格

(5) 平面图形：节点、连线或链对象出现或表示在同一个平面上的图形称为平面图形。连线或链只能在节点处相交。

(6) 二维拓扑面：二维拓扑面是一个平面和其相关的二维对象。每条链连接两个 GT-多边形，GT-多边形是相互排斥并且充满整个平面的，如图 3-15 所示。

(7) 网络：不存在二维对象的图形称为网络，如图 3-16 所示。

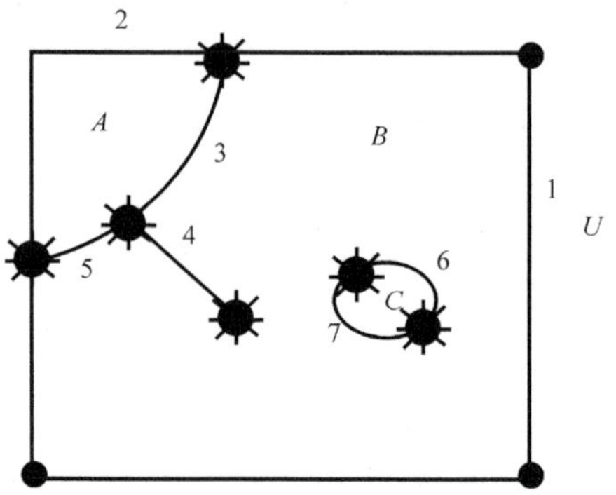

图 3-15　二维拓扑面

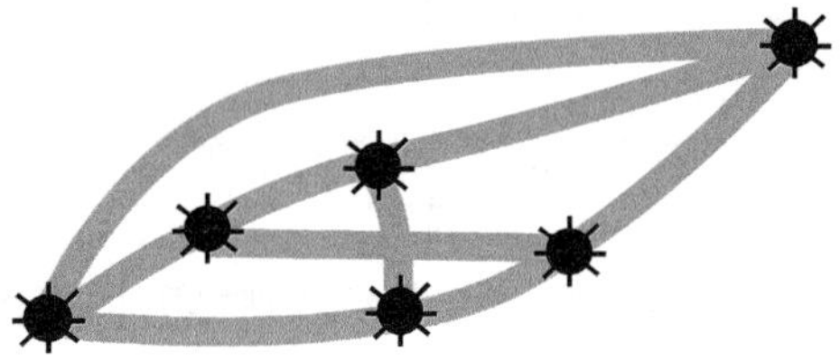

图 3-16　网络

5) 三维空间对象

(1) 体元：体元是三维空间中不可再分的元素，用于表达三维空间，如图 3-17 所示。

(2) 体元空间：体元集合构成的三维空间，能用于表达现实世界实体的可量测属性或者独立变量，如图 3-18 所示。

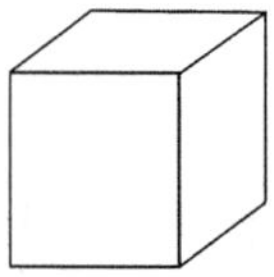

图 3-17　体元

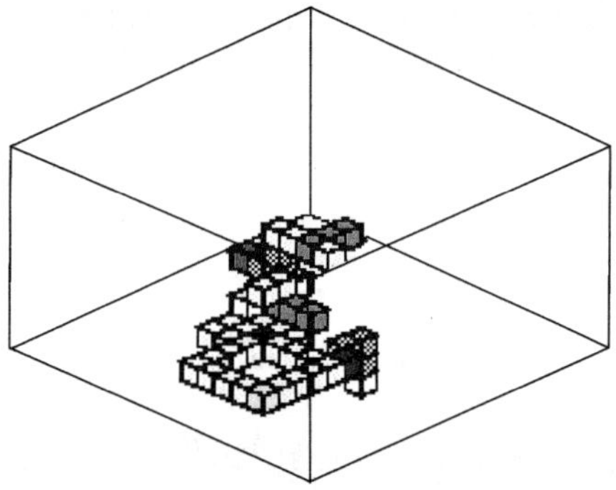

图 3-18　体元空间

3.1.2　空间对象关系

空间对象之间的空间关系可以用空间几何关系和拓扑关系表达。空间几何关系包括图形的边长、周长、面积、坐标等几何量。拓扑关系主要有“包含”“相邻”“相交”等。根据 OGC (Open Geospatial Consortium，开放地理空间信息联盟) 标准，空间对象拓扑关系有九种。

(1) 相邻：空间实体之间是否具有公共边界或公共点。

(2) 相交：表示两个以上空间实体是否相交。

(3) 包含：一个空间实体是否完全包含另一个空间实体。

(4) 属于：一个空间实体是否在另一个空间实体内部。
(5) 相离：空间实体之间是否有共同的交点。
(6) 相等：空间实体是否在几何量、坐标、属性等方面相同。
(7) 穿过：空间实体是否重叠(可以是不同维的空间实体)。
(8) 重叠：空间实体是否重叠(必须是相同维空间实体)。
(9) 相关：空间实体内部、边界线或外部是否存在相关关系。

3.2　矢量数据结构

矢量数据结构是 GIS 中一种常用数据结构。矢量是一种有方向和大小的量，在物理和数学中称为向量。在 GIS 中，矢量数据结构用一系列坐标表达地物要素以及要素几何数据与属性数据之间的相互关系。在连续的坐标空间中，矢量数据结构中的坐标可以精确地表达点、线、面等地理实体。

点实体是最简单的空间要素，点是零维对象，不具有范围和大小，一般用一对坐标 (x, y) 表示。在地理信息系统中点要素用于表达点状地物(如路灯)的地理位置。如图 3-19 所示，点 N 由一对坐标(2，2)确定地理位置。

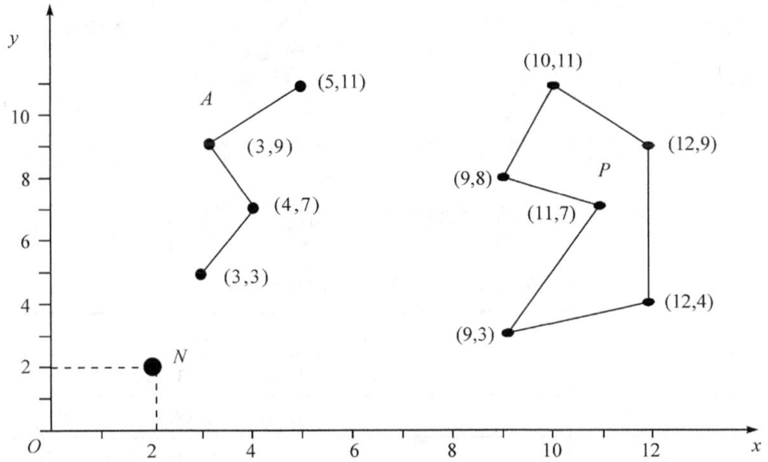

图 3-19　点线面的矢量表示

线实体是由一组线段构成的一维实体，主要用于表示道路、电力线等线状空间要素。同时线实体也可以表示具有非地理属性的要素，如等高线。弧和链也是线实体的一种类型，最简单的线实体是直线，只需要存储直线的起点和终点，如图 3-19 所示，线 A 由三段线段构成，共有 4 个节点，因此，其矢量结构可用坐标(5，11)，(3，9)，(4，7)，(3，3)表示。

面实体，有时称为区域或者多边形，是指由线所包围的区域，如图 3-19 所示，面 P 是由线构成的一个区域，其矢量表达可以使用点坐标串表示。面实体是描述地理空间信息最重要的实体要素，如土地类型、行政区等。

3.2.1　无拓扑矢量结构

无拓扑的矢量结构是指 Spaghetti 结构，这是一种仅记录空间实体对象的位置数据和属性数据，而不记录空间关系的数据结构。早期的 GIS 软件，如 ArcView、MapInfo 以及简单制图软件都是基于 Spaghetti 结构。Spaghetti 结构是面向多边形的一种矢量数据结构，而且将多边形看作由边界构成的封闭线围成的区域。

Spaghetti 结构的数据组织方式有两种：一种是按顺序分别记录构成实体对象的各点坐标，称为环状多边形数据结构；另一种是将所有点坐标记录到一个数据文件中，而在另一个文件中记录构成每个实体对象的点号，在数据显示和数据分析中通过点号在点坐标文件中检索坐标从而得到每个实体对象的位置，这种方法称为点位字典法(李建松，2006)。

如图 3-20 所示环状多边形，其数据结构就是记录组成多边形的各个节点，如表 3-1 所示。

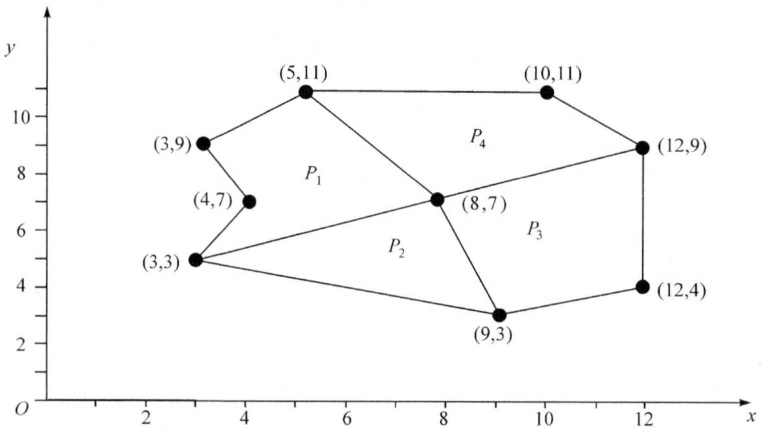

图 3-20　Spaghetti 数据结构示意图

表 3-1　环状多边形数据结构

多边形 ID	坐标
P_1	(5，11) (3，9) (4，7) (3，3) (8，7) (5，11)
P_2	(3，3) (9，3) (8，7) (3，3)
P_3	(8，7) (9，3) (12，4) (12，9) (8，7)
P_4	(8，7) (12，9) (10，11) (5，11) (8，7)

用点位字典法表示如表 3-2 和表 3-3 所示，首先需要建立一个点文件，然后建立多边形文件，多边形文件中记录多边形的 ID、编码、组成多边形的点号串。

表 3-2　点位字典法中的点文件

点 ID	X	Y	属性 1	属性 2	属性 n
1	10	11	…	…	…
2	5	11	…	…	…
3	3	9	…	…	…
4	4	7	…	…	…

续表

点 ID	X	Y	属性 1	属性 2	属性 n
5	3	3	…	…	…
6	9	3	…	…	…
7	12	4	…	…	…
8	12	9	…	…	…
9	8	7	…	…	…

表 3-3　点位字典法中的多边形文件

多边形 ID	编码	点号串
P_1	P101	2，3，4，5，9，2
P_2	P201	5，6，9，3
P_3	P301	6，7，8，9，6
P_4	P401	9，8，1，2，9

Spaghetti 结构的优点是结构简单、数据显示较快、维护方便、易于实现以多边形为单元的操作。数据输入后无需大量编辑整理，即可方便显示，因此非常适合桌面绘图和数字化工作。Spaghetti 结构也存在一些不足，首先公共边存储了多次，造成数据冗余，增加了存储量；其次没有存储实体对象之间的空间关系(刘南和刘仁义，2002)，带来计算和分析的不便。另外，因为 Spaghetti 结构适合于数字化制图，因此在数字化过程中，对某些公共边数字化两次但两次存储的公共边不是完全重合，易产生裂缝，如图 3-21(a)所示；在封闭区域中，由于数字化误差的存在，不能实现完全闭合，容易产生悬浮点，如图 3-21(b)和图 3-21(c)所示。

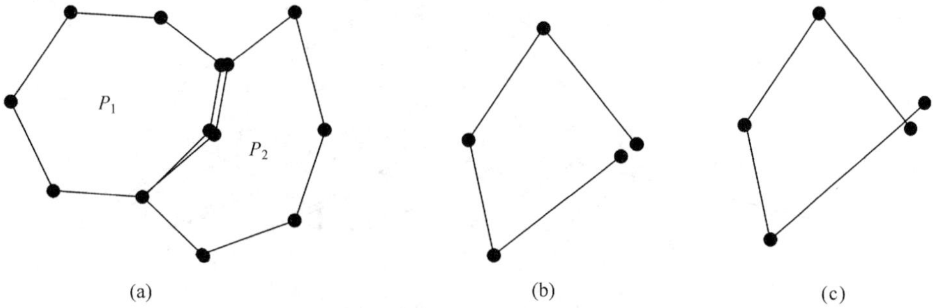

图 3-21　Spaghetti 结构存在的裂缝、悬浮点

3.2.2　拓扑矢量结构

在 GIS 中拓扑数据结构可以应用于网络分析、路径分析、土地权属分析等方面。拓扑数据结构是基于拓扑学，研究如何组织节点、连线、多边形数据及相互之间的关系。拓扑数据结构中基本实体要素是点、线、面，如图 3-22 所示。

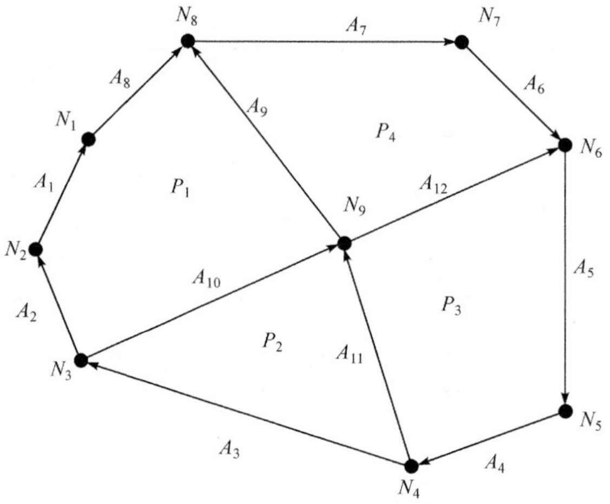

图 3-22　矢量数据

点、线、面实体之间关系可以分为从上向下可以表示为面-线-点相互关系；从下向上的点-线-面关系，如图 3-23 所示。现有 GIS 软件一般用二维关系表结构来表达拓扑关系，如表 3-4 至表 3-8 所示。

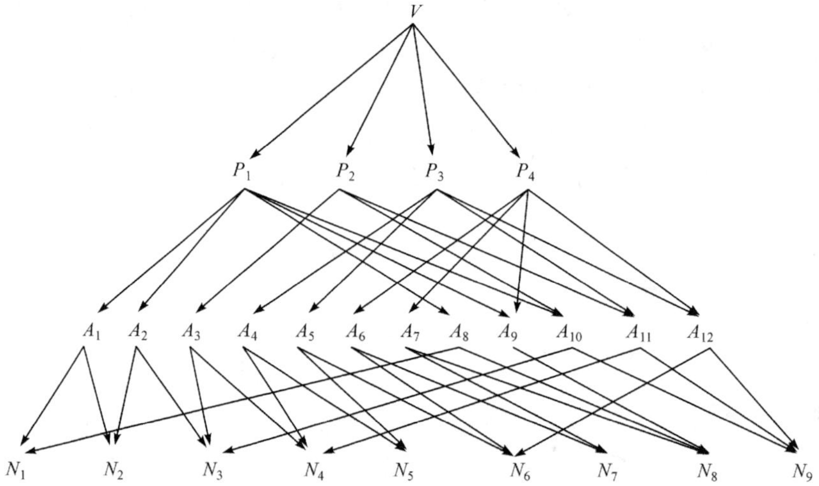

图 3-23　面-线-点的拓扑关系

表 3-4　面-线的拓扑关系

面 ID	线 ID
P_1	A_1，A_2，A_{10}，A_9，A_8
P_2	A_3，A_{11}，A_{10}
P_3	A_4，A_5，A_{12}，A_{11}
P_4	A_6，A_7，A_9，A_{12}

表 3-5　线-点的拓扑关系

线 ID	起点 ID	终点 ID
A_1	N_2	N_1
A_2	N_3	N_2
A_3	N_4	N_3
A_4	N_5	N_4
A_5	N_6	N_5
A_6	N_7	N_6
A_7	N_8	N_7
A_8	N_1	N_8
A_9	N_8	N_9
A_{10}	N_3	N_9
A_{11}	N_4	N_9
A_{12}	N_9	N_6

表 3-6　点-线的拓扑关系

点 ID	线 ID
N_1	A_1，A_8
N_2	A_1，A_2
N_3	A_2，A_3，A_{10}
N_4	A_3，A_4，A_{11}
N_5	A_4，A_5
N_6	A_5，A_6，A_{12}
N_7	A_6，A_7
N_8	A_7，A_8，A_9
N_9	A_9，A_{10}，A_{11}，A_{12}

表 3-7　线-面的拓扑关系

线 ID	左多边形 ID	右多边形 ID
A_1	0	P_1
A_2	0	P_1
A_3	0	P_2
A_4	0	P_3
A_5	0	P_3
A_6	0	P_4
A_7	0	P_4
A_8	0	P_1
A_9	P_1	P_4
A_{10}	P_1	P_2
A_{11}	P_2	P_3
A_{12}	P_4	P_3

表 3-8　线-点-面的拓扑关系

线 ID	起点 ID	终点 ID	左多边形 ID	右多边形 ID
A_1	N_2	N_1	0	P_1
A_2	N_3	N_2	0	P_1
A_3	N_4	N_3	0	P_2
A_4	N_5	N_4	0	P_3
A_5	N_6	N_5	0	P_3
A_6	N_7	N_6	0	P_4
A_7	N_8	N_7	0	P_4
A_8	N_1	N_8	0	P_1
A_9	N_8	N_9	P_1	P_4
A_{10}	N_3	N_9	P_1	P_2
A_{11}	N_4	N_9	P_2	P_3
A_{12}	N_9	N_6	P_4	P_3

以上 5 个关系表实现了对点、线、面实体的全拓扑关系描述，也称为全显式拓扑表达；用部分关系表来表达拓扑关系的，称为部分拓扑表达。常用 GIS 软件如 ArcGIS 等，多采用部分关系表来表达实体之间的拓扑关系，因此属于部分显式表达拓扑关系。

拓扑数据结构是一种比较完备的数据结构，不仅存储了各点坐标，还存储了实体之间的空间关系。与 Spaghetti 结构相比，更容易实现某些 GIS 的重要空间分析，如邻域分析、空间选择、网络分析、连通性分析等。拓扑数据结构中，公共边只存储了一次，点、线、面的数据存储结构清晰，基本上消除了冗余。

拓扑数据同样也存在不足：拓扑数据结构的复杂性导致需要更多时间和步骤计算实体要素及唯一标识(Bernhardsen，2006)，在实现某些简单的操作(如数据显示)时反而更加耗时、效率更低。另外，拓扑数据结构比较复杂、数据要求严格，如封闭多边形的闭合问题(如果在生产中因为精度等原因，一个湖泊边界线没有闭合，那么这个湖泊就无法在拓扑结构中表达)，所以拓扑结构的数据生产效率较低。

3.3　栅格数据结构

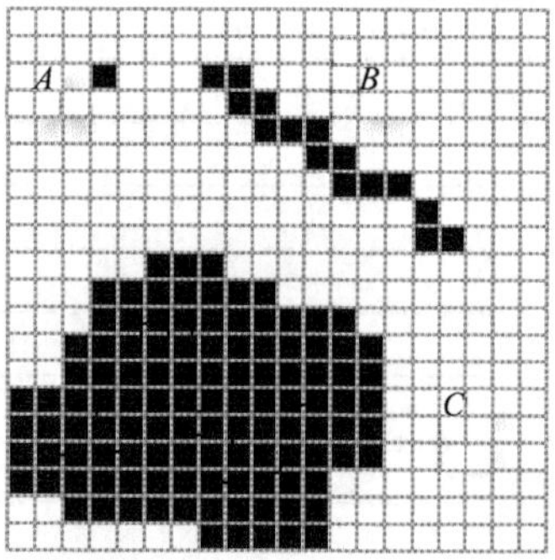

图 3-24　栅格数据结构中点、线、多边形示意图

栅格数据结构是一种由行列组成的规则图像阵列。栅格数据的这种行列规则结构类似于计算机技术中的数组数据结构，因此，栅格数据非常适合计算机中的存储和处理。例如，日常生活中数码相机照片即是一种栅格数据。

每个像元表示栅格数据中该像元所在行列的交叉位置，其值表示该位置的专题属性，称作像元值。在栅格数据中，点要素一般用一个像元或者相邻的几个像元表示；线要素一般由沿线走势方向的一组相邻像元表示；面要素由要素边界线包围的一组相邻像元组成。

如图 3-24 所示，图中 *A* 点即为点的像元表示，仅由一个像元构成；图中 *B* 处表示线的栅格表达，是由一系列前后相连的像元连接而成；*C* 处是栅格数据中面的表示，由面的边界线所围成的像元集合表示。

多要素分析时，用不同栅格图层表示不同要素属性或同一属性的不同特征值，同一像元对应多重属性。例如，一张彩色数字影像是由三幅栅格图层构成，如图 3-25(a)所示。三个图层分别表示红、绿、蓝三种颜色通道，影像上每一像元就表示颜色属性的三个不同特征值，如图 3-25(b)所示。

(a) 栅格影像

40	41	43	43	44	46	47
40	41	43	43	44	44	46
40	41	43	43	44	44	46
40	41	43	43	44	44	46
41	41	43	43	44	44	44
41	41	43	43	44	44	44
41	41	41	43	43	43	43

67	67	66	66	65	65	64
67	67	66	66	65	65	65
67	67	66	66	65	65	65
67	67	66	66	65	65	65
66	66	66	66	65	65	66
66	66	66	66	65	65	66
66	66	66	66	66	66	66

65	65	65	65	65	65	65
65	65	65	65	65	65	65
65	65	65	65	65	65	65
65	65	65	65	65	65	65
67	67	65	65	65	65	63
67	67	65	65	65	65	63
67	67	67	67	65	65	63

(b) 栅格图分别对应的红、绿、蓝三层的像素值

图 3-25　栅格数据结构图层

栅格数据结构的显著特点首先是结构简单，可直接从影像获得属性。栅格影像数据获取相对容易，数据更新较快；其次是栅格位置的行列号表示方式比较适合计算机的处理。同时，栅格数据具有形象表现力和实录能力，是形成三维立体表达的基础数据源。

3.3.1　数据结构

栅格数据是按矩阵组织的像元阵列，像元是栅格数据基本信息存储单元，其坐标位置可以用行号和列号确定。栅格数据的矩阵排列对应计算机数据结构中的二维数组，栅格数据的各像素值对应于二维数组相应各元素，因此，二维数组是栅格图像常用的一种数据存储和组织方式，如图 3-26 所示。

(a) 栅格影像

	0	1	2	3	4	5	6	7	8	9
0	67	67	66	66	65	65	64	64	63	65
1	67	67	66	66	65	65	65	64	60	67
2	67	67	66	66	65	65	65	65	58	65
3	67	67	66	66	65	65	65	65	64	65
4	66	66	66	66	65	65	66	66	71	67
5	66	66	66	66	65	65	66	66	66	63
6	66	66	66	66	66	66	66	66	62	63
7	66	66	66	66	66	66	66	67	68	69
8	70	63	71	59	74	60	69	66	66	63
9	67	62	71	64	77	64	73	71	72	68

(b) 对应图像的矩阵(二维数组)表示

图 3-26　栅格影像与矩阵(二维数组)的对应关系

栅格数据有基于像元(Band Interleaved by Pixel，BIP)、基于行(Band Interleaved by line，BIL)、基于层(Band Sequential，BSQ)的组织方式，其中应用较多的是基于层的组织方式。

基于层的数据组织方式如图 3-27 所示，一般称作 BSQ。首先是第一层栅格数据，然后第二层……直到栅格数据的最后一层。

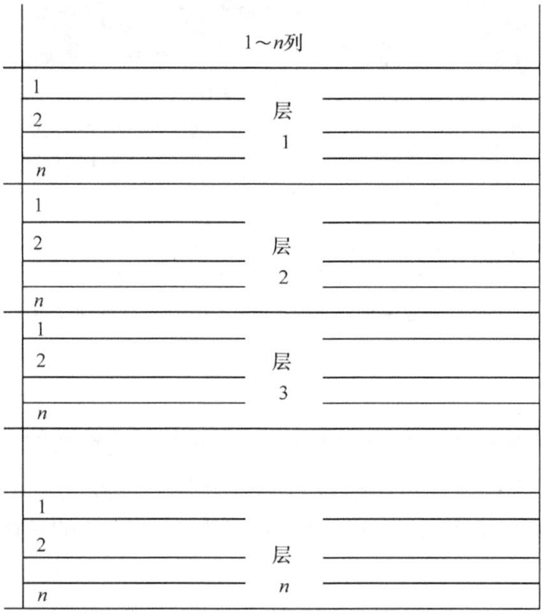

图 3-27　栅格数据的 BSQ 组织方式

如图 3-26(a)是一幅数字图像。其栅格数据采用三层 BSQ 格式存储，如图 3-28 所示。

40	41	43	43	44	46	47
40	41	43	43	44	44	46
40	41	43	43	44	44	46
40	41	43	43	44	44	46
41	41	43	43	44	44	44
41	41	43	43	44	44	44
41	41	41	43	43	43	43

第一层　像元属性值

67	67	66	66	65	65	64
67	67	66	66	65	65	65
67	67	66	66	65	65	65
67	67	66	66	65	65	65
66	66	66	66	65	65	66
66	66	66	66	65	65	66
66	66	66	66	66	66	66

第二层　像元属性值

65	65	65	65	65	65	65
65	65	65	65	65	65	65
65	65	65	65	65	65	65
65	65	65	65	65	65	65
67	67	65	65	65	65	63
67	67	65	65	65	65	63
67	67	67	67	65	65	63

第三层　像元属性值

图 3-28　栅格数据的 BSQ 组织方式举例

3.3.2　栅格数据压缩编码

1. 游程长度编码

游程编码(run-length encoding，RLE)，又称作行程长度编码，是栅格数据压缩的重要编码方法。一幅栅格图像中，常常在行方向或者列方向连续出现多个相同像元值，连续出现的个数称为一个游程(张超和陈丙咸，1995)。游程长度编码的基本思路是：针对一幅图像中在行方向或者是列方向存在多个相同像元值连续出现的情况，通过记录该像元值和其游程长度即能减少数据的存储量，从而实现数据的压缩。其编码规则是：从图像的左上角开始，按行从上到下顺序，按列从左到右的顺序，依次对每个游程进行编码。每个游程的编码用一对数字表示，其中第一个数字为游程长度，第二个数字为这一游程的属性值(像元值)。例如，下图第一行连续出现了 4 列像元值为 4 的像元、4 列像元值为 9 的像元、2 列像元值为 2 的像元，其游程分别是 4、4、2，因此第一行的游程长度编码是(4，4)，(9，4)，(2，2)。

图 3-29 为栅格数据用游程长度编码的案例。

	1	2	3	4	5	6	7	8	9	10
1	4	4	4	4	9	9	9	9	2	2
2	7	7	7	7	7	7	7	7	5	5
3	8	8	8	8	3	3	3	3	3	3
4	2	2	6	6	6	6	6	1	1	1
5	4	4	4	4	4	4	7	7	7	7
6	1	1	6	6	6	6	6	6	3	3
7	9	9	3	3	3	3	3	3	4	4
8	7	7	7	7	7	4	4	4	4	4
9	4	4	2	2	2	2	2	8	8	8
10	9	9	9	9	9	1	1	1	1	1

第 1 行：(4，4)，(9，4)，(2，2)
第 2 行：(7，8)，(5，2)
第 3 行：(8，4)，(3，6)
第 4 行：(2，2)，(6，5)，(1，3)
第 5 行：(4，6)，(7，4)
第 6 行：(1，2)，(6，6)，(3，2)
第 7 行：(9，2)，(3，6)，(4，2)
第 8 行：(7，5)，(4，5)
第 9 行：(4，2)，(2，5)，(8，3)
第 10 行：(9，5)，(1，5)

图 3-29　栅格数据用游程长度编码

游程长度编码是一种无损数据压缩，非常适合基于调色板的图像，但不适用于颜色变化较多图像的压缩；其压缩效率较高，易于检索、叠加、合并等操作运算，适用于机器存储容量小、数据压缩量大、又要避免复杂的编码解码运算的情况。

2. 链式编码

链式编码又称为弗里曼链码或边界链码(吴信才，2002)，主要用于线状地物和面状地物边界的压缩编码。链式编码不仅具有较好的压缩能力，而且还支持基于压缩数据的简单运算和分析，如面积、周长的计算和线走势分析等。

链式编码有两个要素：起点和方向。起点是以线端点在栅格数据上的行列号表示，如图 3-30(a)所示，线的起点是 *A*，其编号是(1，6)。方向在链式编码中定义为栅格数据中“线”的像元相连关系，这种相连关系只有 8 种情况，用 0～7 的数字表示，如图 3-30(b)所示。

图 3-30(a)的线 *AB* 的链式编码可以表示为 1，6，3，2，1，3，4，仅用 7 个数字就表达了一个 10 行×10 列的栅格数据中的线地物，因此具有较好的压缩效果。

链式编码在线像元的单一连接(线的走向有且只有一个像元相连接)情况下是有效的，若多于一个像元相连或像元连接中断，则难以查找到唯一方向编码，链式编码无效。

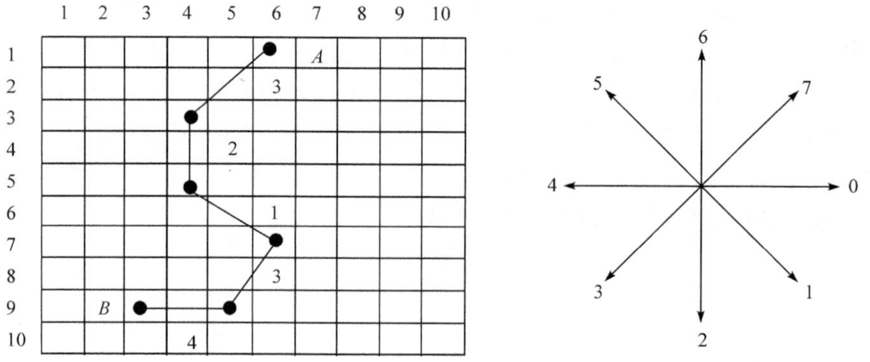

(a) 链式编码示意图　　(b) 链式编码方向代码

图 3-30　链式编码

3. 四叉树编码

四叉树编码是将栅格数据按四象限不断分裂，直到每个象限内栅格像元值都相同为止的一种编码方式。其编码思路(图 3-31)是先将栅格数据划分成四个象限，如果象限内存在不同的像元值则将该象限继续四象限划分，直到每个象限内的像元值都相同为止(龚健雅，2004)。

图 3-31 (a) 栅格数据的四叉树划分，如图 3-31 (b) 图所示。第一次分解将整个区域划分为 4 块，每块大小是 4 行×4 列；若一区域中像素值不同，则再次四叉树分解，形成 2 行×2 列区域，直到每个象限区域内的像元值都相同为止(龚健雅，2001)。

	1	2	3	4	5	6	7	8
1	7	7	7	0	3	3	3	3
2	7	7	7	0	3	3	3	3
3	7	7	7	0	3	3	3	3
4	7	7	7	8	3	3	8	8
5	7	7	7	8	8	6	8	8
6	8	8	8	8	8	6	8	8
7	9	9	9	9	9	9	5	5
8	9	9	9	9	5	5	5	5

(a)

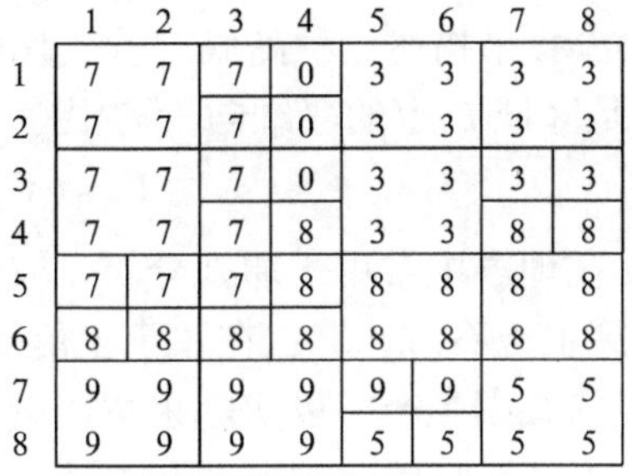

(b)

图 3-31　栅格数据的四叉树分解

四叉树编码完成后所有的编码类似一棵倒立的树，顶部是树的根节点，最终无法再分割的节点是叶节点，其他的称为中间节点。如图 3-32 所示，实心圆点是根节点，空心圆点是中间节点，方块表示叶节点。

四叉树叶节点的存储分为两种方式：常规四叉树存储和线性四叉树存储。常规四叉树存储需要存储其 4 个子节点和一个父节点，以及属性值共 6 个元素，建立上下各层节点之间的关系。但这种方式必然会对同一个节点进行多次存储，造成数据量的增加，同时也增加了操作的复杂性。而线性四叉树只存储叶节点信息(如属性和深度)，不存储中间节点，大大减少了存储量。

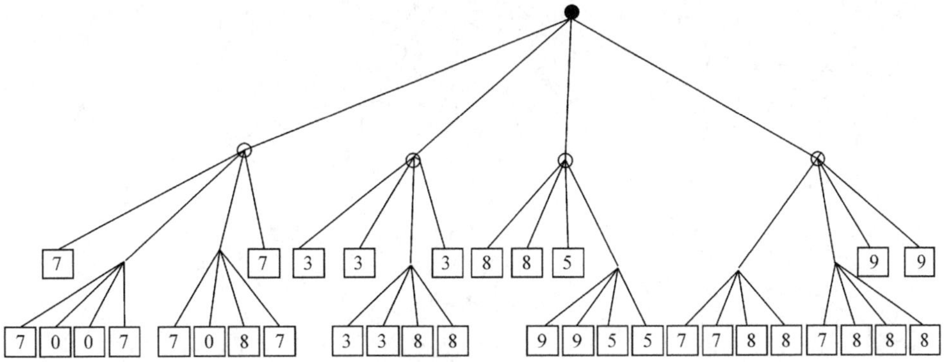

图 3-32　四叉树的树状表示

虽然四叉树编码操作比较复杂，但四叉树编码能表达多边形的嵌套(即岛)的地物要素，因此仍是目前二维栅格数据结构中较好的一种压缩编码方式。四叉树的缺点是编码不唯一，应用不便；数据必须是 2 的整次幂，当数据大小不能满足 2 的整次幂时，需要通过补 0 的方式补足。

3.4 DEM 数据结构

3.4.1 DEM 概述

地球表面是高低起伏连续变化的曲面，在 GIS 中引入数字高程模型(Digital Elevation Model，DEM)来描述这种高低起伏变化的曲面。DEM 中每个点对应一个高程值，用数学语义表达即是区域 D 上的三维向量有限序列，其数学函数模型如下：

$$V_i=(X_i,Y_i,Z_i)(i=1,2,3\cdots,n)$$

DEM 在地学中常用于通视分析、坡度图、生成等高线等；在工程中可用于大坝规划、管线铺设、施工土石方计算；在军事上能用于导航、通信、演习等多个方面。

DEM 的数据生产中以实际采集离散点高程为基础，通过专门的内插方法生成一定范围内的高程。DEM 数据的组织方法和表达方式主要有两种：格网 DEM 和不规则三角网(TIN)。

3.4.2 格网 DEM

格网 DEM 是以高程矩阵表达地面高低起伏，点的高程值是每个格网的属性值。这种规则排列方式的高程表达方法具有栅格数据的优点，如结构简单、规则，采用矩阵数组形式适合于计算机的矩阵处理等(图 3-33)。因此格网 DEM 成为 DEM 通用的格式。

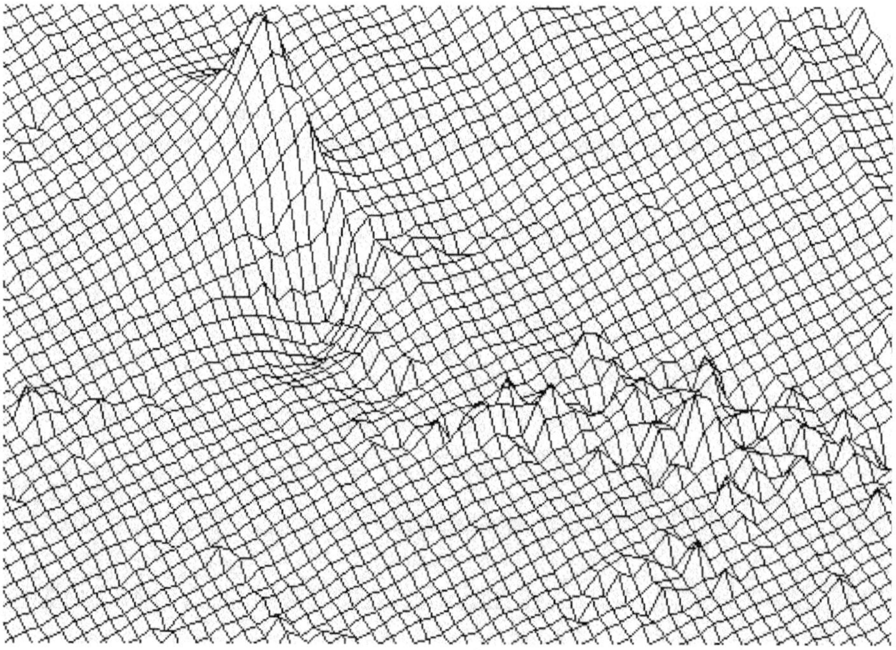

图 3-33　格网 DEM

格网 DEM 数据的生成如前所述，是以测量采集的离散高程点经过不同方法内插生成。因此，离散高程点的多少与格网 DEM 高程精度有直接关系。高程点越密集、格网尺寸越小，DEM 精度越高，反之精度越低。

格网 DEM 方格在所有地区都是均匀分布，导致在地形起伏小或高程相同的平面区域，也用相同多的格网表示，产生大量数据冗余；而在地形起伏变化频繁，如山区地带等，又不能增加格网密度精确表达复杂地形的变化。所以格网 DEM 存在数据冗余、数据量大、精度受格网密度限制等缺点。

3.4.3　不规则三角网

TIN (triangulated irregular network) 称为不规则三角网，是基于离散高程点连接成多个相互邻接的三角形面模拟地形起伏变化。不规则三角形面是 TIN 模拟地表高程起伏的基本地表单元或地形单元(图 3-34)。TIN 模型能根据地表起伏变化程度确定采样点的密度，充分表达地形的起伏变化，从而减少在表达平坦地区时的数据冗余问题。同时，在山区等地形变化复杂地区，三角形面积较小，而且比较密集。

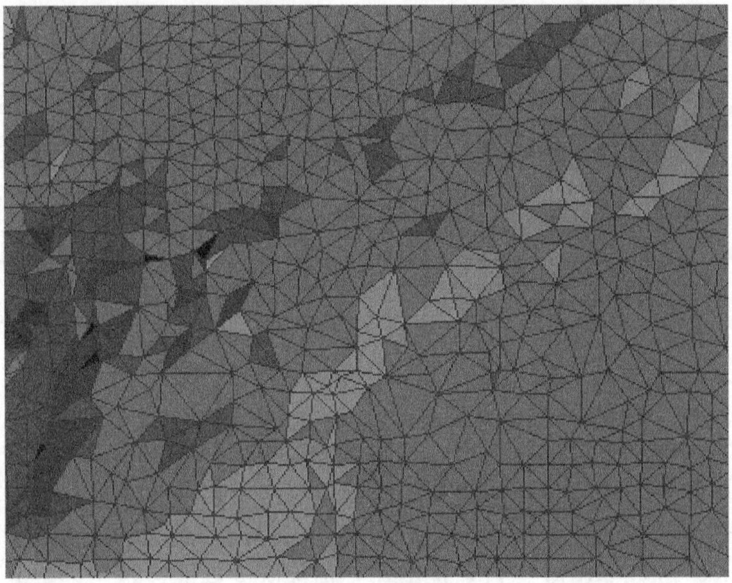

图 3-34　不规则三角网

TIN 类似于前面所述的多边形矢量拓扑结构，但 TIN 模型中不存在“岛”或者“洞”的问题。三角形顶点是 TIN 模型中的基本实体要素，拓扑关系的描述是通过建立点-线拓扑、线-面拓扑实现。

TIN 数据结构有多种不同的数据组织和存储方法，常用的一种是以三角形作为基本空间对象，用两个表存储 TIN 数据，其中一个存储顶点坐标数据，另一个存储三角形顶点以及与相邻三角形的拓扑关系。这种存储结构比较适合于面相邻关系的操作。另一种方法是以三角形顶点为基本实体对象，也有两个表存储，一个同第一种方法中的顶点坐标文件，另一个存储点与其他顶点的相连关系，这种存储结构比较适合于三角形邻接关系的操作。下面主要介绍第一种 TIN 的数据结构。

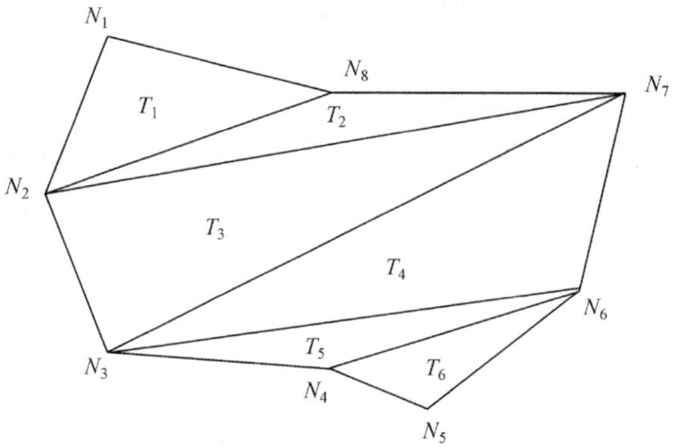

图 3-35　TIN 数据结构

图 3-35 的顶点坐标数据文件见表 3-9；表 3-10 为表示三角形构成顶点以及相邻三角形。

表 3-9　点文件

点 ID	坐标
N_1	X_1，Y_1，Z_1
N_2	X_2，Y_2，Z_2
N_3	X_3，Y_3，Z_3
N_4	X_4，Y_4，Z_4
N_5	X_5，Y_5，Z_5
N_6	X_6，Y_6，Z_6
N_7	X_7，Y_7，Z_7
N_8	X_8，Y_8，Z_8

表 3-10　三角形拓扑关系文件

三角形 ID	顶点 ID	相邻三角形
T_1	N_1，N_2，N_8	T_2
T_2	N_2，N_7，N_8	T_1，T_3
T_3	N_2，N_3，N_7	T_2，T_4
T_4	N_3，N_6，N_7	T_3，T_5
T_5	N_3，N_4，N_6	T_4，T_6
T_6	N_4，N_5，N_6	T_5

TIN 数据结构是一种多分辨率模型，三角形的大小和密度反映了高程的起伏变化。三角形面积越小，密度越高，说明此地区的高程变化频繁；反之，地表比较平坦。因此 TIN 模型能较直观、精确地表达地面高程变化。三角形顶点高程大多是实际测量高程值，因此其精度远远高于格网 DEM 的内插精度。TIN 模型在平坦地区高程的表达中能够减少数据冗余，一定程度上弥补了格网 DEM 的不足。

习题与思考题

1. 空间数据结构的定义是什么？常用空间数据结构有哪些？
2. 空间对象关系有哪几种？
3. 举例说明无拓扑矢量数据结构(Spaghetti 结构)与拓扑数据结构。
4. 矢量数据中裂缝与悬浮点产生的原因是什么？
5. 什么是像元(像素)、像元值(像素值)？
6. 栅格数据的组织与存储方式主要有哪几种？并举例解释其中一种。
7. 举例说明栅格数据的四叉树编码方式。

第 4 章　空间数据管理

由于空间数据的空间特性、时间特性和海量特性等，空间数据管理与常规数据管理比较而言，无论是在量级方面还是管理技术方面都相对复杂。本章从空间数据管理的基本理论开始，讲述从文件方式管理到数据库方式管理的发展变化。

4.1　概　　述

空间信息技术日益发展，空间数据(空间信息)的存储和管理方式已经从人工转变为数字存储和管理，以适应空间数据的海量、多时态、空间定位和空间关系的复杂特性。

4.1.1　空间数据管理特点

由于空间数据的特殊性，空间数据管理具有常规数据管理所不具有的特点，主要表现在以下几点。

1. 空间定位、海量特点

空间数据具有空间定位特征，用于表示地理空间实体在空间参考系中的位置。空间定位包含坐标定位和空间实体关系。坐标定位用一个空间参考系坐标(x，y，z)表达，空间实体关系用空间拓扑表达。

空间数据相对常规数据而言，还具有海量特性，即使一个小区域的空间数据也可能有几十甚至上百 GB 的容量，再加上目前遥感和航空摄影等获取数据技术的不断进步，空间数据量增长迅速，海量特性表现更加明显。

2. 多时态、多层次特性

空间数据主要研究目标之一是空间数据表示的空间现象和空间关系，应用中需要同一地区的多个时段数据，并需要将多种属性数据构成层次关系进行管理。图幅管理和分层管理是空间数据管理的必要功能。

3. 具有变长记录和非结构化信息管理特点

常规数据一般都是具有结构化特点的信息，如数据库中的表，每个字段的长度都是已知的，而且所要存储的数据具有特定的长度，例如，用于表示年龄一般用三位数字表示即可。空间几何数据一般都是非结构化的，当用数据库的一条记录或者一个字段表示一个空间对象时，其长度都是不确定的，如多边形的存储问题，有的包含三个顶点，而有的可能包含十几个顶点，当用其顶点坐标串表示时就会出现变长问题。

除了以上 3 个特点外，空间数据管理还面临地理实体复杂性问题。地理实体种类繁多，而且关系复杂，用坐标化方式表示复杂实体和相互间拓扑关系时，难以进行实体之间的分析推理和模拟。同时，空间数据管理中对真三维表达和管理的需求也日益迫切。

4.1.2　空间数据管理的发展

空间数据伴随应用的推广，数据量越来越大而且复杂性越来越高，管理方式也从简单的文件管理发展到了数据库管理方式。

文件管理方式，又称作文件管理系统，是将空间数据按照一定逻辑结构在操作系统的文件系统中物理存储的一种管理模式。用户可以基于操作系统实现对文件的管理和维护，用户所关心的重点是如何组织数据的逻辑结构。文件管理方式下，空间数据的几何数据和属性数据一般是分开存储的，例如，ArcInfo 软件利用 Arc 等图形文件管理几何数据，通过 Info 属性表文件管理属性信息，是一种典型的空间数据文件管理模式。这种管理模式比较灵活，能够较好处理变长记录的存储，应用中只需要知道逻辑结构而不需要关心物理存储方式，方便数据的管理和应用，但文件系统受限于数据共享和协同应用。

基于文件和数据库的混合模式利用了数据库和文件系统的优势。基于空间数据中的几何数据具有变长特点，充分利用文件系统实现其有效管理；而对于大量的具有结构化特征的属性数据则采用关系数据库，实现高效管理，充分利用数据库的事务机制、共享机制实现属性数据的协同应用，这种模式是目前很多软件采用的管理模式。在这种模式下需要维护文件系统和数据库系统中同一个实体要素的唯一 ID，因此，编辑中分别针对文件和数据库进行相应操作。

伴随关系数据库技术的不断发展，现有大多数关系数据库都能实现几何数据和属性数据的一体化存储和管理，解决了文件和数据库混合模式下的编辑一致性和海量数据管理问题。在关系数据库中，利用关系数据库的一致性、事务性特点，高效实现了空间实体要素的编辑。GIS 软件提供商也开发了相应的空间数据管理和维护接口，又称作空间数据库引擎，如 ESRI 公司的 ArcSDE、MapInfo 公司的 SpatialWare。

4.2　空间数据文件

文件系统是 Windows 操作系统中的核心模块，现有大部分应用都是基于文件系统。关系数据库是最底层的物理存储，也是以操作系统的文件方式实现。尽管当前空间数据管理和应用中，关系数据库技术占据了主流，但文件方式的存储和管理仍然得到广泛的应用。

4.2.1　空间数据文件特点

文件是操作系统中底层的存储结构，是操作系统的核心。文件类型主要有顺序文件、索引文件两种，索引文件又分为直接文件和倒排文件。

新的数据可以简单地追加到文件的末尾，这种文件叫做顺序文件。顺序文件在存储结构化的小数据量文件时比较适用，但在大数据量文件的检索和数据读取中效率较低，因此可以针对数据存储建立索引。这种文件叫做索引文件，在存储中不仅存储数据本身，还要建立数据的记录指针或者地址，存放在另一个文件中(龚健雅，2001)。在数据读取时，按照指针或者地址检索相关联数据，提高了数据检索效率。索引文件根据索引建立方式的不同可以分为直接文件和倒排文件。因为直接文件和索引文件结构复杂，超出本书范围，有兴趣读者可以参考相关教材。

GIS 空间数据管理也是文件管理方式。GIS 中常用索引文件管理空间数据，主要是由空间数据的变长特性决定。空间数据的变长记录在顺序文件中存储会造成存储空间的浪费，因此一般建立空间数据的索引，通过某种编码实现数据之间的关联，便于空间数据的读取和存储。

空间数据文件是一种非常灵活的数据管理方式，而且在 GIS 应用中，有利于保护用户和生产商的数据和商业信息，因此在传统 GIS 中应用较广泛。伴随数字城市、信息共享等应用需求的日益强烈，空间数据文件的缺点越来越明显。首先，空间数据文件一般面向具体应用，不同的 GIS 软件或者不同的 GIS 应用，采用或者指定不同的空间数据文件。比如 ArcView 中数据文件格式是 ESRI Shp 格式，而 MapInfo 是 tab 和 mif 格式，有的用户可能还要制订自己的空间数据文件格式，格式间相互不兼容。因此这种面向应用的文件数据结构已经越来越不适应目前的空间数据共享和协同应用。其次，空间数据文件一般由一组相互关联的文件存储空间数据，比如 ESRI Shp 文件格式中采用 shp、dbf、shx 等扩展名的文件。如果在数据的管理中，丢失了其中一个文件即引起 ESRI Shp 文件结构的不完整，造成数据损坏。

为了改善空间数据文件存在的弊端，一些厂商公开了相应的文件格式说明或者推出了共享中间文件格式。比如 ESRI 公司的 E00 数据文件格式、MapInfo 公司的 mif 文件格式。

4.2.2　空间数据文件的数据组织

1. 数据组织方式

现有 GIS 软件中空间数据文件的组织方式一般有两种：按照要素和按照专题。按照要素组织方式是按照地物实体要素的几何类型组织为一个文件，一般分为点、线、面、注记四类。如 ESRI、MapGIS 软件的文件组织都是按照要素的组织类型。按照专题方式是将与主题逻辑相关的要素组织为一个图层，比如 MapInfo 软件的文件组织即按照这种方式。

按照专题文件组织方式，一个图层中可以同时存在点、线、面、注记等不同类型地物；而在按要素组织方式中，每个图层只允许一类空间实体要素，这是两种组织方式的明显区别。另外，按照要素组织方式比较利于空间分析和计算机处理，尤其在 GIS 空间分析中应用较广泛，比如 ESRI 公司的 ArcGIS 软件即采用了这种组织方式。按照专题组织方式比较符合实际应用，将应用中主题相关要素组织到一个图层比较适合用户习惯，应用比较简单。如在水系数据的组织中，按专题方式，可以将线状河流和湖泊组织在一个图层中，但是在按要素组织方式中，线状河流和湖泊分别属于线实体和面实体，只能组织到两个图层中。

2. 数据的逻辑组织

空间数据的逻辑组织分为四个层次：工作区、逻辑层、工作图层、地物类。这也是目前 GIS 应用中最常采用的模式。

GIS 应用都是特定于某个区域范围内针对某个图层或者某些图层，因此 GIS 应用中很多时候都是按照区域组织数据，即工作区。GIS 软件一般都具有工作区(有的称为工作空间)的功能，指 GIS 应用的工作范围，一般是一幅图或者几幅图的范围。一般而言，工作区是由一系列逻辑层或者工作层组成。逻辑层是为了满足应用需求而将多个主题相关的要素类或者工作层组织在一起，实现管理和应用的方便性。工作层一般是指面向用户具体应用的数据文件或者数据处理单元。例如，在 ArcGIS 中一个 Coverage 文件或者 Shape 文件可以被定义为一个工作层。工作层与逻辑层的关系可以是一一对应，也可以是一对多的关系，即一个逻辑图层可以是一个工作层，也可以包括几个工作层。地物类是面向计算机的空间数据物理存储层次，在地物类中实现空间几何数据和属性数据的一致性维护和关联。

不同 GIS 软件的工作区和工作层的定义不同，比如 ArcGIS 中一个 Shape 文件或者一个 Coverage 文件可以是一个工作层，可以将几个工作层构成一个逻辑层，再将多个逻辑图层组合成一个工作区。而其中的每一个工作层对应一个地物类(或者称为物理存储层)。在 MapInfo 中是按照专题方式组织数据的。首先新建一个工作区(称为 Workspace)，然后在工作区中新建或者添加工作图层(称为工作表)。国内的 GIS 软件也支持这种逻辑组织方式，比如武汉吉奥软件公司的 GeoStar 中，一个工作层就是一个 GDA 文件，GDA 文件可以是某一层地物(如道路网)甚至是一类地物，也可以是多层地物。一个逻辑层可以包含多个工作层，而且允许交叉，即一个工作层可以被多个逻辑层包含。

3. ESRI Shape 文件的组织

ESRI 的 Shape 文件是典型的空间数据组织文件，而且应用较广泛。Shape 文件是二进制文件，能够同时存储空间数据和属性数据，Shape 文件由一组文件组成，其基本构成是图形几何文件(shp 文件)、属性数据文件(dbf 文件)、几何索引文件(shx 文件)，除此之外，还有投影文件(prj 文件)、sbn 文件等。shp 文件和 dbf 文件通过地物的唯一标识符实现两者的关联。

Shape 文件是按要素组织数据，分为点文件、线文件、面文件。点地物直接存储其地理坐标(x，y)；线地物存储构成线的所有点的坐标序列；面地物存储构成面封闭边界的一系列点的坐标串。

4.3　数据库模型

GIS 是与计算机关系非常密切的交叉性学科，GIS 中的很多计算和分析技术都引自计算机科学。这里的数据库模型也是引自计算机科学中的数据库领域，因此本节的学习可以参考计算机中的数据库相关教材。

数据模型和数据结构是 GIS 应用的核心，结构和模型设计是否合理，直接关系到工作难度和系统性能。传统的数据库模型有层次模型、网络模型、关系模型、面向对象模型(吴信才，2002)。层次模型和网络模型在 20 世纪 60～70 年代非常流行，但不适用于表达复杂的 GIS 空间数据和应用。关系数据库模型在 GIS 中应用最广泛，而面向对象数据库模型是一种较新的模型，由于其对复杂地理实体及其关系的抽象较为困难，目前应用较少。层次模型、网络模型、关系模型都是一种面向记录的数据结构，对象模型主要应用于面向对象领域。

4.3.1　层次模型

层次模型是最早的一种数据库模型，比较成熟，在 20 世纪 60～70 年代应用比较广泛。采用层次模型的典型数据库是 1968 年 IBM 公司推出的第一个大型商用数据库管理系统——IMS(information management system)。层次模型适用于具有层次包含关系的应用，如行政机构、家族关系、GIS 中的土地利用分类等。

层次模型采用树结构表示实体之间的层次关系，利用树结构中子节点和父节点关系表达应用中的实体之间的隶属关系。树结构中的节点代表数据记录，连接线描述不同节点之间的隶属关系。图 4-1 表示一个 GIS 中的实体要素示意图，图 4-2 是层次模型表达的实体各要素及相互关系。

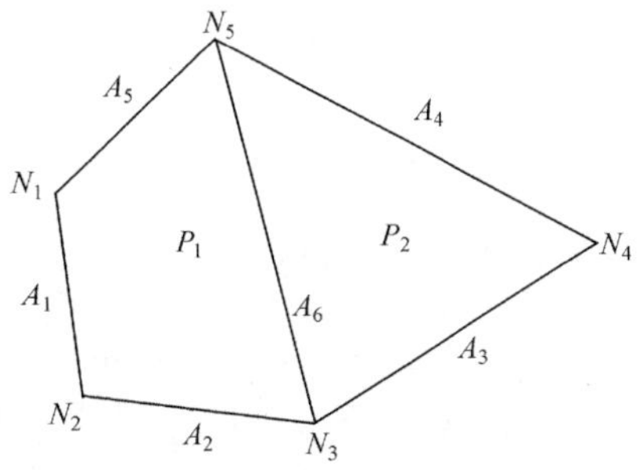

图 4-1　GIS 实体示意图

如图 4-2 所示，V 表示图 4-1 所示实体，每个节点表示其中的点、线、面要素。从图中可以看出实体 V 由两个多边形 P_1、P_2 构成，多边形 P_1 由线 A_1、A_2、A_5、A_6 组成，P_2 多边形由线 A_3、A_4、A_6 构成；线 A_1 是节点 N_1、N_2 的连线，线 A_2 是节点 N_2、N_3 的连线，线 A_3 是节点 N_3、N_4 的连线，线 A_4 是节点 N_4、N_5 的连线，线 A_5 是节点 N_5、N_1 的连线，线 A_6 是节点 N_5、N_3 的连线。图 4-2 中的连接线表达了节点之间的隶属关系。

层次模型基于树结构表达了各要素及相互关系，简单明了、层次分明。每一层表达一类要素，层与层之间通过连接线表达一对多的相互关系。但检索效率不高，需要建立较好的索引和较多的索引文件才能实现快速索引，而且检索程序受限于树结构，树结构发生变化后，相应的检索程序也要更新。

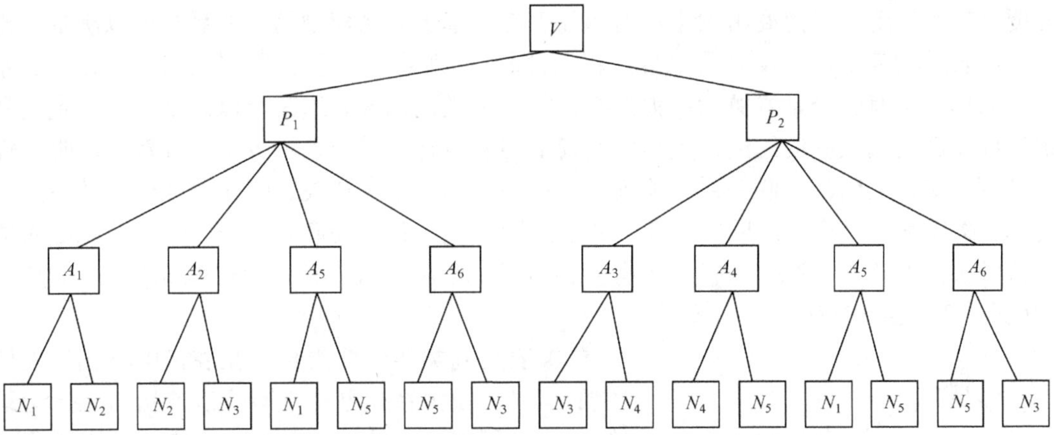

图 4-2　层次模型结构图

4.3.2　网络模型

层次模型只能表达实体之间的一对多关系，这点不符合应用中复杂的 GIS 实体关系。网络模型是对层次模型的扩展，实现了多对多关系的表达。采用网络模型的典型数据库系统是 1969 年美国标准化组织 CODASYL 委员会推出的 DBTG 系统。

网络模型将数据组织成有向图结构(图 4-3 是图 4-1 的网络模型表达)，图中各节点表示一条记录，连线表示节点之间的关系。从图中可以看出，线 A_1 与节点 N_1、N_2 相关联，同时，节点 N_2 与线 A_1 和线 A_2 相关联，从而表达了实体要素间的多对多关系。

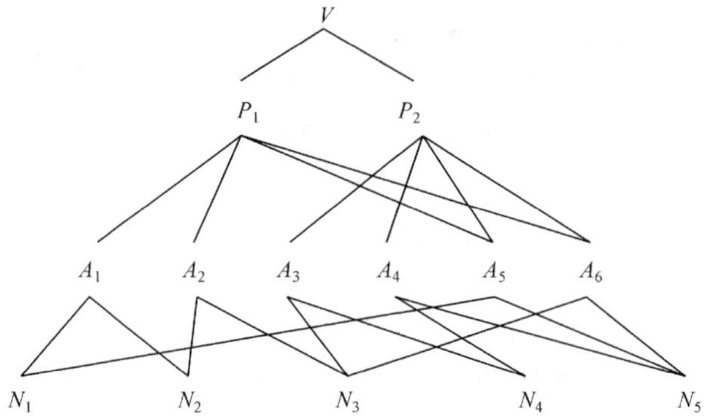

图 4-3　网络模型结构图

网络模型可以有效解决 GIS 中的网络分析，应用于城市管线分析和道路网络分析。网络模型进一步提高了层次模型的灵活性，有效减少了层次模型中的多重记录，能表达多对多的关系，取消了节点之间的隶属关系，任何两个节点之间都可以建立关联关系。为实现快速数据检索的目的，需要建立比层次关系更多的索引，增加了数据管理的复杂性。

4.3.3　关系模型

关系模型是 IBM 公司的 E.F.Codd 提出的一种数据库模型。由于关系模型结构简单、操作方便、应用广泛，目前商用大型数据库几乎都是基于关系模型的。关系模型以满足一定条件的二维表结构表示实体及关系，二维表具有固定的列数和任意行数，在数学上称作“关系”。

关系模型中有三个基本概念：关键字、关系关联、范式。这三个概念是对表的定义和数据组织以及表之间关联的约束。关键字是表中列的组合，用于表示表中各行数据的唯一性，表达了两个实体之间的关联关系。关系关联指关系模型中表和表之间的关联性，关系关联的实现基于关键字。多个表之间的关联，通过关键字从一张表关联到另一张表。范式是对数据相互依赖关系的识别，在关系模型中有多种范式，常用的有三种：第一范式(1NF)、第二范式(2NF)、第三范式(3NF)。

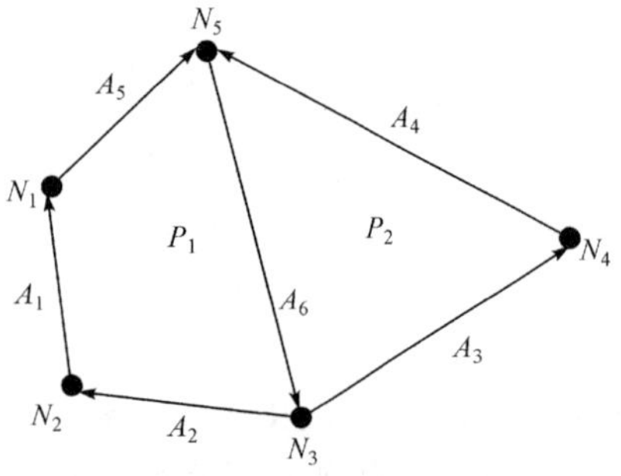

图 4-4　GIS 实体

二维表是同类实体的集合，在表格中不包含其他表格中的信息。在关系模型中没有层次或指向某条记录的指针，而是用表格中的一行表示一个实体，也称作记录或者元组。一行中的所有字段可以看做是相互之间保持一种不变的关联关系，每一字段用一列表示，称作属性，相当于实体的一个数据项，因此每一条记录是多个属性的集合，表示一个实体的多个属性。二维表中的任意字段都可以作为该表的一个关键字，用于表示表中各记录的唯一性，同时也用作其他表访问该表的一个索引值。

对于图 4-4 的实体要素关系，可以采用如表 4-1 至表 4-3 所示关系表，来表示其相互关系。

表 4-1　多边形表

多边形 ID	权属	用途	面积
P_1	单位 1	厂房用地	50
P_2	单位 2	规划用地	43

表 4-2　节点表

节点 ID	X 坐标	Y 坐标
N_1	……	……
N_2	……	……
N_3	……	……
N_4	……	……
N_5	……	……

表 4-3　线-节点-多边形关系表

线 ID	起点	终点	左多边形	右多边形
A_1	N_1	N_2	0	P_1
A_2	N_2	N_3	0	P_1
A_3	N_3	N_4	P_2	0
A_4	N_4	N_5	P_2	0
A_5	N_5	N_1	0	P_1
A_6	N_5	N_3	P_2	P_1

与关系模型关系非常密切的是结构化查询语言 SQL，这是一种关系数据库操作语言国际标准。SQL 融合了关系代数等操作，允许用户对表(地理实体)执行查询、编辑等操作，从而实现对关系模型中实体的操作，如添加、删除、更新等管理工作。SQL 语言是一种具有较高检索效率的语言，为空间数据管理和查询提供了便捷的操作方法。

关系模型具有结构简单灵活、数据更新方便、容易维护和理解等优点。关系模型采用简洁的二维表格表达现实应用中的多种实体及相互关系，其数据描述具有较强的一致性。关系模型避免了层次模型和网络模型中的指针带来的检索效率较低的问题，使用实体唯一标识符关联多张表，实现高效的数据检索。

但关系模型在应用中还存在一些不足：①对复杂数据的表达有限，不适合表达类似“岛”或者“洞”等嵌套类型实体；②对象语义描述能力较弱；③可扩充性较差。

4.4　文件与数据库混合模式

最早的 GIS 系统采用文件方式组织管理空间数据，伴随关系数据库的发展，一些 GIS 厂商开始引入关系数据库，用关系数据库的成熟技术管理 GIS 中的属性数据，仍然使用文件方式管理空间几何数据。空间几何数据中的一个实体要素对应关系数据库中表的一条记录，两者之间的关联通过唯一标识符实现(图 4-5)。这种模型称作文件与数据库混合模式，也称作“地理相关模型”。这一模型在 20 世纪 80 年代开始直到现在仍然还有大量 GIS 应用系统采用，是一种比较成熟的应用模式(刘南和刘仁义，2002)。ESRI 公司的 ArcInfo 软件采用这种模型。

图 4-5　图形几何数据和属性数据由唯一标识符关联

混合管理模式具有以下几个特点：

(1) 空间几何数据和属性数据分开存储和管理。空间几何数据采用文件方式存储，属性数据采用关系数据库存储和管理。

(2) 空间几何数据和属性数据之间的关联通过两者的公共值(唯一标识符)或者内部连接码实现。

(3) 应用时，采用 GIS 软件或者高级编程语言实现图形数据的管理，属性数据通过关系数据库管理系统提供的访问接口实现读取和写入。

4.5　空间数据库

数据库是数据存储和管理的基本工具，不仅存储数据而且向用户提供决策支持服务。空间数据库是按照某种方式组织的地理空间要素数据集合。空间数据库主要的存储数据类型是空间数据，因此在存储、组织、管理等方面与常规数据库都有不同。常规数据库在存储和组织管理空间数据方面的局限性，使得空间数据库研究越来越多，很多 GIS 厂商也分别开发了具有较强 GIS 功能的空间数据库。

4.5.1　空间数据库特点

常规数据库在管理空间数据方面具有以下几个方面的局限性：

(1) 常规数据库不适合管理具有较强连续性和较强的空间拓扑关系的空间数据。

(2) 不能表达现实世界中众多的地理空间实体类型以及具有嵌套关系的“岛”或者“洞”等复杂实体。

(3) 不适合表达变长的空间数据。如两条线的长度不同，其构成的点数目不同，数据项(字段值)长度也不同等。

(4) 常规数据库及 SQL 语言不适合空间数据查询和分析，如特征提取、影像分割等。

基于常规数据库管理空间数据时存在局限性，GIS 厂商和研究单位分别研发了具有较强 GIS 功能的空间数据库。

与常规数据库相比，空间数据库具有以下特点：

(1) 能管理海量空间数据。能够用于管理海量空间数据，适合海量空间数据分析。

(2) 支持属性和空间几何数据的统一管理。实现了空间几何数据和属性数据的一体化存储和管理，增强了数据管理的一致性。

(3) 扩充常规数据库的数据结构，支持现实世界繁多的实体类型和复杂的实体结构及关系等。

空间数据库发展的早期并没有突破地理相关模型，几何数据和属性数据仍然分开存储和管理。在 20 世纪 90 年代，ESRI 与 Oracle 合作，开发出了空间数据库引擎(SDE)，基于关系数据库突破了传统地理相关模型，将属性数据和几何数据在大型商业关系数据库中实现统一管理。目前，其他的 GIS 厂商也相继推出了空间数据库引擎产品，如 MapInfo 公司的 SpatialWare 产品。

4.5.2　空间数据库中数据组织

如前所述，空间数据组织是 GIS 应用中非常关键的工作，直接决定了数据应用的难易程度和数据存取的效率。本节主要基于空间数据库讲述空间数据的组织方式。

在空间数据库中，空间数据一般按照“图库—数据集—地物类—地物”这样的层次组织数据。其结构如图 4-6 所示。

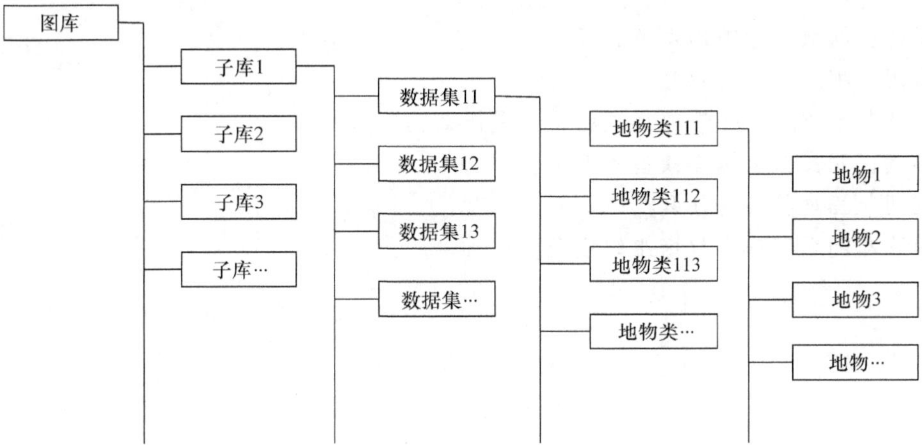

图 4-6　空间数据库中数据组织层次关系

1) 图库

因为 GIS 是面向区域的应用，具有一定的空间范围，所以图库也是基于一定空间范围的空间数据的集合。图库是面向工程应用的一个逻辑概念，在 ArcGIS 软件体系的物理存储中相当于 Dataset。

根据应用需要，可以在图库层次下再划分为多个子图库，子图库下再包含数据集等组织层次。

2) 数据集

数据集是地物类按照专题相关性组织在一起构成的一个逻辑表达概念，用于表示某个专题，分为栅格数据集和矢量数据集两类。在 ArcGIS 软件体系中分别对应 RasterDataset 和 Dataset。在 ArcGIS 软件体系中的数据集定义了其下所有地物类的空间范围和空间参考，而且一旦定义不可更改。

3) 地物类

地物类是对现实世界实体要素的组织。在地物类中存储了空间要素的几何图形数据和属性数据，以及要素相互之间的拓扑关系。在 ArcGIS 软件体系中栅格地物类是以波段(Band)的方式存在，而矢量地物类是以 FeatureClass 的方式存在。矢量地物类存储的是同一类空间要素的地物，如点要素类只能存储点状实体要素。

4）地物

地物是要素类中的一个空间实体要素，在物理存储中相当于关系数据模型结构中表的一条记录。对于栅格数据没有地物这一数据组织层次。

大型 GIS 应用需要管理较多类型数据，而且范围较广，形成大量或者海量空间数据应用系统，如城市规划管理系统、国土应用管理系统等。大型 GIS 系统不仅要实现多幅空间数据的无缝拼接，还要实现不同比例尺、不同类型图层的多尺度管理和维护。同时，还要支持用户对任意区域和图层的查询和分析，因此提出了“图库管理”的功能。目前 GIS 软件一般都具有图库管理功能，如 ArcGIS 软件体系中的 ArcCatalog 软件。

习题与思考题

1. 简述空间数据管理的发展历程。
2. 常用数据库模型有哪些?
3. 文件与数据库混合管理模式的特点是什么?
4. 举例说明关系数据库模型的表示。
5. 空间数据库特点是什么?
6. 简述空间数据库中数据组织模式。

第 5 章　空间数据处理

采用不同方法获取的空间数据，以及数字化输入 GIS 中的数据会存在各种各样的问题，如数据采集误差、图形输入误差、数据格式不一致、数据接边不一致等，需要对空间数据进行编辑使之符合数据质量要求。因此在空间数据处理阶段，要对图形数据进行整饰，建立合理的空间关系；要对属性数据进行编辑，使之满足属性数据的完整性等。空间数据处理内容主要包括数据编辑、图形裁剪、拓扑关系建立、空间数据转换、数据格式转换等(龚健雅,2001)。

5.1　空间数据编辑

前已述及，空间数据编辑是修改、更正输入数据错误。通过数据编辑，使 GIS 中数据表达完整一致，无拓扑矛盾等。

5.1.1　图形数据编辑

1. 图形数据编辑步骤

数据输入过程会存在如空间数据位置不正确、空间关系错误、空间数据变形等，需要在计算机上进行人机交互编辑，主要步骤如下：

(1) 读入图形数据，并在屏幕窗口显示；

(2) 进行人机交互检查，发现数据错误；

(3) 数据定位、编辑和修改。

GIS 中图形数据编辑命令包括节点、线段、多边形等实体数据增加、实体数据删除和实体数据修改。

2. 图形数据编辑方法

图形编辑是对图形形状加以修改，如道路、河流节点的移动、添加和删除等。包括增加点、线、面实体数据，删除点、线、面实体数据，移动点、线、面实体数据。

1) 消除悬节点

节点是 GIS 中线段的转折点或端点。节点关系的正确性，是 GIS 图形中表达点、线、面拓扑关系正确与否的重要基础。对节点进行编辑，就是要消除图形中由于节点关系不正确或存在悬节点，引起的有关空间位置和空间关系不正确等。

消除悬节点的编辑，通常包括节点间吻合、节点与线吻合的编辑。如图 5-1 所示，闭合多边形的边界弧段中 *A*、*B* 两节点原本是同一点，坐标值相同。由于数字化过程的误差，两点坐标不同，不能建立正确拓扑关系，为此要进行节点吻合编辑。

节点吻合编辑方法较多。方法之一是在数字化过程设定一定容差，出现在容差范围内的节点都使其吻合成一点，这种方法的优点是可以通过编程自动实现。一般而言，若容差范围设置合适，大多数悬浮节点可以通过此方法消除。方法二是移动其中之一节点。例如，用鼠标将图 5-2 中 *A* 节点移动到 *B* 节点，实现节点吻合与消除悬浮节点的目的。方法三是通过求直线交点实现节点吻合。如图 5-2 所示，两条直线延长线的交点 *C*，即是吻合节点。

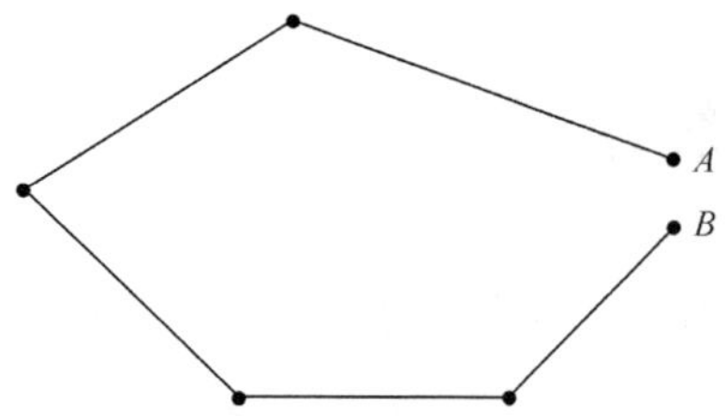

图 5-1　悬浮节点

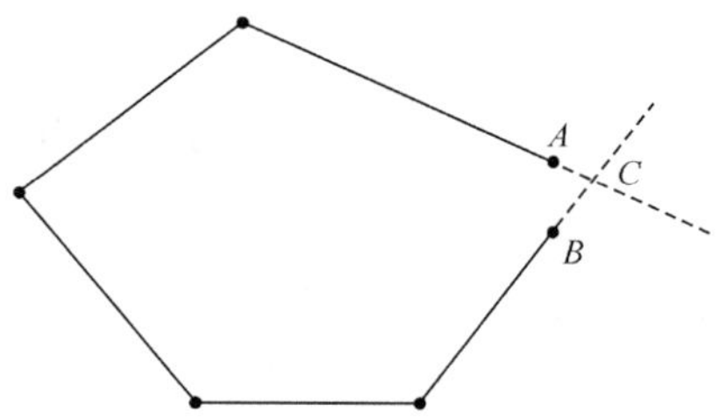

图 5-2　直线求交

节点与线的吻合如图 5-3 所示。由于数字化误差，节点 *A* 与多边形的 *CD* 弧段不重合，出现悬节点 *A*，难以建立正确拓扑关系。节点与线吻合编辑的一种方法是设定一个容差，在容差范围内的节点和线自动求交吻合。第二种方法用鼠标移动悬浮节点，使 *A* 节点与 *CD* 弧段相交。第三种方法是使直线 *AB* 与直线 *CD* 交于 *A* 点，实现节点与线吻合。

2) 消除假节点

在如 ArcGIS 等 GIS 系统平台中，将仅由两条弧段相交构成的节点定义为假节点，如图 5-4 中的节点 *C*。为了使构成的图形拓扑关系简洁，在不致影响图形关联关系正确性的前提下，要求在图形编辑过程消除假节点。如图 5-4，通过将点 *A*、*B*、*C* 合并成为弧段 *AB*，消除假节点 *C*。

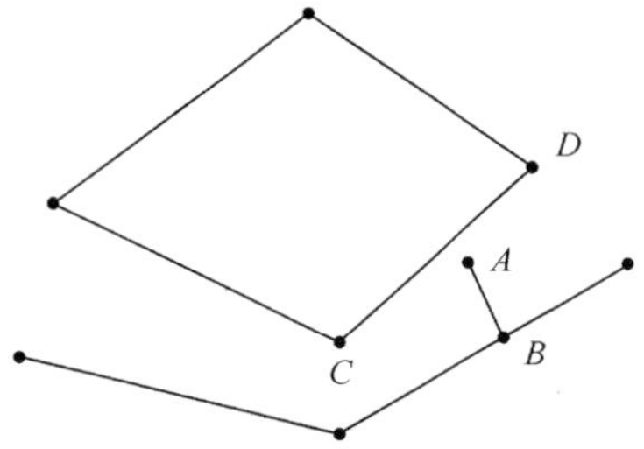

图 5-3　节点与线吻合

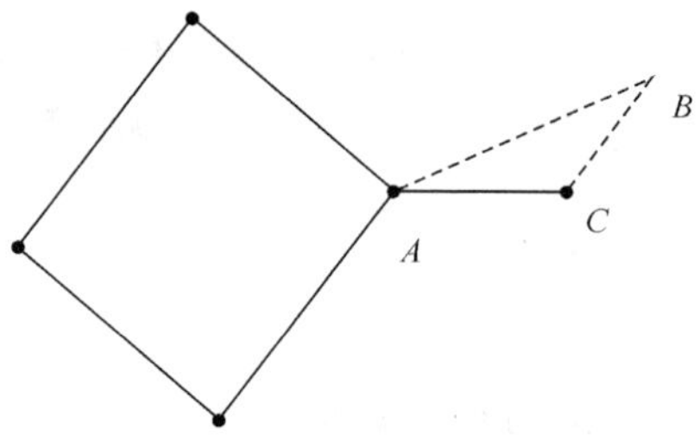

图 5-4　消除假节点

3) 增加、删除节点

如图 5-5 所示，在节点 *C*、*D* 间增加一节点 *M*，原图形由 *A*、*B*、*C*、*D* 4 个节点组成的弧段目标，变成由 *A*、*B*、*C*、*M*、*D* 5 个节点组成的弧段目标。由于操作过程增加了一个新节点，需要给定一个新的目标标识，删除原来弧段目标，重新定义弧段目标，建立新的拓扑关系。

节点删除操作如图 5-6 所示。原图形为由 *A*、*B*、*C*、*D* 4 个节点组成的弧段目标，现欲删除节点 *C*。由于删除节点操作，使弧段目标 *ABCD* 中节点数减少，操作过程无需整体删除该弧段目标，只要在原存储地址重写一次坐标，保持拓扑关系不变。

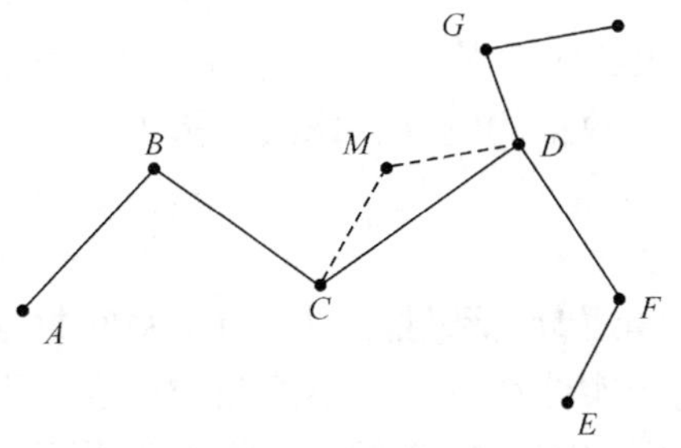

图 5-5　增加节点

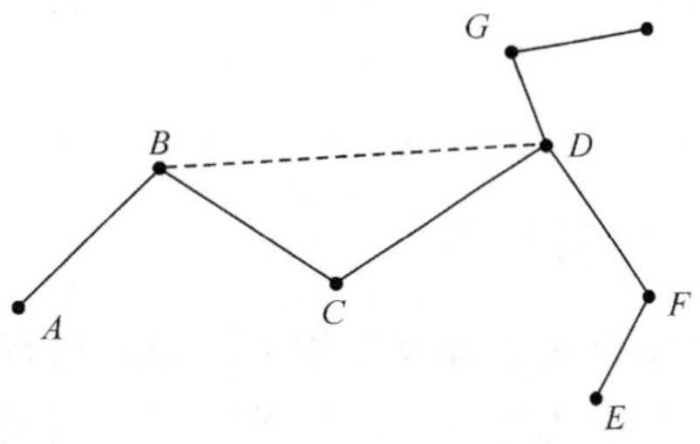

图 5-6　删除节点

4) 移动节点

如图 5-7 所示，在由 *A*、*B*、*C*、*D* 4 个节点组成的弧段目标中，用鼠标将节点 *C* 移动到节点 *C′*，操作过程仅改变节点坐标，弧段间关联关系不变，也无须进行拓扑关系调整。

5) 删除多余弧段

有时需要做多边形弧段删除操作，使原来图形间拓扑关系发生变化，需要对空间拓扑关系进行调整。如图 5-8 中，*EF* 弧段被删除，原来图形中 4 个多边形变形为 3 个多边形，拓扑关系也发生变化。

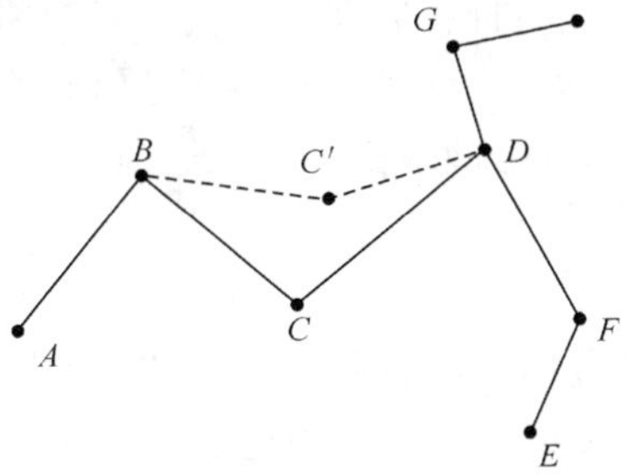

图 5-7　移动节点

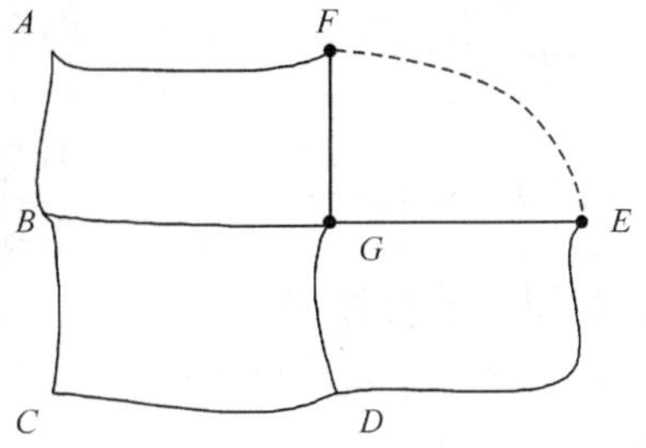

图 5-8　删除弧段

5.1.2　属性数据编辑

前已述及，地理空间数据具有位置、属性和时间三类特征。空间数据的位置特征编辑，即图形数据编辑，要解决图形中空间位置、空间关系正确性问题，进而建立空间拓扑关系。属性数据是描述空间实体名称、要素类型、要素级别和数量等特征。

属性数据作为地理信息系统中极为重要的地理信息，也需要进行数据输入和编辑。属性数据的输入和编辑，通常是在属性数据处理模块中进行。为了建立图形数据与属性数据之间的联系，要求图形编辑系统中具有属性编辑功能，以便将一个描述实体元素的属性数据联结到相应的几何位置。也可以在数字化及建立图形拓扑关系同时或之后，对图形实体元素直接输入属性数据。

地理信息系统中属性数据输入有两种方式。一种方式是在图形数据建立过程，直接形成一个基本属性表，基本属性表中的记录和图形中各种实体元素间建立一一对应关系。第二种方式是在建立图形实体元素基本属性表的基础上，对图元进行标识，建立该图元用户代码，以图元代码为关键字再建立一个属性数据表。根据基本属性表和属性表建立表间联系，也可将属性表中数据导入。一个功能强大的图形编辑系统可提供属性数据的删除、修改与拷贝。

5.1.3　图幅拼接

图幅拼接处理是在相邻图幅间进行的接边一致性和逻辑一致性处理。由于空间数据采集和图形数字化过程存在各种误差，造成相邻图幅间同一实体在空间上不能完全重合，也称为接边不一致。同一实体在相邻图幅的数据文件中地物编码或属性值不同，称为逻辑不一致。例如，某地物在一图幅的地物编码为 *A*，在相邻图幅内地物编码为 *B*；或同一地物在相邻图幅数据文件中有不同的属性值，如地块面积、地块用途等。

1. 接边一致性处理

当跨接在相邻图幅间某一地物在图幅边缘不能完全重合，需接边处理。如图 5-9 所示，地物 *A* 为建筑物，地物 *B* 为地界，*C* 为公路，三地物在图幅边缘处不重合。几何接边处理首先调出待处理的相邻两图幅，以其中一幅为基准图幅，另一幅为参考图幅。选定基准图幅一边缘地物，根据其在图幅边缘处节点坐标，查找参考图幅内对应地物(如图 5-9 中地物 *B*)，若该地物在相邻图幅的地物编码相同，且节点坐标在容差范围内，将相邻图幅中对应的两节点坐标取中数，使两节点在图幅边缘重合。若两节点坐标超过容差范围，或地物编码不一致，则需要进行人工编辑与接边。

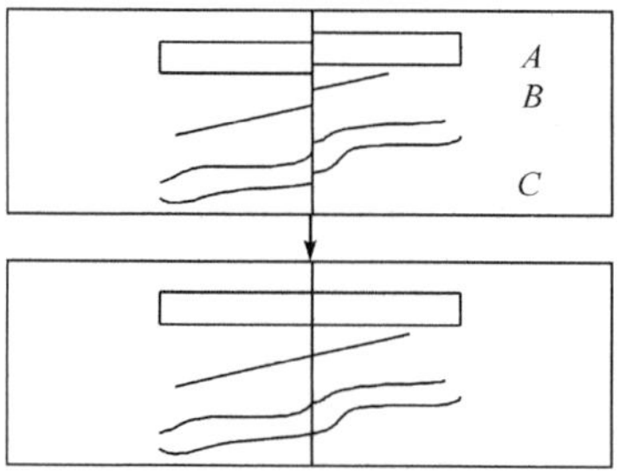

图 5-9　图幅拼接

2. 逻辑一致性处理

逻辑一致性处理也称为逻辑接边。由于空间数据库数据输入过程存在误差，使同一地物在相邻图幅中的地物编码和属性赋值可能不同。此时，需要采用交互方法进行人工编辑，保证同一地物在相邻图幅中有相同的地物编码和属性赋值。

5.2　空间拓扑关系与建立

5.2.1　空间拓扑关系概述

前已述及，空间数据库中的图形数据存在相邻、包含和连通等拓扑关系。如图 5-10 所示，多边形 P_1 与多边形 P_2 之间存在相邻关系，*A* 是两多边形之间公共弧段。

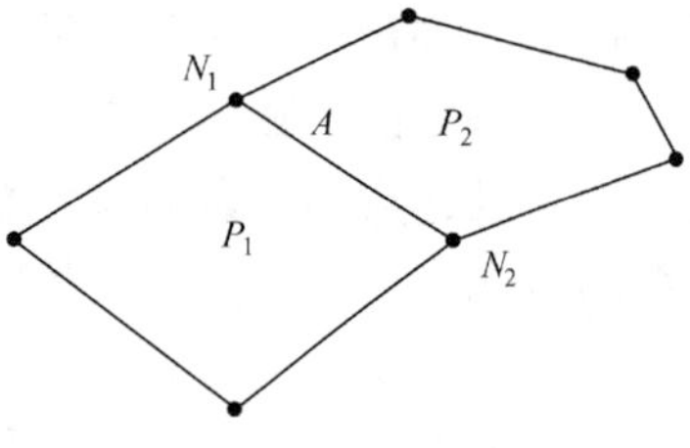

图 5-10　相邻关系示意图

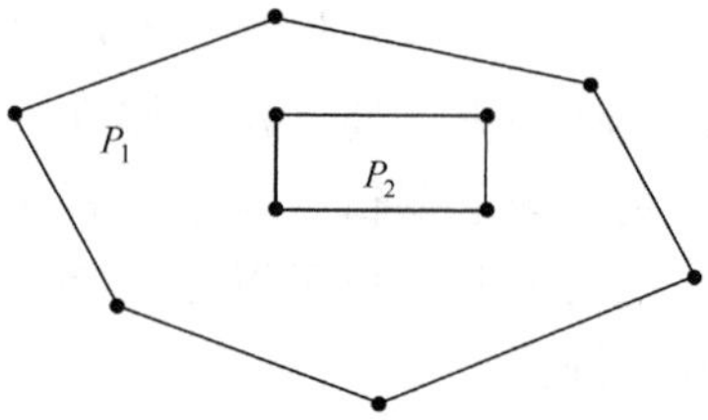

图 5-11　包含关系示意图

图 5-11 表示多边形包含关系，多边形 P_2 包含于多边形 P_1。图 5-12 表示两多边形之间具有连通关系，通过节点 N_1 和 N_2 间弧段实现两多边形之间连通。

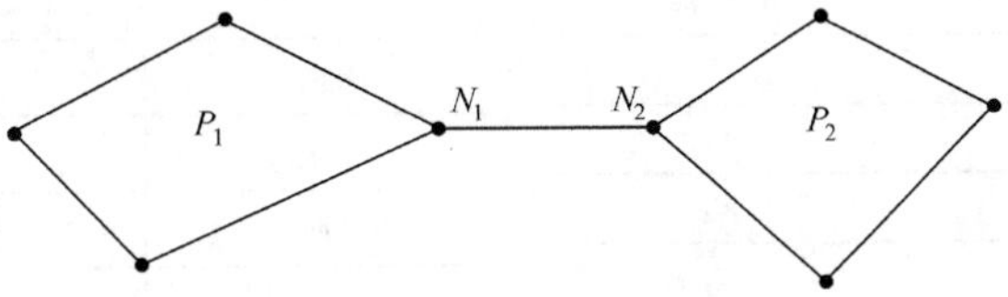

图 5-12　连通关系示意图

5.2.2　点线拓扑关系建立

点、线拓扑关系或节点弧段拓扑关系，主要是通过建立节点-弧段关系表和弧段-节点关系表来实现。

图 5-13 表示一线状图形(如道路中心线)，该图形结构由 5 个节点与 4 条弧段组成，建立拓扑关系后，其节点-弧段关系和弧段-节点关系如表 5-1 和表 5-2 所示。

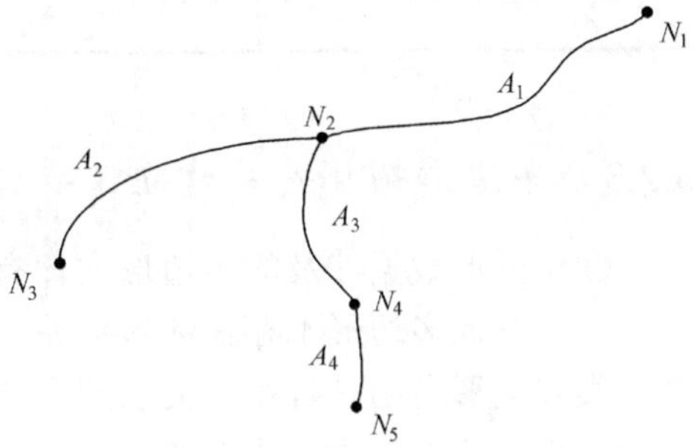

图 5-13　节点-弧段关系(1)

表 5-1　弧段-节点关系

弧段	始节点	终节点
A_1	N_1	N_2
A_2	N_2	N_3
A_3	N_3	N_4
A_4	N_4	N_5

表 5-2　节点-弧段关系

节点	弧段
N_1	A_1
N_2	A_2，A_3
N_3	A_2
N_4	A_3，A_4
N_5	A_4

图 5-14 表示一网状图形，共计由 6 个节点与 7 条弧段组成，其拓扑结构的节点-弧段关系，弧段-节点关系见表 5-3 和表 5-4。

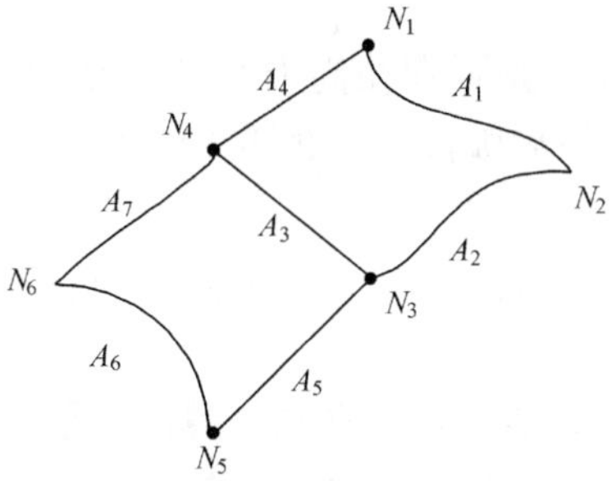

图 5-14　节点-弧段关系(2)

表 5-3　弧段–节点关系

弧段	始节点	终节点
A_1	N_1	N_2
A_2	N_2	N_3
A_3	N_3	N_4
A_4	N_4	N_1
A_5	N_3	N_5
A_6	N_5	N_6
A_7	N_6	N_4

表 5-4　节点–弧段关系

节点	弧段
N_1	A_1，A_4
N_2	A_1，A_2
N_3	A_2，A_5，A_3
N_4	A_3，A_7，A_4
N_5	A_5，A_6
N_6	A_6，A_7

5.2.3　多边形拓扑关系建立

GIS 图形数据涉及的多边形实体有三类。一类是独立多边形，如独立地物等。独立地物多边形与其他多边形不存在邻接关系，且仅涉及一条边界弧段，通常在图形数字化过程生成。第二类多边形是由具有相邻关系的多个简单多边形组成。该类多边形可在数据采集过程，利用专门算法建立弧段多边形和多边形–弧段关系表。第三类多边形是具有包含关系的多边形，如多边形内存在内岛，此时除了按照第二类多边形建立多边形关系外，还要对内岛进行专门处理。

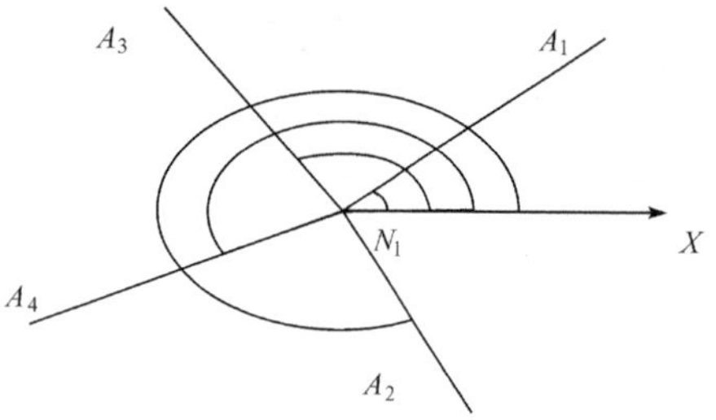

图 5-15　弧段方位角

建立具有相邻关系的多边形拓扑关系，首先根据已有的节点–弧段关系表，将每个节点所关联的弧段按方位角大小进行排序。弧段方位角定义为：以弧段首节点为原点，x 轴为起始方向，逆时针旋转到该弧段方向所夹角度，如图 5-15 所示。

建立多边形拓扑关系算法与步骤：

(1) 在节点–弧段表中任取一节点。

(2) 取得该节点对应的弧段，并作为初始弧段。

(3) 按顺时针方向，搜索该弧段末节点对应的下一弧段。

(4) 若被搜索弧段末节点与初始弧段的首节点重合，形成并记录多边形，转到(5)；否则返回(3)。

(5) 判断初始弧段的首节点处是否存在尚未标记弧段，若判断为真，用已形成多边形最后弧段为新的起始弧段，返回(3)；否则转到(6)。

(6) 在节点–弧段表中取下一节点，若无新节点结束；否则返回(2)。

现以图 5-16 为例，介绍多边形拓扑关系建立算法。取 N_1 对应弧段 A_1 为初始弧段， A_1 的末节点为 N_2；按顺时针方向搜索，与 N_2 对应弧段为 A_2，仿此有 A_3、A_4，最后闭合并构成多边形 P_1。

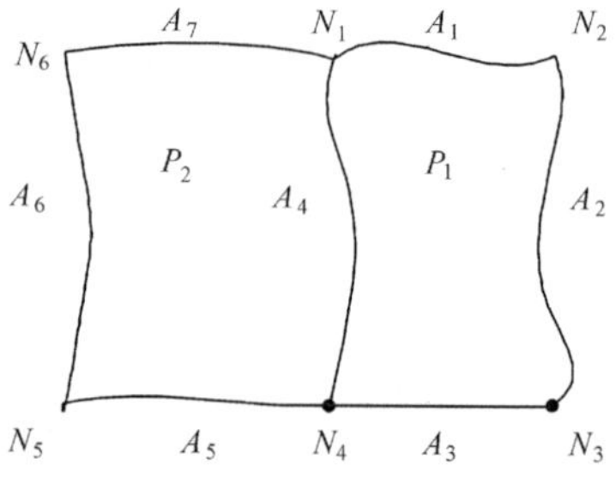

图 5-16　多边形拓扑关系

返回取 N_1，可知 A_4 为初始弧段，A_4 的末节点为 N_4；顺时针方向搜索得到 A_5, A_6，A_7，形成并记录多边形 P_2。

遍历全部节点，直到无新多边形结束。

建立的多边形拓扑关系见表 5-5 和表 5-6。

表 5-5　多边形-弧段关系

多边形	弧段
P_1	A_1，A_2，A_3，A_4
P_2	A_4，A_5，A_6，A_7

表 5-6　弧段-多边形关系

弧段	左多边形	右多边形
A_1	0	P_1
A_2	0	P_1
A_3	0	P_3
A_4	P_2	P_1
A_5	0	P_2
A_6	0	P_2
A_7	0	P_2

5.2.4　拓扑关系自动建立流程

空间数据拓扑结构建立，是在图形数据输入和图形数据编辑完成后进行的。在一般的 GIS 软件平台中，图形拓扑结构建立是由专门的算法或指令自动实现。如 ArcGIS 的 build 指令，图 5-17 给出生成多边形拓扑结构的处理流程。

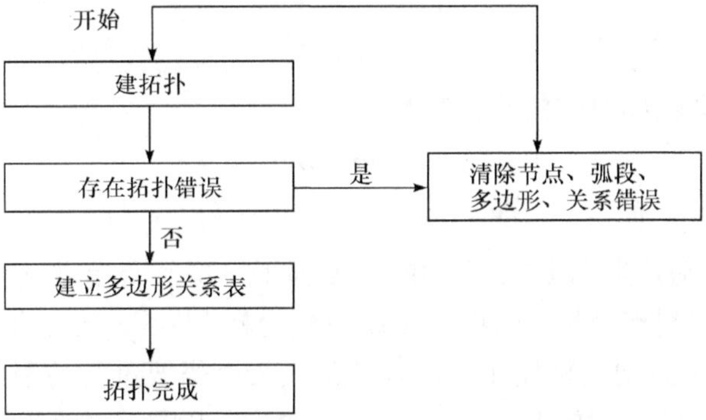

图 5-17　建立多边形拓扑流程

5.3　几何变换

众所周知，由扫描得到的影像或者航空航天传感器获取的影像，与地形图之间存在一定的变形，需要进行几何变换或几何纠正。同时，不同坐标系统的数字地形图之间进行坐标变换，也称为几何变换。常用几何变换方法有相似变换、仿射变换和二次多项式变换。

5.3.1　相似变换

如图 5-18 所示，相似变换是常用的不同坐标系之间空间数据或图形数据变换模型。

$$\left.\begin{aligned} x' &= m \cdot (ax - by) + c \\ y' &= m \cdot (bx + ay) + d \end{aligned}\right\} \tag{5-1}$$

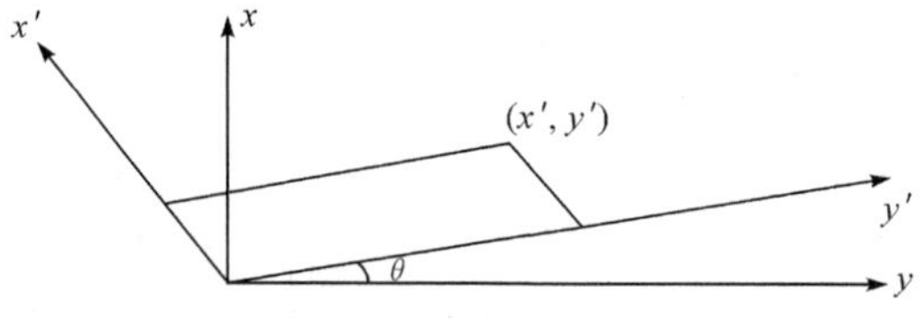

图 5-18　相似变换

在式(5-1)中， a、b、c、d 是两坐标系间平移、旋转参数，m 是变换中的尺度因子。由于相似变换中存在 4 个独立待定参数，理论上至少需要 2 对控制点坐标。相似变换是二维欧氏空间的线性变换，是不同坐标系之间的平移、旋转和缩放变换，如图 5-19 和图 5-20 所示。

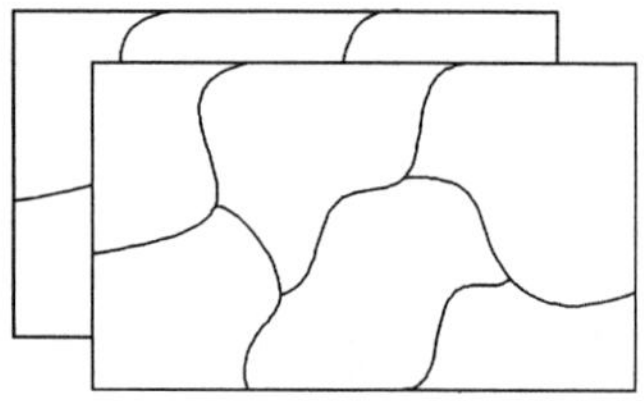

图 5-19　平移变换

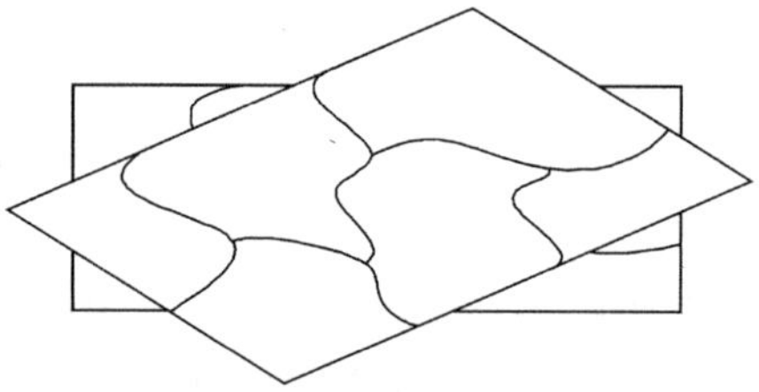

图 5-20　旋转变换

5.3.2　仿射变换

仿射变换也是二维欧氏空间的线性变换。

$$\left.\begin{aligned} x' &= m_1 \cdot (ax - by) + c \\ y' &= m_2 \cdot (bx + ay) + d \end{aligned}\right\} \tag{5-2}$$

式中，参数 m_1、m_2 分别是坐标 x、y 方向的尺度因子，仿射变换中存在 5 个独立待定参数，理论上至少需要 3 对控制点坐标。仿射变换顾及到坐标在 x、y 方向的变形不同，例如，地形图数字化过程，在 x、y 方向坐标发生不同尺度的变形，需要进行仿射纠正。如图 5-21 所示，仿射变换也是平移、旋转和缩放变换，但在 x、y 方向的缩放尺度不同。

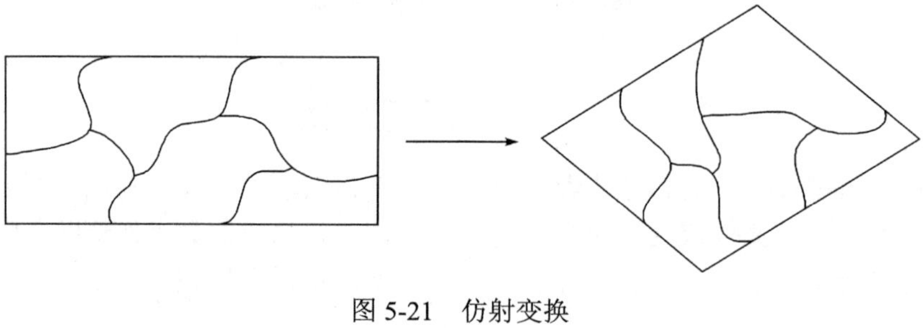

图 5-21　仿射变换

5.3.3　二次多项式变换

二次多项式变换模型为

$$\left.\begin{array}{l} x' = a_0 + a_1 x + a_2 y + a_3 x^2 + a_4 xy + a_5 y^2 \\ y' = b_0 + b_1 x + b_2 y + b_3 x^2 + b_4 xy + b_5 y^2 \end{array}\right\} \tag{5-3}$$

式(5-3)中存在 12 个待定系数，当利用二次多项式变换进行图形与图形、影像与图形之间的变换时，至少需要已知 6 对控制点坐标。例如，在进行遥感影像与地形图之间的配准时，利用式(5-3)对影像进行逐像素纠正。二次多项式变换是二维欧氏空间的非线性变换。

5.4　投影变换

GIS 空间数据是描述地球表面及邻近的实体特征与形态、空间关系等数据。地球表面可以近似为椭球面，但是 GIS 处理的空间数据，很大一部分是二维平面上数据，如地形图数据。为了实现椭球面数据与地图数据之间的变换，需要研究地图投影变形和投影变换方法。

5.4.1　地图投影基本问题

1. 地图投影变换

众所周知，地球表面是近似的椭球面，地球表面实体是在椭球面描述的，例如，球面三角形三个内角之和等于

$$\angle\alpha + \angle\beta + \angle\gamma = 180° + \varepsilon \tag{5-4}$$

式中，ε 是球面角超，如图 5-22 所示。地形图上的空间要素包括点、线、面，都是定义在二维欧氏平面上的空间实体。

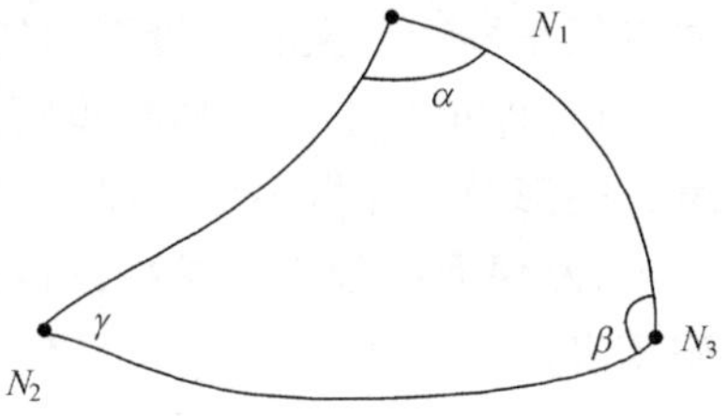

图 5-22　球面三角形

地图投影是建立椭球面与二维欧氏平面上点、线、面实体的一一对应关系。如图 5-23 所示。若椭球面上一点 N_1 的大地坐标为(L, B)，其在二维平面上对应点 n_1 的直角坐标为(X, Y)，则球面三角形与平面三角形之间存在的投影变换关系如下：

$$\left.\begin{array}{l} X = f_x(L,B) \\ Y = f_y(L,B) \end{array}\right\} \tag{5-5}$$

需要指出的是，式(5-5)是地图投影变换的通用表达式。一旦地图投影方式确定，式(5-5)的显示表达式也即确定。

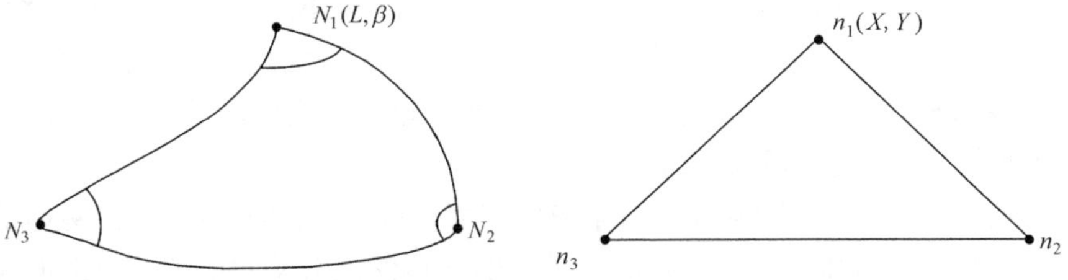

图 5-23　投影变换

2. 投影变形

地图投影是将椭球面图形投影成为平面图形，投影过程必然会发生图形变形，这种由于地图投影带来的图形变形，也称为投影变形。地图投影变形包括长度变形、角度变形和面积变形。

(1) 长度变形：是指投影前后线段长度发生变化。即椭球面上一弧段与投影平面上对应的弧段长度不相等。

(2) 角度变形：是指投影前后图形间夹角发生了变化。如图 5-23 所示，在椭球面三角形与投影平面三角形之间存在球面角超。

(3) 面积变形：是指投影前后图形的面积发生了变化。通常在投影过程中，椭球面三角形面积与投影平面上三角形面积不相等。

最后需要指出的是，不同投影方法会产生不同的投影变形。地图投影或地图投影变换，就是保证地图投影过程投影变形或误差满足一定要求的前提下，建立椭球面与平面之间数学变换关系。

5.4.2 地图投影类型

地图投影方法种类较多，基于不同的投影方式，会有不同的投影类型。

1. 基于投影变形分类

前已述及，投影变形包括长度变形、角度变形和面积变形，基于投影变形的地图投影方法有保角投影、保面积投影和任意投影。

(1) 保角投影：是指在投影过程中保持椭球面上的角度、图形形状与投影平面上对应角度、图形形状保持不变，保角投影也称为正形投影。

(2) 保面积投影：是指在投影前后，保持椭球面上图形面积与投影平面上对应的图形面积相等。

(3) 任意投影：指投影前后，椭球面上图形形状、大小与投影平面上对应的图形形状、大小都发生了变化。任意投影中，若在某投影方向上投影前后长度保持不变，这种投影也称为等距离投影。例如高斯投影中，在中央子午线上保持长度不变。

2. 基于投影面分类

地图投影，一般是先将椭球面上点、线、面投影到数学上可展开曲面上，然后再将该曲面展开成平面。数学上可展开曲面是指该曲面在展开成平面过程中，不会发生破损或褶皱现象，如圆柱面、圆锥面和平面等。

(1) 圆柱投影：也称为椭圆柱面投影，常用的墨卡托投影是一种椭圆柱面投影。该投影采用一椭圆柱面与地球椭球相切或相割，将椭球面上的点投影到椭圆柱面上，然后沿椭圆柱面的一母线展开即可。在椭圆柱面投影过程中，地球椭球纬线投影为一组平行直线，经线为一组垂直于纬线的平行直线。根据椭圆柱面与地球椭球相切或相割于不同位置，椭圆柱面投影可分为正轴投影、横轴投影和斜轴投影。

(2) 圆锥投影：采用一正圆锥面与地球椭球在某一标准纬度相切，或某两标准纬度相割，将椭球面上的点投影到圆锥面上，然后沿圆锥面的一母线展开即可。在正圆锥面投影过程中，地球椭球纬线投影为同心圆弧，经线为圆弧半径。圆锥投影分为正轴投影、横轴投影和斜轴投影。

(3) 方位投影：采用一平面与地球椭球相切或相割，直接将椭球面上的点投影到该平面上即可。在方位投影过程中，地球椭球纬线投影为同心圆，经线为圆的半径。方位投影也分为正轴投影、横轴投影和斜轴投影。

基于投影面的不同投影方法如图 5-24 所示。

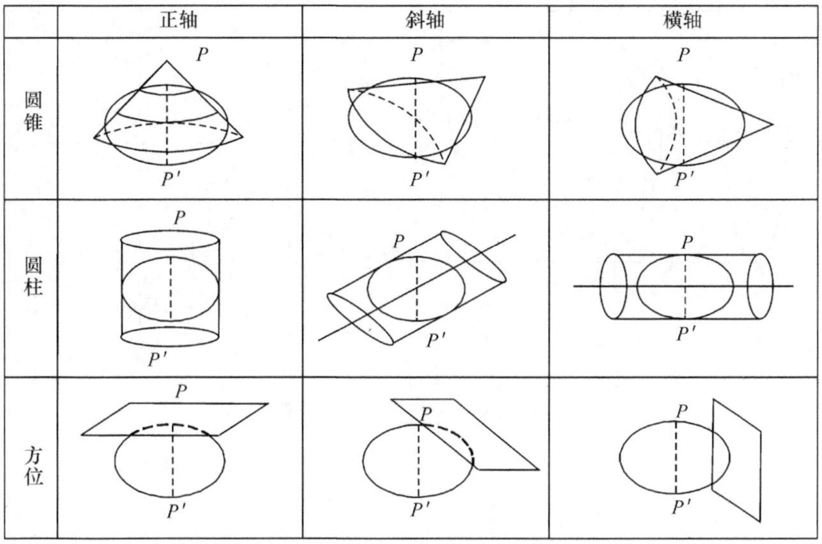

图 5-24　不同地图投影方法

5.4.3　高斯-克吕格投影

高斯-克吕格投影是一种横轴椭圆柱面保角投影，简称为高斯投影。

1. 高斯投影与分带

如图 5-25 所示，设想用一横轴椭圆柱面与地球椭球相切，椭圆柱面的中心轴 CC' 通过地球椭球中心，并与地球自转轴垂直，椭圆柱面与地球椭球上一子午线相切，该子午线称为中央子午线。在保证投影前后角度不变条件下，将中央子午线两侧一定经度差范围内椭球表面的点位投影到椭圆柱面上，然后沿椭圆柱面上过南北极的母线剪开，将其展开成为平面，即高斯投影平面。在高斯平面上，中央子午线是一条直线并保持长度不变形，赤道投影线是一条与中央子午线相垂直的直线。离中央子午线越远，长度投影变形越大。

如图 5-26 所示，为了控制投影变形，通常按经度差 6°进行分带，即从地球椭球的首子午线(通过英国格林尼治天文台的首子午线)起，将旋转椭球按经差 6°由西向东划分为 60 个投影带，按每带进行投影，称为 6°投影带。用数字 1、2、3、…、60 表示投影带的号数。则第 1 带的范围自经度 0°到经度 6°，该投影带的中央子午线经度为 3°。

任意投影带中央子午线经度 L_0 按下式计算：

$$L_0=6°N-3° \tag{5-6}$$

式中，N 为 6°投影带的带号。

当要求投影变形更小，还可将旋转椭球按经度差 3°，从东经 1°30′起，由西向东划分为 120 个带，称为 3°带，如图 5-26 所示。每带中央子午线的经度为

$$L'_0=3°n \tag{5-7}$$

式中，n 为 3°带的号数。

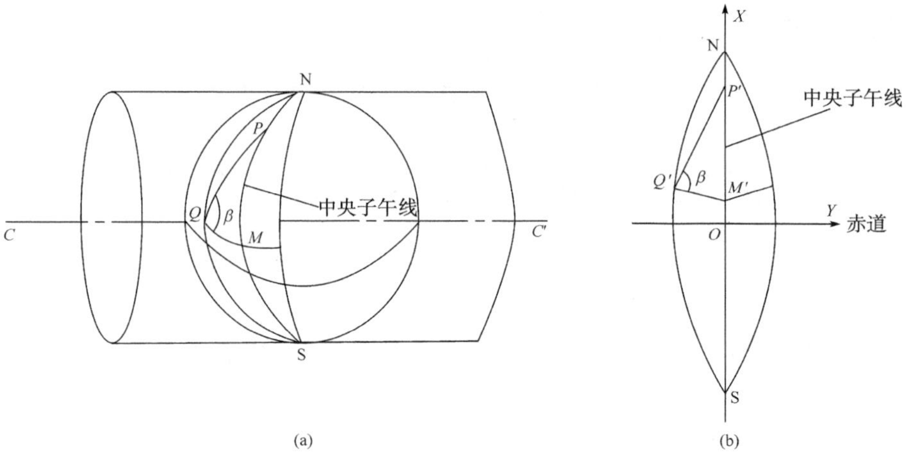

图 5-25　高斯-克吕格投影

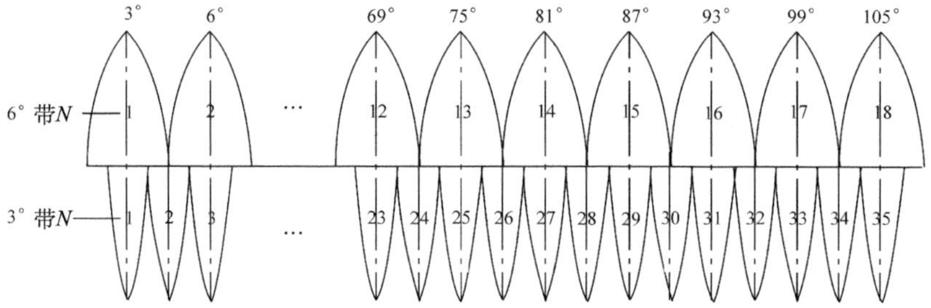

图 5-26　高斯 3°、6°分带

2. 高斯平面直角坐标系

将各带独立的投影到高斯平面上，以本带中央子午线作为纵轴 X；赤道投影线与中央子午线垂直，定义为横轴 Y。两直线的交点为坐标原点 O，由此建立各带独立的高斯平面直角坐标系。

我国位于北半球，X 坐标总为正值，而 Y 坐标有正有负。为避免 Y 坐标出现负值，将各带坐标纵轴向西平移 500km。设 A 点 $x=3380240.85$m，$y=-286250.36$m，则横坐标为 $y=(-286250.36)+500000=213749.64$m，前者称为自然值，后者称为统一值。因为不同投影带内的点可能会有相同坐标值，也为了区分其所属投影带，规定在横坐标前冠以带号。例如，A 点位于第 18 带，则横坐标为 $y=18213749.64$m，如图 5-27 所示。

3. 高斯投影正算公式

前已述及，高斯投影是横轴椭圆柱面投影，投影前后保持角度不变形。在高斯平面上，中央子午线与赤道线是相互垂直的直线，且中央子午线上没有长度投影变形。大地经纬度 $(L，\beta)$ 与高斯平面直角坐标 $(x，y)$ 之间投影变换，即高斯投影正算公式为

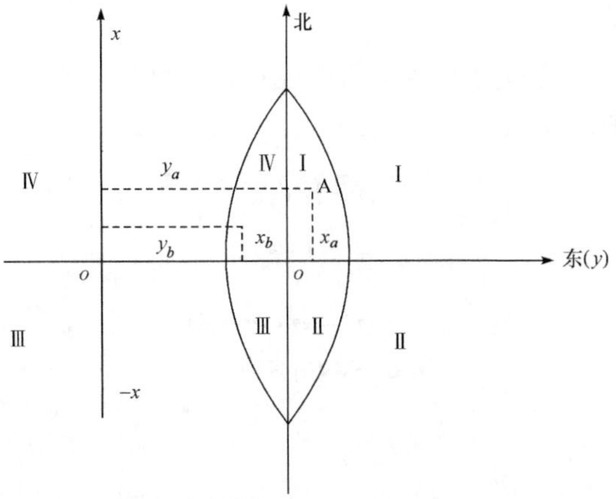

图 5-27　高斯平面直角坐标系

$$
\begin{aligned}
x &= X + Nt\cos^2\beta\frac{l^2}{\rho^2}\left[\ 0.5+\frac{1}{24}(5-t^2+9\eta^2+4\eta^2)\cos^2\beta\frac{l^2}{\rho^2}+\cdots\ \right] \\
y &= N\cos\beta\frac{l}{\rho}\left[\ 1+\frac{1}{6}(1-t^2+\eta^2)\cos^4\beta\frac{l^2}{\rho^2}+\cdots\ \right]
\end{aligned}
\tag{5-8}
$$

式中，$\eta^2=e'\cos^2\beta$；$l=L-L_0$；$t=\tan^2\beta$；e'为地球椭球的第二偏心率；x，y 为高斯平面直角坐标；X 为赤道至大地纬度 β 处的子午线弧长；N 为卯寅圈曲率半径。

最后需要指出的是，我国基本比例尺地形图包括 1∶100 万、1∶50 万、1∶10 万、1∶5 万、1∶2.5 万、1∶1 万、1∶5000，除 1∶100 万地形图外，均采用高斯投影。

5.4.4　正轴圆锥投影

1. 正轴圆锥保角投影

设想用一正轴圆锥面套合在地球椭球上，将椭球上的点投影到圆锥面上，投影过程要满足保角条件，然后沿圆锥面一母线将其裁开并展成平面，得到正轴圆锥保角投影，如图 5-28 所示。

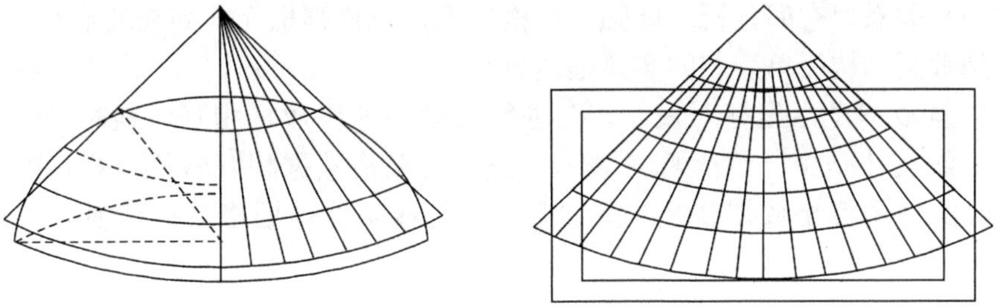

图 5-28　正轴圆锥投影

其中，正轴割圆锥保角投影是正形、保角投影。其特点是同一纬线上长度变形保持相同，在双标准纬线上无长度变形，同一纬线上等经差的弧段长度相等，两条纬线间的经线长度处处相等。

2. 正轴圆锥投影公式

在正轴圆锥投影中，经线为交于锥顶的直线束，纬线为半径不同的多同心圆圆弧。如图5-29所示，正轴圆锥投影计算的一般公式为

$$\left.\begin{aligned}\delta &= \alpha \cdot \lambda \\ \rho &= f(\varphi)\end{aligned}\right\} \tag{5-9}$$

$$\left.\begin{aligned}x &= \rho_s - \rho \cdot \cos\delta \\ y &= \rho \cdot \sin\delta\end{aligned}\right\} \tag{5-10}$$

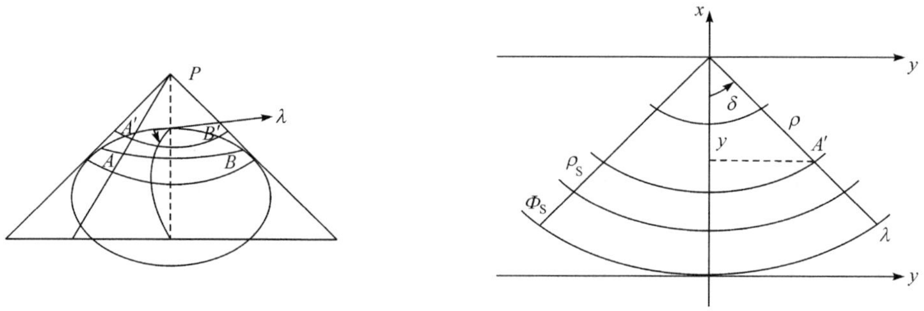

图 5-29　正轴割圆锥保角投影

在式(5-9)、式(5-10)中，λ 为经度差，δ 为投影后经线间夹角，ρ 为纬圈的投影半径，ρ_s 为图幅区域最低纬圈的投影半径，α 为投影常数。

正轴圆锥投影，适合位于地球中纬度地区的地图投影。我国的 1∶100 万地图投影，即采用这种正轴割圆锥保角投影，也称为兰伯特投影。

5.5　矢量、栅格数据相互转换

GIS 中矢量数据是用点、线、面实体的坐标值来描述空间实体及关系，特点是便于建立空间实体的拓扑关系，空间分析功能强；栅格数据是以规则像元阵列来表示空间实体分布特征，其特点是数据结构简单，空间实体描述直观。

点实体矢量数据是由坐标对表示，在进行矢量与栅格数据相互转换时，仅需考虑其栅格数据精度；线实体是由一组坐标对表示，矢量与栅格数据相互转换过程，也需考虑栅格数据精度；面实体由栅格数据转换为矢量数据，与线实体由栅格数据转换为矢量数据大致相同。

5.5.1　矢量数据转换为栅格数据

多边形矢量数据形成栅格阵列数据算法较多，主要有内点扩散算法、光栅扫描算法等。

1. 内点扩散算法

其算法步骤如下：

(1) 选择多边性内部一点作为种子点，填充该点。

(2) 进行 4 邻域或 8 邻域搜索。

(3) 当被搜索点为多边形上的边缘点时，取边缘点的相邻点作为新种子点；若被搜索点为非边缘点，则该点作为新种子点；填充新种子点，回到步骤(2)。

(4) 遍历多边形及内部点。多边形矢量数据栅格化的内点扩散算法如图 5-30 所示。

2. 光栅扫描算法

光栅扫描算法是一种逐行搜索算法，其步骤如下：

(1) 从第一行开始，沿栅格阵列数据行扫描。

(2) 当搜索到两个边缘点，则填充两边缘点之间栅格。

(3) 遍历栅格数据。

如图 5-31 所示，沿栅格数据行扫描，遇到多边形边缘点 N_1，N_2，则填充 N_1，N_2 点之间栅格值。

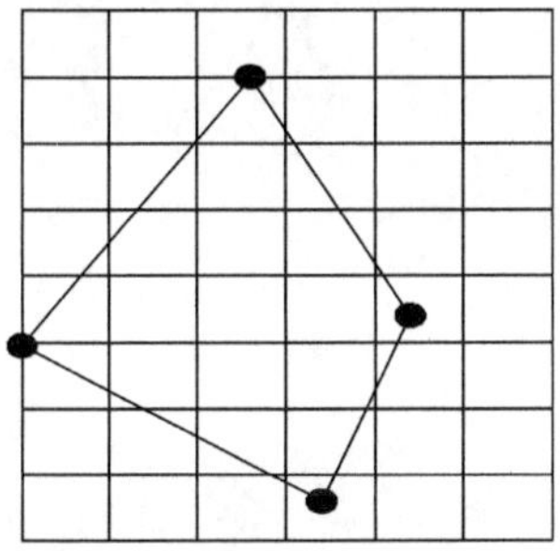

图 5-30 内点扩散算法

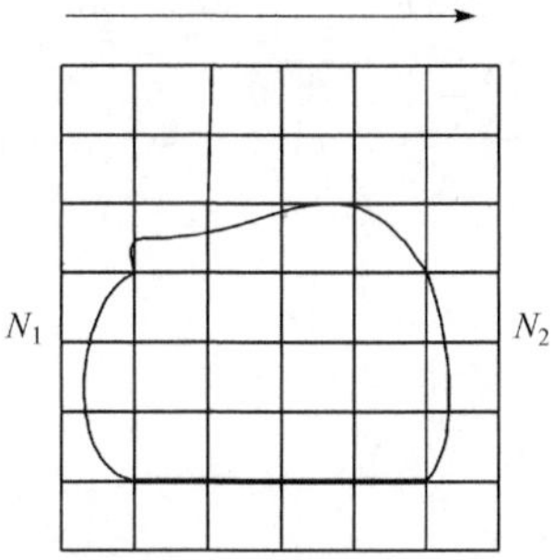

图 5-31 光栅扫描算法

5.5.2 栅格数据转换为矢量数据

栅格数据转换为矢量数据的目的是，用栅格数据生产、更新矢量数据，或将栅格数据分析结果进行矢量输出，或进行数据压缩。栅格数据转换为矢量数据内容包括：多边形边缘提取、骨架化与毛刺点剔除、矢量跟踪、建立拓扑关系等。

栅格转换为矢量数据步骤如下：

(1) 多边形边缘提取。通常采用一阶差分算子或二阶差分算子提取多边形边缘特征。一阶差分算子是求栅格图像的一阶差分极大值对应点位置，二阶差分算子是求栅格图像二阶差分过零点对应位置，进而提取多边形边缘特征。

(2) 骨架化与毛刺点剔除。边缘提取算法获得的边缘，还需要提取边缘中心骨架线。可以采用形态学算子进行减薄运算。由于影像噪声，提取边缘线还会有毛刺或曲线不光滑，需要进行低通滤波或曲线拟合来去毛刺和曲线光滑。

(3) 矢量跟踪。矢量跟踪是搜索组成多边形的弧段及对应关系，并用坐标串形式描述多边形及组成弧段。基于 8 邻域光栅跟踪常使用矢量跟踪算法。

(4) 建立拓扑关系。获取多边形矢量数据后，建立多边形弧段拓扑关系，形成完整拓扑结构。

习题与思考题

1. 空间数据编辑的主要内容是什么？
2. 什么是空间拓扑关系？空间拓扑关系主要有哪些类型？
3. 简述建立多边形拓扑关系的主要步骤。
4. 什么是相似变换、仿射变换？两者的异同点是什么？
5. 简述地图投影的主要类型。
6. 为什么要进行矢量、栅格数据间相互转化？

第 6 章　空间数据查询与分析

空间数据查询与分析是地理信息系统的重要功能之一。其中空间数据查询包括空间位置、空间关系、空间实体属性等查询。空间数据分析是指从空间数据中提取有关空间实体的位置、形态与分布等。空间数据分析的主要内容有叠置分析、缓冲区分析和网络分析等(汤国安等，2007)。

6.1　空间数据查询

6.1.1　空间位置查询

空间位置查询是指利用鼠标进行点、线、面实体检索，获取有关空间位置、空间分布、近邻属性位置信息等。

1. 点查询

如图 6-1 所示，用鼠标点击窗口任意一点，可得到该点实体及有关属性。

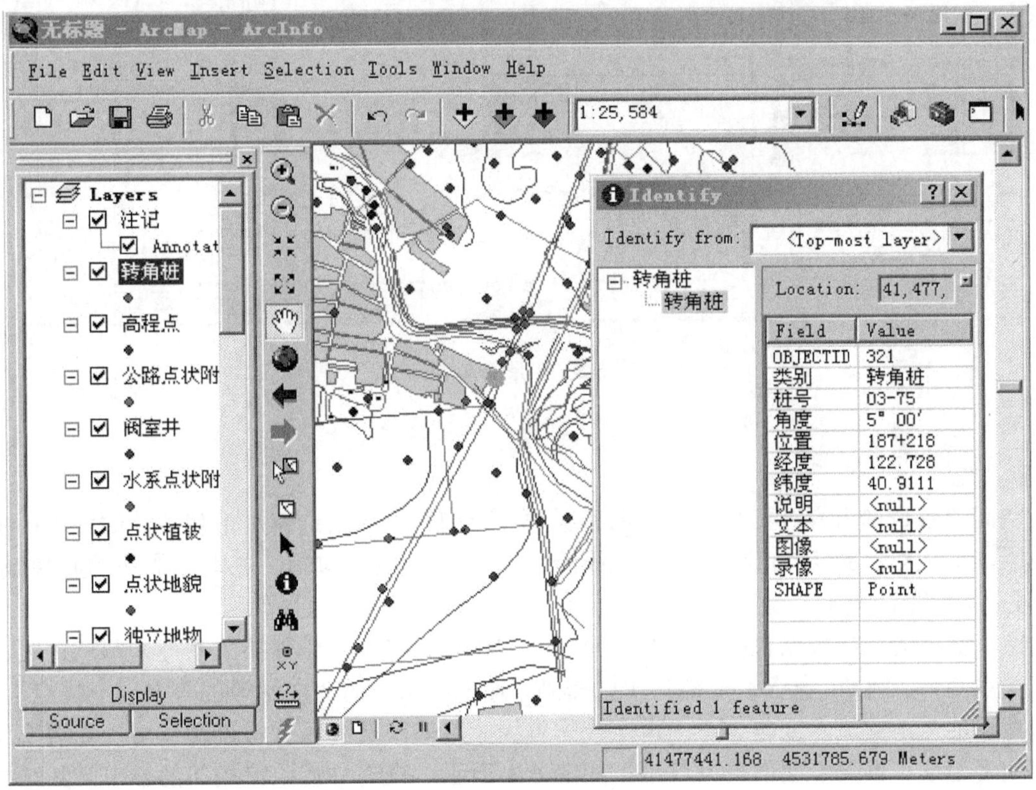

图 6-1　点查询

2. 区域查询

区域查询是指给定一窗口，查询窗口内某一类地物的全部对象，以及与对象有关的属性表。区域查询要考虑查询对象是仅包含在窗口内的对象，还是穿过窗口的对象。查询过程需要建立空间索引，以便检索落入窗口内对象。

区域查询指定的查询窗口可以是矩形窗口，也可以是多边形窗口。图 6-2 是按矩形窗口查询的结果。

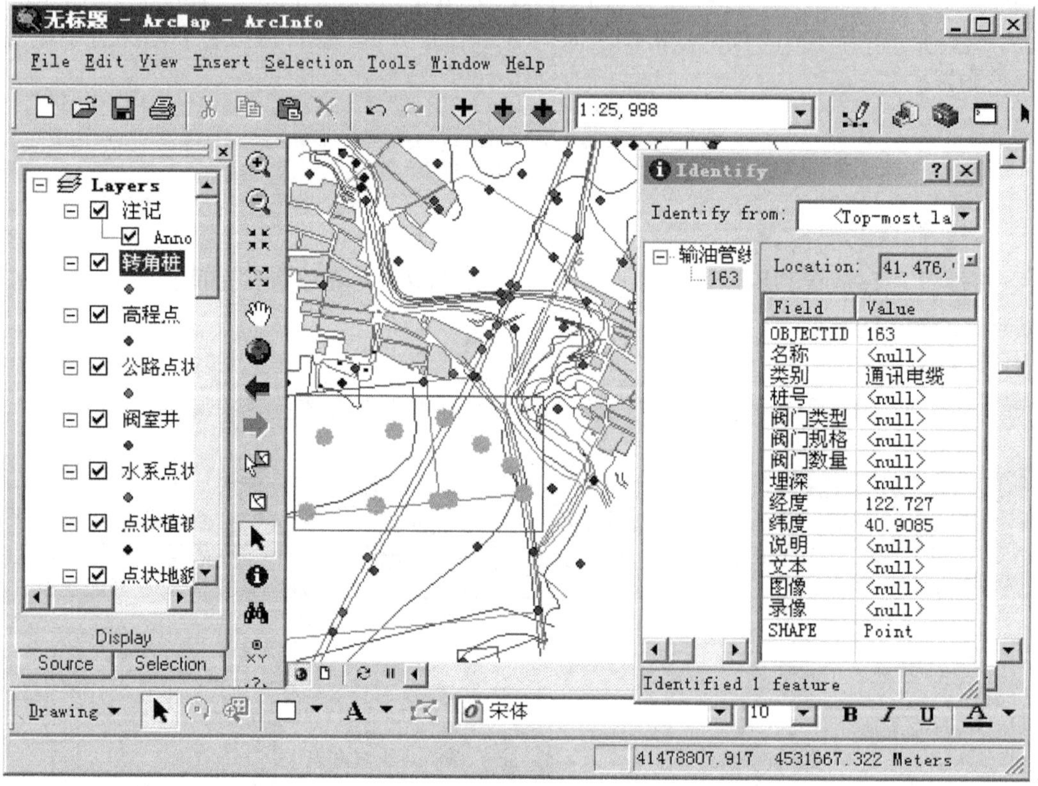

图 6-2　矩形窗口查询

6.1.2　空间关系查询

空间关系查询内容有拓扑关系查询和缓冲区查询等，如查询满足下列条件的城市：①华北地区，人口大于 50 万的城市；②京九线沿线，产值过百亿的城市；③北京周边的旅游城市。

1. 邻接关系查询

空间数据的邻接关系包括点、线、面之间的相互邻接关系。邻接关系查询即点、线、面之间关系查询。例如，某条公交路线上的车站、输电线路上的变电站等的查询属于线点查询；查询黄河的全部支流，或与 301 国道连接的省级公路等，是线线关系查询；与一多边形相邻的其他多边形查询属于面面关系查询。如图 6-3 所示，查询与营口市相邻的城市，其结果为斜线区域。

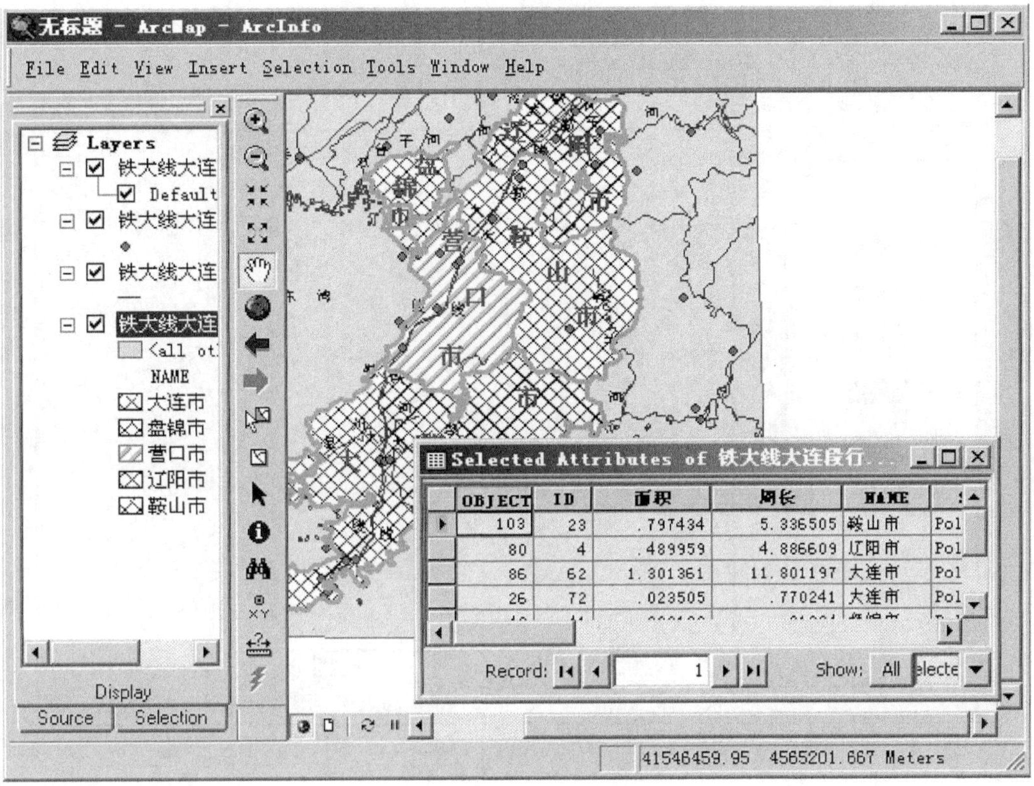

图 6-3　邻接关系查询

2. 包含关系查询

包含关系查询，即查找面状实体内包含的点、线、面实体等。例如，查询一学校在城区的位置，是点面关系查询；查询某城市内大学分布的位置属于面点关系查询；查询城区内某条公交路线走向，属于面线查询。

如图 6-4 所示，查询一输油站内全部建筑物(多边形包围区域)。

3. 缓冲区查询

缓冲区查询是查找点、线、面实体一定范围内，满足给定条件的范围或区域。例如，查询某住宅小区周边 3km 范围内学校；查询城市公交线路两侧 500m 范围商业网点分布等，如图 6-5 所示。

6.1.3　属性查询

属性查询是一种常用的，由属性数据查找属性数据或由属性数据查找与之关联的空间图形的空间数据查询方法。常用属性查询有属性直接查询和基于 SQL 语言查询。

1. 属性直接查询

属性直接查询是直接选择一属性值，查找对应的图形数据或对应的属性数据，如图 6-6 所示。

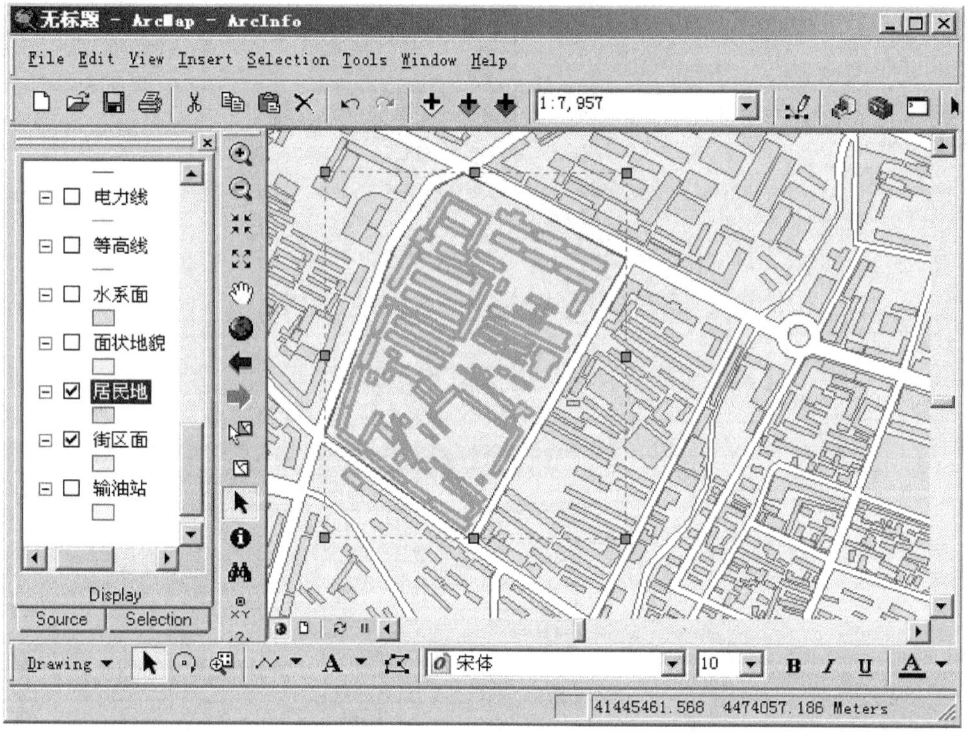

图 6-4　包含关系查询

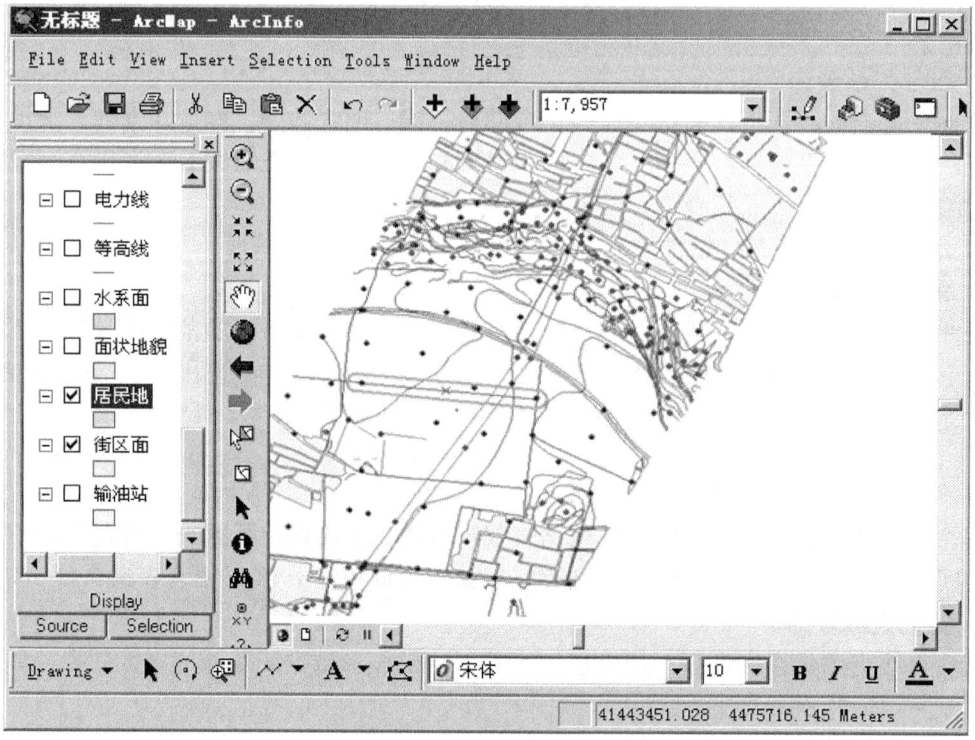

图 6-5　缓冲区查询

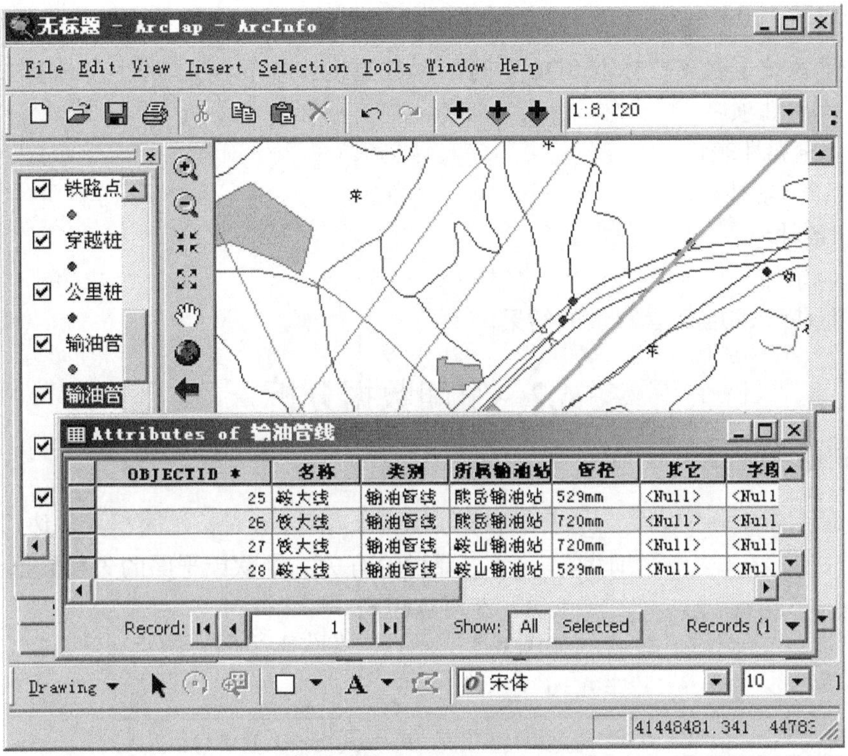

图 6-6　属性直接查询

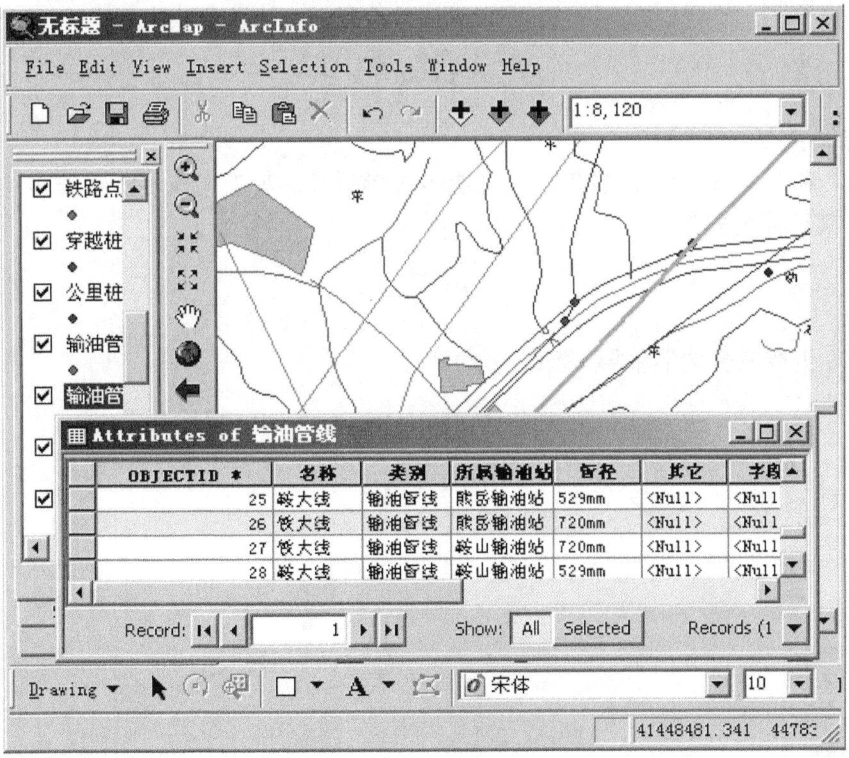

图 6-7　SQL 属性查询

2. 基于 SQL 语言查询

地理信息系统平台支持标准 SQL 语言的属性查询。标准 SQL 属性查询语法为：

Select　<属性项>

From　　<属性表>

Where　　<条件>

or　　<条件>

and　　<条件>

图 6-7 为基于 SQL 语言查询的结果。

6.2　空间数据分析

6.2.1　空间数据计算

地理信息系统中，空间数据计算涉及两点距离，多边形周长、面积，多边形重心等几何计算，本节主要讨论有关二维欧氏平面的矢量数据计算方法。

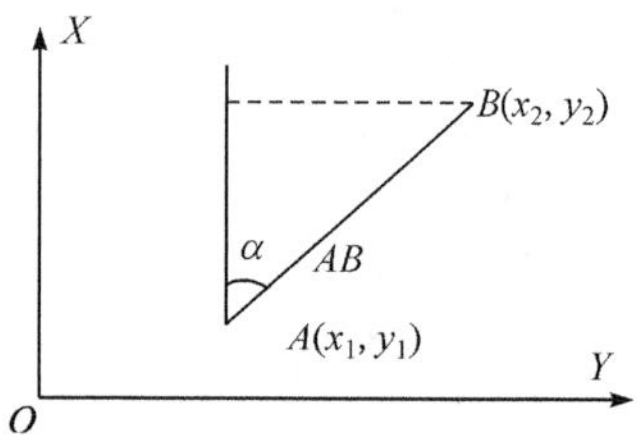

图 6-8　坐标正反算

1. *A*、*B* 两点距离

如图 6-8 所示，二维欧氏平面上两点 $A(x_1, y_1)$、$B(x_2, y_2)$ 间距离为

$$d = \sqrt{(x_2 - x_1)^2 + (y_2 - y_1)^2} \tag{6-1}$$

2. *AB* 直线坐标方位角

AB 直线坐标方位角 α_{AB} 计算公式为

$$\alpha_{AB} = \arctan\frac{y_2 - y_1}{x_2 - x_1} \tag{6-2}$$

3. 长度与周长

如图 6-9 和图 6-10 所示，多折线长度或多边形周长，等于构成多折线或多边形的各线段距离之和。其计算公式为

$$L = \sum_{i=1}^{n} d_i \tag{6-3}$$

式中，d_i 为多折线或多边形中第 i 条线段长度。

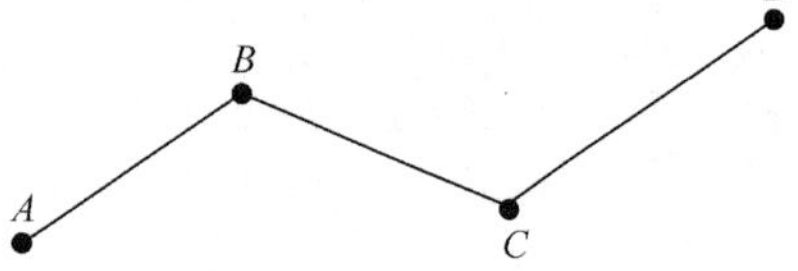

图 6-9　计算多折线长度

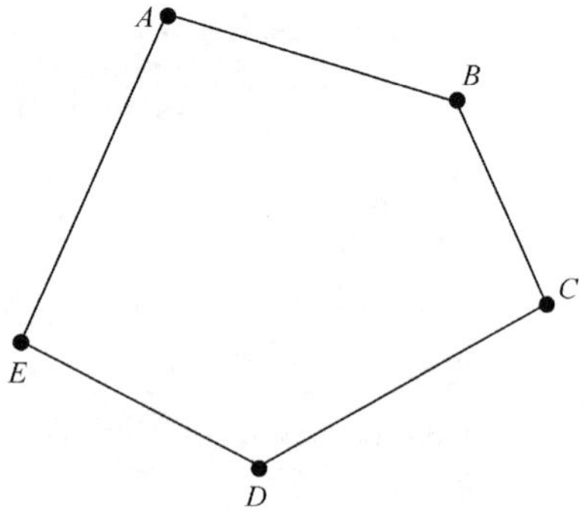

图 6-10　计算多边形长度

4. 点到线段距离

如图 6-11 所示，直线段 l 的两端点坐标为 $A(x_1, y_1)$、$B(x_2, y_2)$，l 外一点 P 的坐标为 (x_p, y_p)，则 l 的直线方程为

$$ax+by+c=0 \tag{6-4}$$

点 P 到直线 l 的距离为

$$D=|ax_p+by_p+c|/\sqrt{a^2+b^2} \tag{6-5}$$

式中，$a=y_B-y_A$；$b=x_B-x_A$；$c=x_By_A-x_Ay_B$。

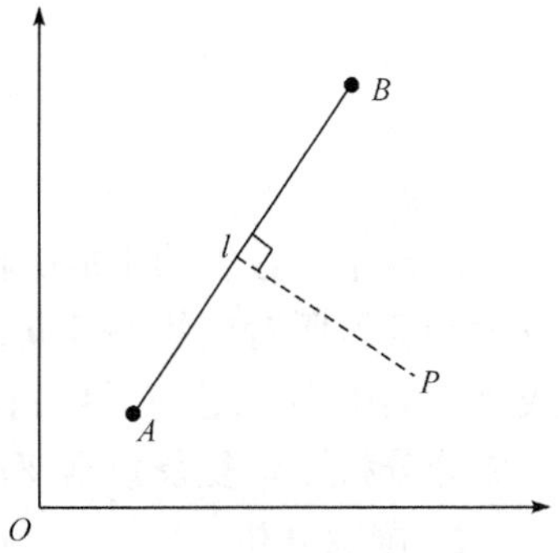

图 6-11　点到直线距离

5. 多边形面积

设多边形 S 是由点 $p_1(x_1, y_1)$，$p_2(x_2, y_2)$，…，$p_n(x_n, y_n)$ 组成，如图 6-12 所示。

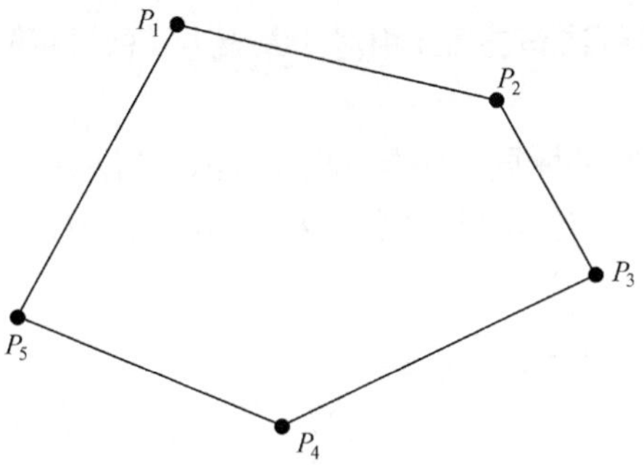

图 6-12　多边形面积与重心计算

则多边形的面积计算公式为

$$S=\frac{1}{2}\left[\sum_{i=1}^{n-2}(x_iy_{i+1}-x_{i+1}y_i)+(x_ny_1-x_1y_n)\right] \tag{6-6}$$

6. 多边形重心

设一多边形由点 $p_1(x_1, y_1)$，$p_2(x_2, y_2)$，…，$p_n(x_n, y_n)$ 组成，则该多边形重心的坐标 (x_G, y_G) 为

$$\left.\begin{aligned}x_G&=\frac{\sum_{i=1}^{n}x_i}{n}\\ y_G&=\frac{\sum_{i=1}^{n}y_i}{n}\end{aligned}\right\} \tag{6-7}$$

6.2.2　空间统计分析

地理信息系统的空间统计分析功能，除了计算多边形的面积、周长、重心，以及区域内某对象分布密度、均值外，有时还要根据空间数据进行综合评价。例如，在商业选址规划过程中，要根据周边人口密度、购买力、到达便捷程度等影响因子进行综合评价。空间数据综合评价方法主要有主成分分析法、层次分析法和聚类分析法。

1. 主成分分析

一般而言，空间数据中许多实体要素或变量是相互关联的，其要素或变量间存在大量冗余信息。主成分分析就是要从这些冗余信息或变量中，选择和建立主要影响变量的数学模型，进行综合评价分析。也就是说，主成分分析是通过数理统计方法，将多要素压缩表达为数个具有代表性的主变量，用这些主要变量进行综合分析的方法。

设有 x_1，x_2，…，x_n 个变量，主成分分析首先对原 n 个变量进行线性组合，得到具有正交特征的主成分或主因子。即对变量 x_1，x_2，…，x_n 进行线性组合，得到 z_1，z_2，…，z_m $(m<n)$。

$$\left.\begin{array}{l} z_1 = a_{11} \cdot x_1 + a_{12} \cdot x_2 + \cdots + a_{1n} \cdot x_n \\ z_2 = a_{21} \cdot x_1 + a_{22} \cdot x_2 + \cdots + a_{2n} \cdot x_n \\ \vdots \qquad \vdots \qquad \vdots \qquad \vdots \\ z_m = a_{m1} \cdot x_1 + a_{m2} \cdot x_2 + \cdots + a_{mn} \cdot x_n \end{array}\right\} \tag{6-8}$$

确定空间数据的主成分问题，是求解 n 维空间向量$(x_1, x_2, \cdots, x_n)$的相关矩阵中 m 个较大特征值所对应的特征向量。z_1，z_2，…，z_m 分别称为原变量的第一，第二，…，第 m 主成分。其中 z_1 在总方差中占的比例最大，其余主成分 z_2，z_3，…，z_m 所占的比例依次递减。主成分分析是将复杂数据变成简单类别空间分析的工具。

2. 层次分析

层次分析法(AHP 法)是一种解决多目标复杂问题、定性与定量相结合的决策分析方法。层次分析法根据问题性质和总目标，将问题分解为不同的组成因素，依据因素间关联关系、隶属度，形成多层次的分析结构模型，使问题归结为最低层(决策方案)相对于最高层(总目标)的相对重要性权值的确定。

如图 6-13 所示，层次结构模型一般分为三层，上层为目标层，中层为准则层，下层为决策(方案)层。专家根据准则层各因子对目标层的重要程度，给准则层因子 A_1，A_2，…，A_5 打分，构造成对比较矩阵：

$$\boldsymbol{A}=(a_{i,j})_{5\times5}=\begin{bmatrix} a_{11} & a_{12} & \cdots & a_{15} \\ a_{21} & a_{22} & \cdots & a_{25} \\ \vdots & \vdots & & \vdots \\ a_{51} & a_{52} & \cdots & a_{55} \end{bmatrix} \tag{6-9}$$

式中，a_{ij} 为第 i 个因子相对于第 j 个因子的比较结果，且有

$$a_{ij}>0，\ a_{ii}=1，\ a_{ji}=\frac{1}{a_{ij}}$$

用 w_i 表示准则层第 i 个因子对目标层因子 O 的影响权值，有

$$\boldsymbol{A} \cdot \boldsymbol{W}=\lambda \cdot \boldsymbol{W} \tag{6-10}$$

式中，$\boldsymbol{W}=\{w_1, w_2, \cdots, w_5\}$。

同理，可以构造图 6-13 中方案层对准则层的 5 个成对比较矩阵 $\boldsymbol{B}_1$，$\boldsymbol{B}_2$，…，$\boldsymbol{B}_5$：

$$\boldsymbol{B}_k=(b_{i,j})_{3\times3}=\begin{bmatrix} b_{11} & b_{12} & b_{13} \\ b_{21} & b_{22} & b_{23} \\ b_{31} & b_{32} & b_{33} \end{bmatrix} \tag{6-11}$$

式中，$k=1，2，\cdots，5$。

方案层第 i 个因子对准则层各因子 A_1，A_2，…，A_5 的影响权值分别为

$$\boldsymbol{W}_k=\{\ w_{k1}, w_{k2}, w_{k3}\ \} \tag{6-12}$$

式中，$k=1，2，\cdots，5$。

如图 6-13 所示，层次分析法步骤：

(1) 建立层次结构模型，包括构造目标层、准则层和方案层。

(2) 构造成对比较矩阵：

$$\boldsymbol{A},\boldsymbol{B}_1,\boldsymbol{B}_2,\cdots,\boldsymbol{B}_5$$

(3) 计算排序权向量(并进行一致性检验)：

成对比较矩阵 $\boldsymbol{A}$ 的排序权向量 $\boldsymbol{W}=\{w_1,w_2,\cdots,w_5\}$

成对比较矩阵 $\boldsymbol{B}_1$，$\boldsymbol{B}_2$，…，$\boldsymbol{B}_5$ 的排序权向量

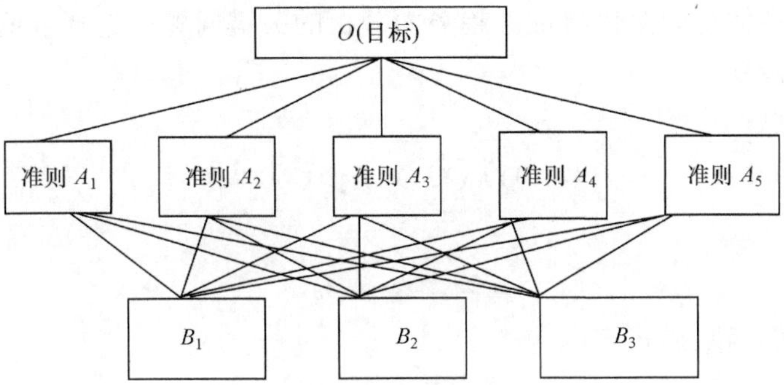

图 6-13 层次分析法

$$\boldsymbol{W}_k=\{\ w_{k1},w_{k2},w_{k3}\ \}$$

式中，$k=1$，2，…，5。

(4) 计算总排序权值(并进行一致性检验)：计算最下层对目标的总排序权值，最后可作出决策。

3. 聚类分析

聚类分析是通过判别空间数据中因子相似性程度，逐步进行合并，形成不同类别。选择相似性程度判别准则时，应该确保分类结果中，不同类间因子差异最大，同一类内部因子差异最小。聚类分析在地学要素分类中应用较广，如土地分等定级、水土流失强度分级等。

设 x_{ij} 为第 i 样本第 j 指标数据，x_{ji} 为第 j 样本第 i 指标数据。第 i 样本与第 j 样本之间的距离为

$$d_{ij}=\left\{\frac{\sum_{k=1}^{m}(x_{ik}-x_{jk})^2}{m}\right\} \tag{6-13}$$

以及矩阵

$$\boldsymbol{D}=(d_{i,j})=\begin{bmatrix} d_{11} & d_{12} & \cdots & d_{1n} \\ d_{21} & d_{22} & \cdots & d_{2n} \\ \vdots & \vdots & & \vdots \\ d_{n1} & d_{n2} & \cdots & d_{nn} \end{bmatrix} \tag{6-14}$$

距离矩阵(6-14)，反映了空间数据中各因子相似性程度。

需要说明的是，式(6-13)相似性准则为欧氏空间距离。根据需要，也可选择绝对值距离、

马氏距离等作为相似性程度准则。

6.2.3　空间数据回归分析

1. 趋势面分析

地理信息系统的空间分析中，经常要研究空间实体的空间分布和空间变化等。这种空间实体的空间特征变化，通常用光滑函数描述。趋势面分析就是根据空间采样数据，拟合一曲面函数，描述地理实体空间变化特征。趋势面分析的关键问题是选择合适的拟合曲面函数，其次是曲面拟合的精度。

设有 n 个观测点：

$$(x_1, y_1), (x_2, y_2), \cdots (x_n, y_n)$$

对应观测值为

$$z_1, z_2, \cdots, z_n$$

空间分布 Z 的趋势面函数显式表达为

$$\hat{Z} = \sum_{\substack{i,j=0 \\ i+j\leqslant m}}^{m} a_{ij} \cdot X^i Y^j \tag{6-15}$$

这里趋势面函数是 m 次多项式。

在满足最小二乘条件下，趋势面函数的最优解为

$$Q = (Z_k - \hat{Z})^2 = \min \tag{6-16}$$

可得拟合参数 $a_{i,j}(0 \leqslant i, j \leqslant m, i + j \leqslant m)$。

2. 多元线性回归分析

回归分析是在大量观测数据基础上，利用数理统计方法建立因变量与自变量之间关系的函数表达式。若研究的因果关系仅涉及因变量和一个自变量时，称为一元回归分析；若因果关系涉及因变量和两个或两个以上自变量时，称为多元回归分析。同时，回归分析依据描述自变量与因变量之间因果关系的函数表达式，可分为线性回归分析和非线性回归分析。线性回归分析法是最基本的分析方法，非线性回归问题可以借助数学手段化为线性回归问题处理。

设有自变量 x_1，x_2，$\cdots$，x_m 与因变量 y 之间的多元线性回归函数：

$$y = a_0 + a_1 \cdot x_1 + a_2 \cdot x_2 + \cdots + a_m \cdot x_m \tag{6-17}$$

对于 N 次观测值

$$y_i, x_{i,1}, x_{i,2}, \cdots, x_{i,m}$$

有多元线性回归方程

$$\begin{bmatrix} y_1 \\ y_2 \\ \vdots \\ y_n \end{bmatrix} = \begin{bmatrix} 1 & x_{11} & x_{12} \cdots x_{1m} \\ 1 & x_{21} & x_{22} \cdots x_{2m} \\ \vdots & \vdots & \vdots \quad\ \vdots \\ 1 & x_{n1} & x_{n2} \cdots x_{nm} \end{bmatrix} \cdot \begin{bmatrix} a_0 \\ a_1 \\ \vdots \\ a_m \end{bmatrix} + \begin{bmatrix} \varepsilon_1 \\ \varepsilon_2 \\ \vdots \\ \varepsilon_n \end{bmatrix} \tag{6-18}$$

可写为

$$\boldsymbol{Y} = \boldsymbol{X} \cdot \boldsymbol{A} + \boldsymbol{V} \tag{6-19}$$

式中，$\boldsymbol{V} = (\varepsilon_1,\ \varepsilon_2, \ldots,\ \varepsilon_m)^{\mathrm{T}}$ 为随机观测噪声。

在满足最小二乘条件下

$$\boldsymbol{V}^{\mathrm{T}}\boldsymbol{V} = \min$$

求回归系数最优值

$$\hat{A} = (\boldsymbol{X}^{\mathrm{T}}\boldsymbol{X})^{-1}(\boldsymbol{X}^{\mathrm{T}}\boldsymbol{Y}) \tag{6-20}$$

最后还要对回归方程进行方差分析和相关性分析。

6.3　空间叠加分析

地理信息系统的叠加分析是将有关的不同图层数据，叠加产生一新图层数据的空间数据处理方法。在新图层数据中，综合了原有图层要素所具有的属性。地理信息系统的叠加分析可以分为矢量图层叠加分析和栅格图层叠加分析。

6.3.1　矢量图层叠加分析

矢量图层叠加分析涉及点与多边形的叠加、线与多边形的叠加和多边形与多边形的叠加。

1. 点与多边形的叠加

点与多边形叠加，是将点图层叠加到有关多边形图层上，根据多边形对点的包含关系，确定出每一多边形落入的点要素数目。为了通过属性查询点与多边形叠加信息，在进行点与多边形叠加过程时，要建立新的属性表，该属性表中除了保持原有属性外，还应有落入多边形内点要素标识，如图 6-14 所示。

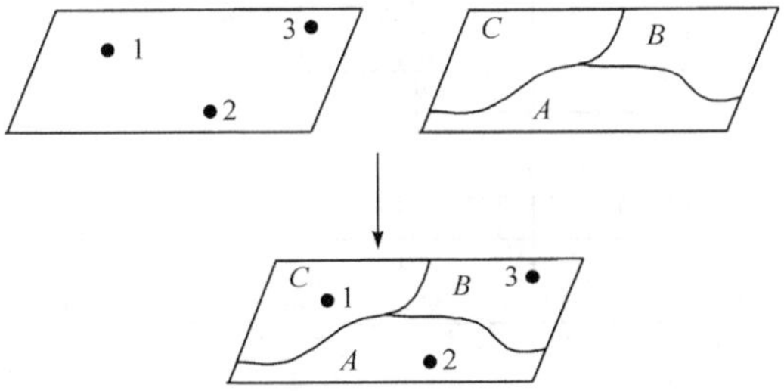

点	V_1	V_2	V_3	多边形	V_4
2				*A*	
3				*B*	
1				*C*	

图 6-14　点与多边形叠加

2. 线与多边形的叠加

线与多边形的叠加是将线图层叠加到多边形图层上，确定线要素落入的多边形。通常线要素要穿越多个多边形，叠加过程线要素被其穿过的多边形分裂成新弧段，线与多边形交点作为新结点，将原线要素分裂成两条弧段，并将原线要素和多边形属性信息一起赋给新弧段。同时产生一新属性数据表，记录原线要素和多边形的属性信息，如图 6-15 所示。

线与多边形的叠加如线状图层为道路网，叠加的结果可以得到每个多边形内的道路网密度、交通流量、进出多边形的交通量、相邻多边形之间的交通量等。

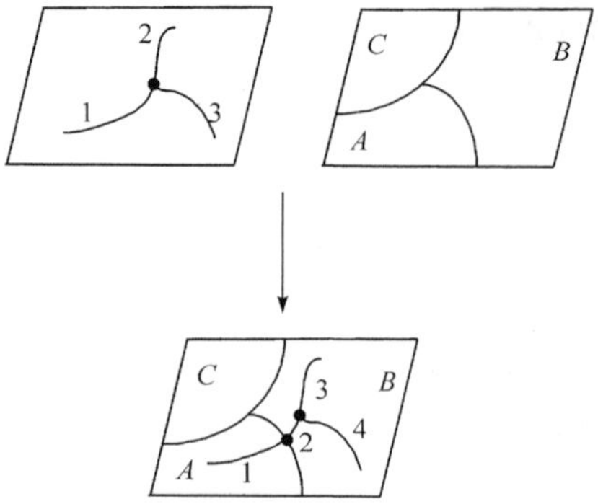

新线	多边形	旧线
1	*A*	1
2	*B*	1
3	*B*	2
4	*B*	3

图 6-15　线与多边形叠加

3. 多边形与多边形的叠加

多边形叠加是将同一地区两层或两层以上多边形图层数据进行叠加，叠加结果产生一新的图层，并建立不同图层多边形间属性关联关系。多边形叠加需要进行几何求交和属性分配处理。

几何求交是先求出全部多边形边线交点，根据交点进行多边形拓扑运算，对新生成的拓扑多边形，赋予新多边形唯一标识码，生成与新多边形对应的属性表。属性分配处理是将输入图层对象属性复制到新建对象属性表中，或根据输入图层的对象标识，直接关联到输入图层的属性表。

多边形叠加完成后，根据新图层的属性表可以查询原图层的属性信息，在新图层也可以进行各种空间分析和查询操作。

例如，图 6-16 为行政区图层与土地利用现状图叠加，生成一新图层与新属性表。

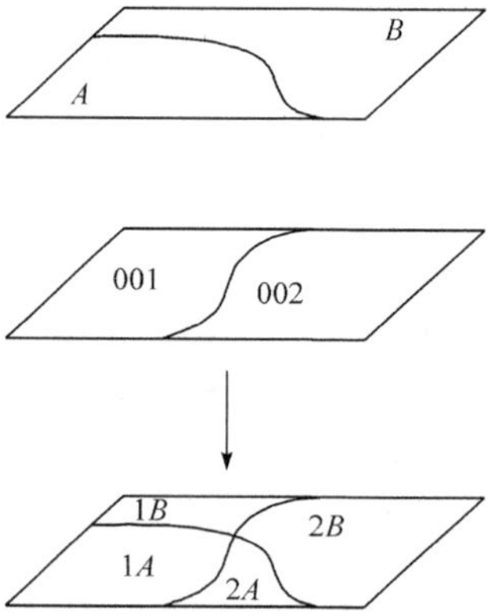

ID	行政区
1	*A*
2	*B*

ID	地块
1	001
2	002

ID	行政区	地块
1	*A*	001
2	*A*	002
3	*B*	001
4	*B*	002

图 6-16　多边形与多边形叠加

6.3.2　栅格图层叠加分析

栅格数据具有空间信息隐含属性信息的特点，通过数学运算建立不同栅格图层之间联系，是 GIS 重要功能之一。可以方便地进行同地区、多图层空间信息的自动叠加分析，是栅格数据突出优点。因此，栅格数据常被用来进行区域适应性评价、资源开发利用、区域规划等多因素分析研究工作。栅格数据的叠加分析，需要利用如布尔逻辑运算、代数运算等数学工具，将不同图层数据进行叠加、综合与分析，以便发现和揭示某些空间现象或空间过程的特点与规律。

1. 布尔逻辑运算叠加

栅格数据通常可以按属性数据的布尔逻辑关系进行查询。也就是说，可以在多图层叠加过程中，通过查询满足一定逻辑运算条件的属性数据来生成一新的图层。常用布尔逻辑运算方法有逻辑与(and)、逻辑或(or)、逻辑非(not)、逻辑异或(xor)等。

图 6-17 分别给出输入图层与叠加图层之间的逻辑与、逻辑或、逻辑异或运算结果。

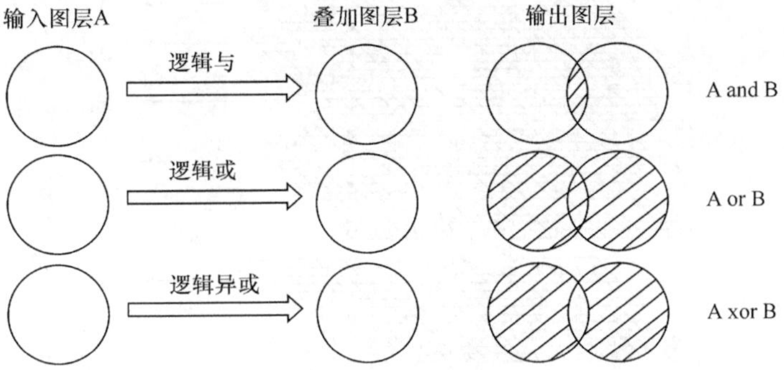

图 6-17　布尔逻辑运算

2. 代数运算叠加

是指将不同栅格图层数据，逐栅格进行数学运算，得到新栅格图层数据的方法。

1) *算术运算*

算术运算是对不同图层对应栅格数据进行加、减等运算，得到一新的栅格图层数据的方法。算术运算叠加具有较大的应用范围，如图 6-18 所示。

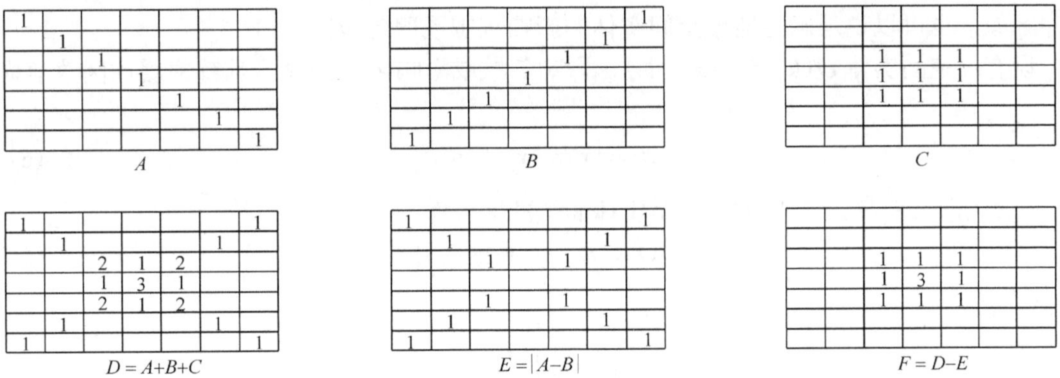

图 6-18　栅格图层算术叠加

2) *函数运算叠加*

地理信息系统中进行多因素影响分析时，要利用多种要素图层数据。例如，x_1，x_2，x_3，…，

x_n 为不同图层要素，由多因素影响模型

$$E = f(x_1, x_2, x_3, \cdots, x_n) \tag{6-21}$$

得到一新的图层 E。对多图层进行逐栅格运算，可得新图层上每一栅格数据

$$\boldsymbol{E} = (e_{i,j})_{m\times n} = \begin{bmatrix} e_{11} & e_{12} & \cdots & e_{1n} \\ e_{21} & e_{22} & \cdots & e_{2n} \\ \vdots & \vdots & & \vdots \\ e_{m1} & e_{m2} & \cdots & e_{mn} \end{bmatrix} \tag{6-22}$$

这种复合叠加分析方法被广泛应用到地学综合分析、环境质量评价，如图 6-19 所示。

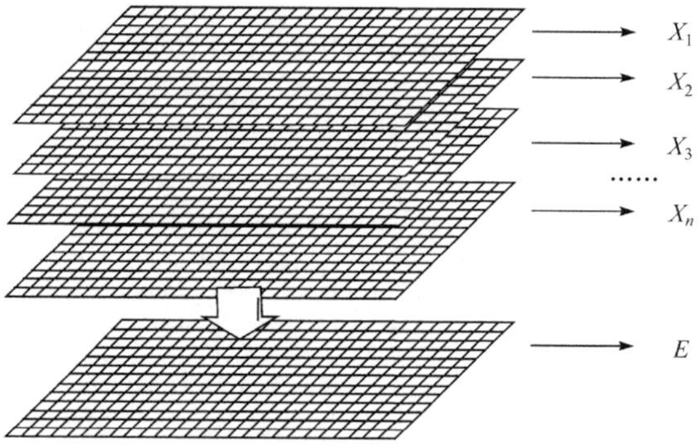

图 6-19　栅格图层函数叠加

6.4　缓冲区分析

6.4.1　矢量数据缓冲区分析

1. 缓冲区分析定义

缓冲区分析是按照一定条件，建立地理空间点、线、面实体及其周围一定影响范围内的缓冲区域，也可以说是确定地理空间实体的影响范围或服务范围。

设有一空间实体 O(如点、线、面)，影响邻域或影响半径为 R，则 O 的缓冲区数学描述为

$$B_i = \{x : d(x, O_i) \leqslant R\} \tag{6-23}$$

式中，d 为欧氏距离。若求空间 n 个实体的缓冲区，即

$$O = \{O_i : i = 1, 2, \cdots, n\} \tag{6-24}$$

则总缓冲区为

$$B = \bigcup_{i=1}^{n} B_i \tag{6-25}$$

(1) 点缓冲区。选择一组点状实体、一类点状实体或一层点状实体，按式(6-23)指定缓冲半径，给出有关缓冲区范围，如图 6-20 所示。

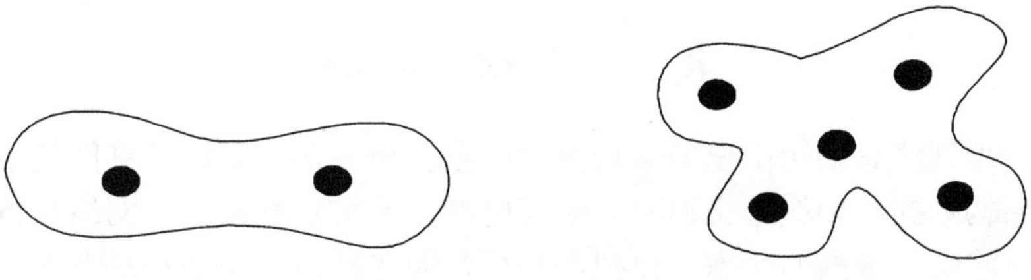

图 6-20　点缓冲区

(2) 线缓冲区。线缓冲区是选一组线状实体、一类线状实体或一层线状实体，按给定的缓冲条件和半径，建立缓冲区，如图 6-21 所示。

图 6-21　线缓冲区

(3) 面缓冲区。面缓冲区是选一组面状实体、一类面状实体或一层面状实体，按给定的缓冲条件和缓冲范围建立缓冲区。面缓冲区分为内缓冲区和外缓冲区。内缓冲区是在面状实体内部形成缓冲区；外缓冲区是在面状实体外部形成一缓冲区。图 6-22 为建立外缓冲区示例。

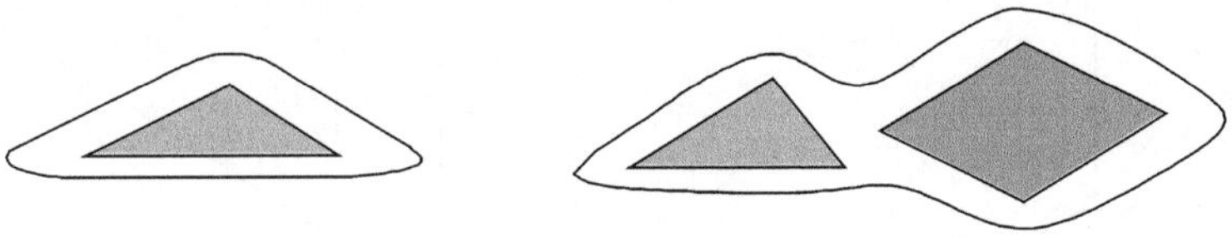

图 6-22　多边形缓冲区

2. 缓冲区建立

点状实体缓冲区较为简单。建立线状实体和面状实体缓冲区，是以线状实体、面状实体边线为参考线作其平行线，然后对端点圆弧化处理。

缓冲区建立过程，往往会出现缓冲区之间重叠或缓冲区多边形相交。要消除缓冲区彼此相交问题，可以在作平行线过程中，自动切断彼此相交弧段；也可以通过对重叠的缓冲区多边形合并，消除缓冲区内的相交弧段。

6.4.2　栅格数据缓冲区分析

基于栅格数据的缓冲区分析，也称为栅格数据外推或扩散分析。外推或扩散分析实际上是模拟地理实体对其邻近对象的影响和作用程度。一般而言，离地理实体越远的对象，受到其作用和影响力越弱。例如，研究城市热岛效应的影响范围时，其周边建筑物、植被对热效应有一定吸收和阻碍作用，离热源越远的对象，受到热岛效应的影响越弱。

与矢量数据缓冲区分析比较，栅格数据缓冲区建立与分析方法简单。例如，可利用 Voronoi 图方法，进行栅格图层缓冲区的建立和分析。

6.5　网 络 分 析

网络分析是地理信息系统中空间数据分析的重要组成部分。地理空间的点、线实体大多可以构成网状结构数据，如城市交通网、输变电网、给排水管网等。网络分析是基于图论和运筹学，研究网状结构数据的状态，模拟和分析资源在网络上流动和分布等特点。

6.5.1　网络分析基础

地理信息系统中网络分析的基础是图论。图论中的“图”并不是通常意义上的几何图形，而是以一种抽象方式来表达确定事物之间联系的数学体系。

1. 图的定义

把一有序二元组(V, E)定义为一个图，记为

$$G=(V,E) \tag{6-26}$$

其中，V为图的顶点集，V中元素称为节点，且$V\neq\varnothing$；E为图的边集，E中元素称为边，它连接V中的两个点，如果这两个点是无序的，则称该边为无向边，否则称为有向边。如果E的每一条边都是无向边，则称G为无向图，如图6-23所示。图6-24为有向图，因为G中E的每一条边都是有向边。

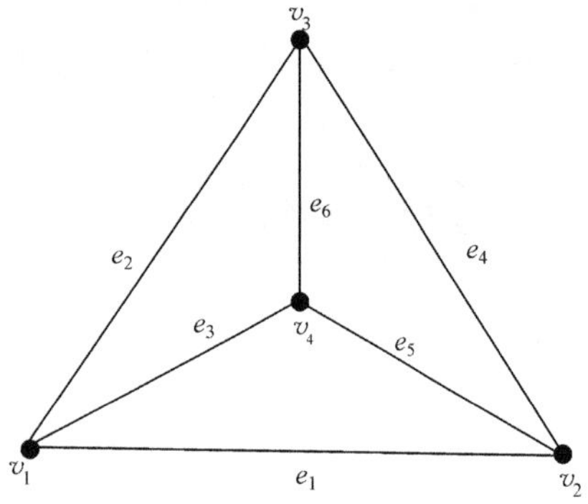

图6-23　无向图

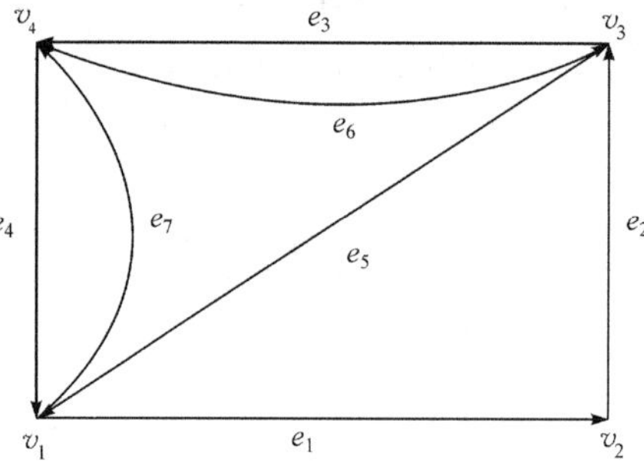

图6-24　有向图

任何有向图或无向图$G=(V, E)$都可以表达为

$$V=(v_1,v_2,\cdots,v_n) \tag{6-27}$$

$$E=(e_1,e_2,\cdots,e_m) \tag{6-28}$$

2. 赋权图

若将图G的每一条边e都赋一个权值w，则称图G为赋权图(网络)，记为$G=(V, E, W)$。

3. 连通图与树

任意两点均有通路的图称为连通图，连通而不构成回路的图称为树。

6.5.2　网络分析方法

网络分析主要有最佳路径选择、资源分配和连通分析等。最佳路径是指从始点到终点的距离最短路径或时间最短路径或花费最少的路径；资源分配问题是在网络中寻找最优中心节点；连通分析是指从网络一节点开始，能够达到的全部节点或边的最优路径规划。

1. 路径分析

路径分析的关键是最优路径规划，经过网络分析选择出最优路径。从图论角度来看，最优路径求解即为在指定网络的两节点之间找到一条阻碍强度最小的路径。这里阻碍强度最小，可以是所用时间最短路径，也可以是所用费用最少路径。

路径分析的另一任务是最佳遍历求解。路线最佳遍历求解是给定一节点和一个边线集合，求出由指定节点出发、且至少经过每条边一次、回到起始节点的最佳路径。例如，巡警用最少时间、巡查一遍其负责的全部街区的路线规划问题。

2. 资源分配

资源分配问题是在网络中寻找最优中心节点问题。资源分配路径可以是由中心节点向四周资源输出的路径，也可以是资源由四周向中心节点集中的最佳路径。在最优中心节点规划过程中，实现资源有效流动和合理分配。也就是说，资源分配也是最优路径规划问题。最优中心节点确定可以基于等时区、等距离区、等费用距离区等。

资源分配在城镇中心、商业中心等吸引范围分析中应用较广。

3. 连通分析

连通分析是指从网络中一节点或一边出发，能够达到的全部节点或边的最优规划问题。例如，洪峰到达之前，指挥部需要知道，可以将全部灾民合理疏散到安全地点所涉及的全部路线。

连通分析另一问题是最小连通方案问题。例如，交通规划中，如何布置公交路线可将商业中心与若干居民小区连接，并使得出行时间最少。

6.5.3　最短路径分析

最短路径分析中，最短路径可以是距离最短，也可以是时间、费用、流量等最优。无论是计算最短路径还是最佳路径，算法都是一致的，不同之处在于图中每条弧线的权值设置。Dijkstra 算法是公认的最短路径分析经典算法。该算法的描述如下：

设一有向网络，$V=(v_i\,|\,i=1,2,\cdots,n)$ 是节点集，$D(i,j)$ 是节点 v_i 与 v_j 的连接权(两点间距离)，且

$D(i,j)=\infty$，当 v_i 与 v_j 间非连通。

$D(i)$ 表示从起节点 v_0 到末节点 v_i 的最短路径。S 为从起节点 v_0 到末节点 v_i 的最短路径中所含节点集。

(1) 对起始点作标记：

$$Y=v_0,\quad D(i)=\infty(i=1,2,\cdots,n)$$

(2) 对所有与 Y 节点相连、尚未标记的节点 v_j 求解：

$$k=\underset{j}{\operatorname{argmin}}\{D(i,j)\,|\,v_j\in V-S\}$$

$$D(k) \Leftarrow D(i) + D(i,k)$$

$$S \Leftarrow S \cup \{v_k\}$$

(3)若尚未标记的节点 $v_j \in V - S$ 为空，结束；否则 $Y = v_k$，转到步骤(2)。

例如，图 6-25 是一加权有向图，Dijkstra 最短距离计算步骤及结果见表 6-1。

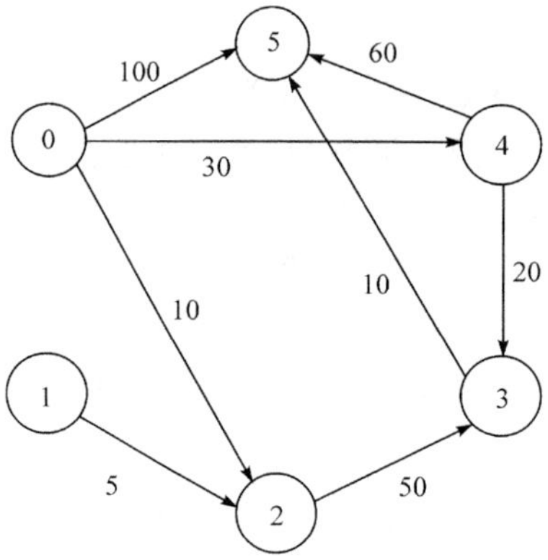

图 6-25　加权有向图

表 6-1　Dijkstra 计算与结果

终点	从 v_0 到其他各个节点的最短路径				
V_1	∞	∞	∞	∞	∞ 无
V_2	10 (V_0，V_2)	—	—	—	—
V_3	∞	60 (V_0，V_2，V_3)	50 (V_0，V_4，V_3)	—	—
V_4	30 (V_0，V_4)	30 (V_0，V_4)	—	—	—
V_5	100 (V_0，V_5)	100 (V_0，V_5)	90 (V_0，V_4，V_5)	60 (V_0，V_4，V_3，V_5)	—
V_j	V_2	V_4	V_3	V_5	—

习题与思考题

1. 空间数据查询的主要内容是什么？
2. 什么是主成分分析？其主要特点有哪些？
3. 举例说明趋势面分析的主要应用。
4. 什么是空间叠加分析？如何进行空间叠加分析？
5. 举例说明缓冲区分析的主要应用。
6. 举例说明最短路径分析的主要应用。

第 7 章　空间数据可视化

空间数据可视化把地理空间数据转换为人眼视觉能感知的、计算机又便于表达的图形图像，并可以基于这些图形图像进行空间分析和查询。早期的 GIS 技术发展受制于计算机软硬件和计算机图形学的发展，空间数据的可视化大多以二维图形图像表达，并且表达方式多以颜色、简单图案为主，难以达到逼真的效果。目前空间数据可视化研究已从二维发展为三维数据的可视化。

7.1　概　　述

空间数据可视化又称作地理可视化(geovisualization)，是以原有地图生产和显示为基础，在各种比例尺下生产和使用的一种视觉表达方式，方便获取和理解自然环境及知识结构。空间数据可视化将科学计算可视化(visualization in scientific computing, VISC)，地图、影像分析、信息可视化等方面的可视化与 GIS 结合，目的是从视觉上研究利用、分析、合成及表达地理空间数据的理论、方法和工具(Longley et al.，2007)。地图描述和记载空间环境、空间现象及人类活动，将空间信息转换成可视的图形或图像，依靠视觉传输空间数据和信息，是一种主要的空间数据表达方式。伴随 GIS 和信息科学的不断发展，空间数据可视化已从传统的地图表达转变为信息可视化表达。其中可视化表达方式从传统的普通地图、电子地图到三维可视化表达方式，可视化被赋予了新的含义。

1987 年由 B.H.McCormick 等为美国国家科学基金会所写的一份报告中首次提出了科学计算可视化这一术语。在这份报告中，可视化被定义为“一种计算方法，它将符号或数据转化为直观的几何图形，便于研究人员观察其模拟和计算过程”。1991 年，国际地图学协会主席 Taylor 指出，可视化是现代地图学的核心(李建松，2006)。他以认知、传输和形式化为边组成一个三角形，可视化占据三角形的中心位置，即认知、传输与形式化的交汇处，如图 7-1 所示。

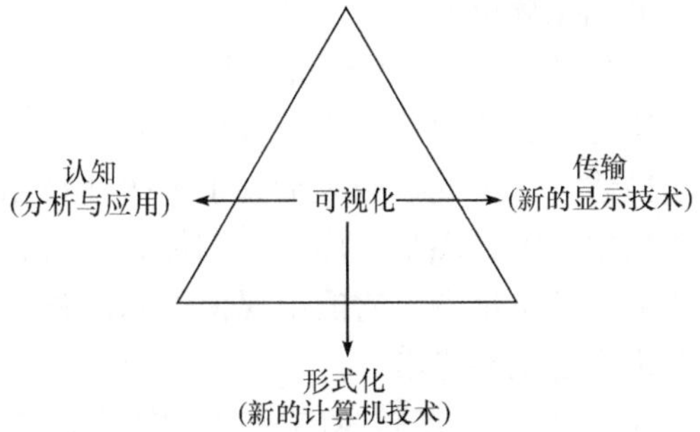

图 7-1　Taylor 关于现代地图学中可视化描述

1995 年，国际地图学协会(International Cartographic Association，ICA)成立了一个可视化委员会(Commission on Visualization)，1996 年该委员会与美国计算机协会图形学专业组(ACM SIG GRAPH)进行了跨学科的合作，探索计算机图形学的技术与方法如何更加有效地应用在地图学与空间数据分析方面，促进了科学计算可视化与地图可视化的连接与交流。对地图学来说，可视化技术已远远超出了传统的符号化表示法的水平，进入动态、时空变化、多维可交互的地图条件下探索视觉效果和提高视觉功能的阶段。

随着 GIS 应用领域的不断扩大，普及程度不断提高，人们对 GIS 的操作界面和结果的可理解性提出了越来越高的要求，可视化技术是达到这一要求的有效手段。因此，可视化技术在 GIS 中的应用，一直是 GIS 开发人员和技术专家们所关心的问题。

GIS 可视化的应用主要包括以下几个方面：

(1) 可视化的人机交互界面。利用可视化技术实现计算机图形窗口的管理、窗口的放大缩小等的设计和实现，增强 GIS 系统界面的友好性、交互性、形象化，以便非专业人员使用，从而建立系统与用户之间的友好界面。

(2) 地理信息的直观表示。地理信息的可视表达是 GIS 的最基本功能。基于可视化技术通过直观、易于理解的图形、图像、音频、视频等表达空间数据的空间特征和属性特征，如类别、等级、数量、名称等。

(3) 地理信息的可视化查询。在 GIS 中，利用可视化技术可以为用户提供具有选择、过滤、搜索等功能的可视化界面和向导，使用户能够通过可视化查询语言，方便、灵活、实时、高效地从空间数据库中查询所需要的信息。

(4) 空间分析的可视化描述。空间分析是 GIS 的核心功能之一，是区别于计算机地图制图系统的显著特征之一。利用可视化技术，可将时空数据的分析过程和分析结果直观、形象地传递给用户，增强分析过程和结果的可理解性，为空间决策提供依据。

(5) 动态地图。动态化的电子地图称为动态地图，又称作“动画地图”。动态地图是数字化技术为地图学带来的新发展和研究领域。以数字地图(地理空间数据)为支撑的电子地图用一组地图反映不同时刻、某一主题现象的变化和发展的规律，因而，“动态地显示”就成为可视化的重要特征。动态可视化比静态画面更生动，可供读者反复观察、思考，并有可能发现一些内在的规律。在 GIS 中引入时间维，通过对时间维的描述，借助可视化方法可直观地表达空间信息的动态变化，制作随时间变化的动态地图，用于涉及时空变化的现象或概念的可视化分析。

(6) 制作多媒体地图。人类对信息的获取不但来自于视觉，还来自于听觉、触觉等。地理信息的表达也具有多种媒体形式，如地图图形、统计图表、图像、音频、视频、动画、文本描述等。因此，必须借助于多媒体技术才能完整、合理地表达和传输空间信息。多媒体地图是集文本、图形、图表、图像、声音、动画和视频于一体，综合、真实地表现空间实体与现象的新型地图。它的出现使得 GIS 的表现形式更丰富、更灵活，也将对传统的地图学传输理论产生重要影响。

(7) 虚拟现实技术的应用。虚拟现实(VR)是一种高级人机交互系统，即构成一个以视觉感受为主，也包括听觉、触觉、嗅觉的可感知环境。演练者通过专门的设备可在这个环境中实现观察、触摸、操作、检测等试验，有身临其境之感。虚拟现实技术是可视化最有效的应用，促进了可视化技术的发展。借助虚拟现实技术，可将地图上的地理要素转化为具有三维交互特征的地表形态景观、城市建筑三维景观等，便于人们观察和分析，提高认知效果，使 GIS 更加完美。目前，虚拟现实在 GIS 中的应用尚处于发展之中。

7.2 地图可视化表达

空间数据可视化表达方式很多，但地图作为描述和记载空间环境、现象及人类活动的一种载体，将空间信息转换成可视的图形或图像，依靠视觉传输空间信息，是最直观、最重要的一种空间数据可视化表达方式。在 GIS 应用早期，受限于计算机软硬件技术和图形图像技术，GIS 应用一般都采用纸质地图。伴随应用需求和技术的发展，出现了电子地图、多媒体地图、互联网地图等。这些可视化表达方式的发展逐步改变了人们的生活观念和习惯。

7.2.1　纸质地图

纸质地图是指以纸张等为介质的地图。纸质地图具有不变比例尺，在一定时期内地物内容不能变化，大大限制了其实用性，但相对于电子地图，纸质地图具有使用方便、便于携带、浏览迅速等优点。这点可以从近年的现代化战争中得到验证。“海湾战争”中，美国国家测绘部门 8000 多名工作人员取消了节假日，每天加班加点，赶制各类军用地图 3500 万张，重达 1000 余吨。在“北约”空袭“南联盟”的战争中，仅英国就向部队提供了 600 多万幅地图①。通过上述数字可以看出，纸质地图在现代战场仍大有用武之地。因此，纸质地图在一定时期内仍然是某些特殊场景下的主要可视化表达方式。

纸质地图继承了测绘产品的传统优点，而且在当前的数字化测绘中，特别是地理空间数据库的建立，为快速制作各种类型、各种主题、特定区域的地图提供了数据保障。地理信息系统为快速制作纸质地图提供了技术保障。因此，纸质地图不仅不会被取代，反而会以更灵活、多样的方式服务于各行各业。

7.2.2　电子地图

随着计算机技术和空间信息技术的不断发展，存储在磁盘上的地图，即电子地图得到快速发展。电子地图和全球导航定位系统结合使用，在航空航天、汽车导航、军事应用等领域都得到了广泛应用。电子地图以地图数据库为基础，以数字形式存储在计算机外存设备上，并能实时按需要显示所需内容。计算机技术的发展推动电子地图从静态表达空间数据转变为具有人工交互和语音、视频等的动态多媒体电子地图；网络技术的发展，又使得桌面的多媒体地图可以在 Internet 或者 Intranet 上运行，为用户提供更多的便捷性。

20 世纪 80 年代就提出了电子地图的概念，并在 1987 年的第 13 届国际地图学会议和国家地图委员会上，正式提出了发展电子地图的协议和框架。1989 年在国际地图学会议和国家地图委员会上，荷兰的委员演示了第一张软盘存储的荷兰电子地图，引起轰动。20 世纪中后期，计算机技术的发展，促使大容量电子地图和动态多媒体电子地图产生。1998 年美国微软公司制作出的《虚拟地球》成为当今国际多媒体电子地图的代表作之一。Google 也推出了“Google Map”“Google Earth”等一系列多媒体技术支持下的电子地图。目前，在国际上，美国、瑞典、加拿大、德国、荷兰等国家都相继推出电子地图，成为大众化的新信息产品。

我国电子地图的研制基本同步于国际水平，1990 年制作了第一个软盘形式的电子地图《京津塘及邻区生态环境电子地图》，其中包括 36 幅电子地图，由测绘出版社出版。1996 年高等教育出版社出版了《中华人民共和国国家经济地图》电子版，这是中国第一张光盘电子地图。1997 年为迎接香港回归，制作了《香港电子地图》。到目前为止，国内各大测绘单位均具有生产电子地图能力，而且随着国内关于导航电子地图标准的制定，已经确定 9 家具有生产资质的单位，所生产导航电子地图具有更新较快、数据准确等特点。

① 环球时报第十版.2003-6-25.http：//www.people.com.cn/GB/paper68/95301880965.html.

与纸质地图相比，电子地图具有以下特点：

(1)信息量丰富、时势性较好。电子地图融合声音、视频、图片等信息用于表达空间对象，丰富了信息量，也形成人体多感官认知能力。同时，因为电子地图更新较方便，所以具有较好现势性。

(2)应用方便。方便用户的检索查询，提供人机交互的开窗放大、漫游等功能，方便了用户的使用。电子地图还提供了一定的地图综合功能，随地图比例尺的变化，屏幕显示地物的多少也不断变化。

(3)动态性。与纸质地图相比，电子地图具有动态表达特性，如与 GPS 结合应用，可以提供闪烁、动画等功能，实现电子地图内容的动态变化。

(4)多维性。电子地图能显示三维地图，突破了纸质地图中的二维静态表达方式。

(5)支持强大的查询和分析能力。用户能够基于电子地图实现复杂的分析和查询功能，并且能够将结果以专题图方式做硬拷贝输出。

(6)存储量大，携带使用方便。目前的一张 DVD 光盘可以存储上百甚至上千张普通的纸质地图内容，而且携带也非常方便。

狭义的电子地图就是地图在磁盘中的存储，而广义的电子地图是指地图在磁盘上存储，并且具有查询和简单分析功能，但可能没有图形拓扑关系。对于广义的电子地图和地理信息系统两者之间的关系和区别，有很多学者提出不同的观点。有的学者认为电子地图是基于网络、通信、GIS 等技术的一种新的地图服务方式；有的学者认为电子地图是面向专题或者特定应用的空间信息产品，或者是一种可视化表达方式。以上两种观点都正确，但电子地图更多的是注重空间数据的可视化表达，地理信息系统更侧重基于空间数据分析和服务等更高层次的信息处理。

7.2.3　专题地图

按照地图内容划分，地图分为普通地图和专题地图两大类。地形图是最常用、最典型的普通地图。专题地图是以普通地图为基础，用于表达某一类或者某几类属性或者特征的地理空间分布特征。这些特征可以是自然特征，如气候；也可以是人文特征，如人口密度或健康状况。专题地图有两个要素：地理基础和专题属性。地理基础一般采用普通地图，专题属性即是专题图的主题。

专题地图是目前地学领域中研究的热点，充分体现了 GIS 与各学科的交叉。因为专题地图的主题种类繁多、应用广泛，所以专题地图与各个学科关系密切，其制作技术得到了快速发展。

1. 专题图分类

专题地图种类繁多，目前没有统一分类标准，通常采用以下分类原则。

1)按地图内容

通常是按照专题地图主题对应的学科划分专题地图类型。专题地图的内容由主题确定，反映的是一个学科或一个应用。首先划分为第一层次：自然学科和社会经济学科，分别对应自然地图和社会经济地图(图 7-2)。

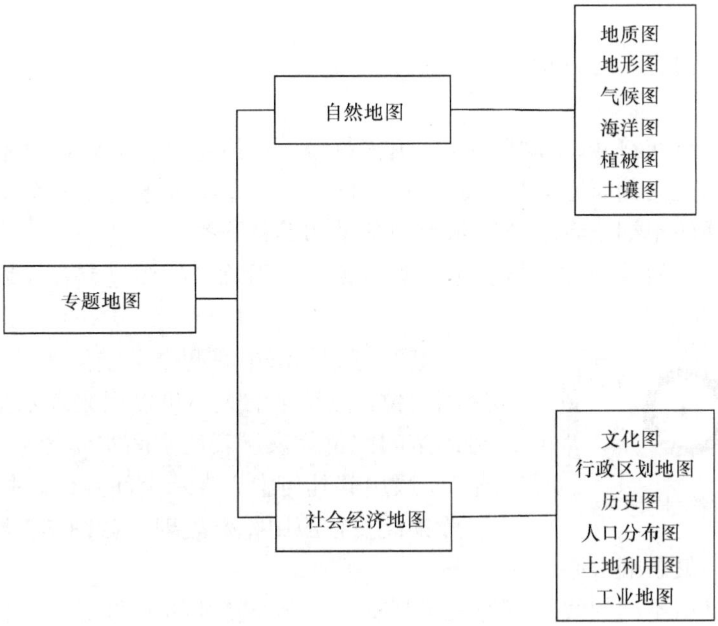

图 7-2　专题地图分类方法(龚健雅，2001)

自然地图主要表示自然要素或者专题属性的空间分布特性。再按学科可划分为：地质图、地形图、土壤图、海洋图等，每一类表示一个学科。有的应用中，划分更加细致，比如海洋图又分为海洋地质图、海洋洋流图等专题图。伴随学科研究的细化，自然地图划分也越来越细。

社会经济地图反映人类社会经济现象的规律。社会经济地图可以分为农业地图、工业地图、人口分布图、行政区划图等。

2)按地图服务对象和编制目的

专题地图服务对象和编制目的不同，其编制方法、编制精度、编制重点都有所不同。例如，政治学家可能倾向于清晰、明确地表现国家边界的地图(政区分布图)，而生物学家虽然关心地图上的国界，却很少拘泥于这种人为划定的边界。因此有学者提出按照地图服务对象和编制目的不同，可以将专题图划分为不同类型，如旅游图、航海图、教学图等。

3)按比例尺

同普通地图类似，专题地图可以按照比例尺划分为大、中、小三类。通常比例尺大于 1∶10 万的专题图称作大比例尺专题地图；比例尺介于 1∶10 万～1∶100 万的称作中比例尺专题地图；比例尺小于 1∶100 万的称作小比例尺专题地图。

2. 专题图内容表示方法

专题图的意义在于应用地图符号表示某个或某些属性的空间分布现状。表达方式的差异体现在符号的样式、颜色、大小等方面。除了符号能区分不同属性外，符号的数量、密度也能反映出地理现象的属性，这也是专题图表示的另外一种方式。

专题图主题内容多种多样，应用广泛，较多是学科交叉应用。因此，不同主题采用不同学科的分类表达方法，有时应用情况复杂，可能需要几种表达方法综合应用。例如，地质学家希望用点密度表示矿藏的量；生物学家可能希望用物种符号表示物种分布图；病理学研究者用统计图表示地理分布。所以，专题图的表达方法没有统一标准，一般以表达清楚主题内容为目的。

常用的专题图内容表达方法有如下四种。

1) 符号法

地图符号分为点状符号、线状符号、填充符号、动线符号。动线符号本质也是线，但可以按照线的粗细和走向判断空间现象的特性。比如，在军事地图上用一个带箭头的线表示行军路线，并且用线的粗细或者颜色表示兵力多少和兵种分类。

在符号法中，一般用一种符号表示一类对象，而用符号的颜色或者线划粗细表示对象内部的各种差异。

图 7-3　点状符号示例

点符号表示法中有两个关键问题，即点符号的大小和空间定位。点符号的大小可以用来表示量级的差异，点符号的空间定位代表所表达空间实体的位置。对于规则点符号，一般用其几何中心表示空间定位。对于不规则点符号，一般都需要按应用特殊处理，如图 7-3 最右侧的树符号，其中心位于树干的最下端中心。

线状符号法是用不同的线形符号表示具有线性分布特征的地图要素，如海岸线、高速公路等。一般用线的类型表示地物类型，线的颜色和宽度表示同一地物类中的不同地物。如在交通运输图中，用不同宽度的线表示不同等级的公路。

动线法适用于表示具有动态变化特征的线状轨迹路线，如台风运动路径、航程、行军路线等。动线法一般用于表达自然现象和社会经济现象的趋势、数量等特征在空间的分布。

2) 等值线法

等值线法用于表示一类属性或者专题的连续趋势性。其绘制过程大多是首先采集离散的数据点，然后再将点连接成光滑曲线。等值线在不同的学科和应用中具有不同的类型，比如在海洋中有等深线、海水等温线，在测量学中有等高线。等值线法与线状符号法基本类似，可以使用线型表示不同的等值线，采用颜色或者线的粗细表示等值线数值的差异。比如在测量学中规定：计曲线是一条较粗的并标有高程的等高线，首曲线是稍细的等高线。多条等值线排列在一起，可以模拟一定范围内该属性的变化趋势，如用等高线的疏密表示地形变化趋势。

3) 质底法和范围法

质底法采用颜色、晕线、面状符号等表达区域内实体要素的空间连续分布性。范围法，又称为区域法，是用颜色、线条、闭合界线、文字等表示区域内间断不连续分布的范围，如煤田、油气田等。

质底法和范围法类似，区别在于表达对象不同，因此，表达方式也有所不同。质底法因为表达连续分布现象，在区域内都是同质的，所以常用颜色或面状填充表示。范围法是确定在这一范围内有此现象，但并不连续分布，因此常用面填充符号表示，如物种的全国分布图、果园的分布等。

质底法和范围法的关键是确定区域边界。区域边界的划定一般根据应用需求，按学科知识结构进行划定。

4) 基于统计资料的表达方法

基于统计资料的表达方法常用的有点描述法、分级统计图表和图表统计图法等。

点密度图是点描述法的典范，主要用点分布的疏密性来表示空间现象的集中程度，点越密表示该实体越集中，如图 7-4 所示。

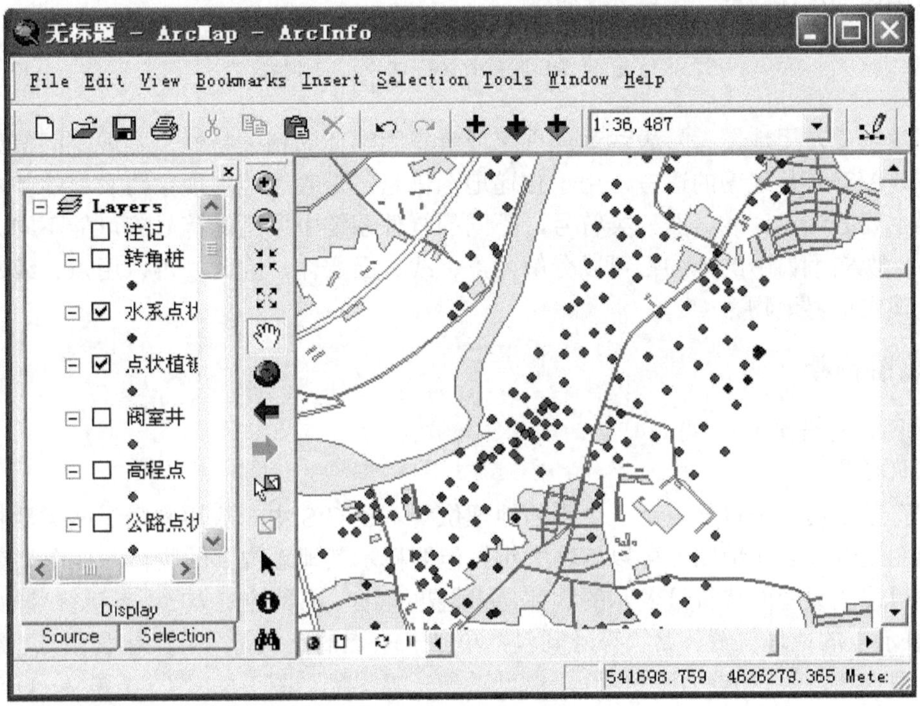

图 7-4　点密度专题图

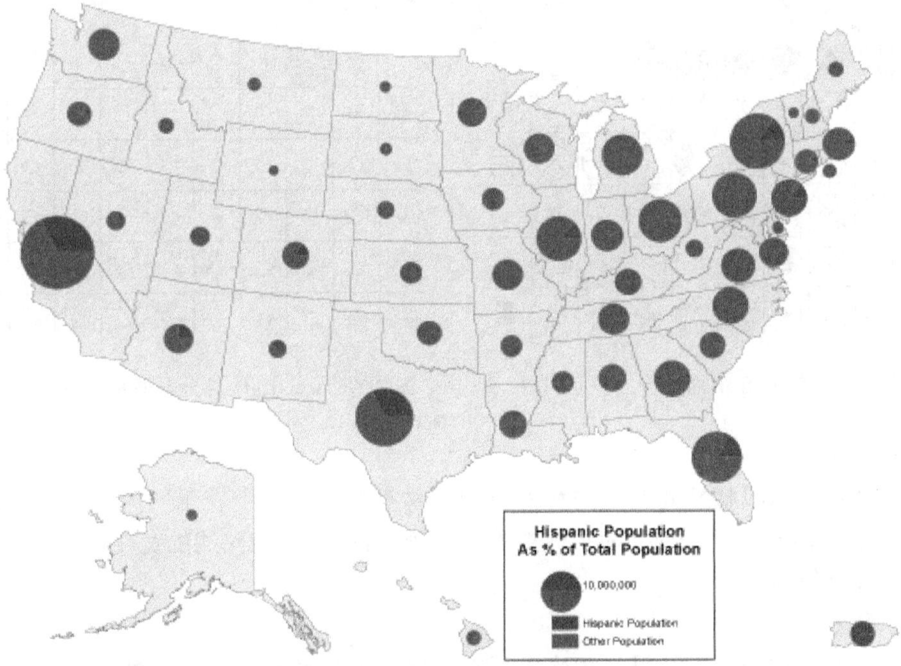

图 7-5　饼图专题图示例

分级统计图表是将属性或地物特征划分为多个等级，分别用不同颜色表示每类地物，形成直观形象的地理现象统计差异。饼图、柱状图等是图表统计图法中典型的示例，用来表示各区域范围内的统计数据，如图 7-5 所示。

7.3　地图符号及符号库

地图学主要是用地图符号表达地理现象或者空间实体的相关特性，实现空间信息的传输和表达。地图符号是地图的语言，用于传递地图信息，是表达地理现象与发展的基本手段。地图符号主要分为点、线、面三类符号，不同的软件系统中采用的符号库可能不同。从几何角度分析，现实世界中的地物都可以分解为点、线、面实体，因此，可以用点、线、面三类符号表达现实世界地物。

7.3.1　地图符号

1. 地图符号分类

1) 点状符号

点状符号是用一个符号表示一个点的地理位置。在 GIS 中一般用来表示两类地物：一类是基于地图比例尺，在地图上可以忽略大小，但要标示其地理位置的物体，如车站等；另一类是无法用线状或者面状符号表示的物体，如雕塑、烟囱、测量控制点等。点状符号的中心（几何中心）表示点的地理位置。点状符号既包括单独一个点的点状符号，又包含由点、线、面构成的复合型点状符号（如电力线符号），也可以是一幅图片。图 7-6、图 7-7 是 ArcGIS 中提供的部分点状符号。点状符号表示的地物因为没有大小，所以在地图放大或缩小时点状符号大小和形状都不变。

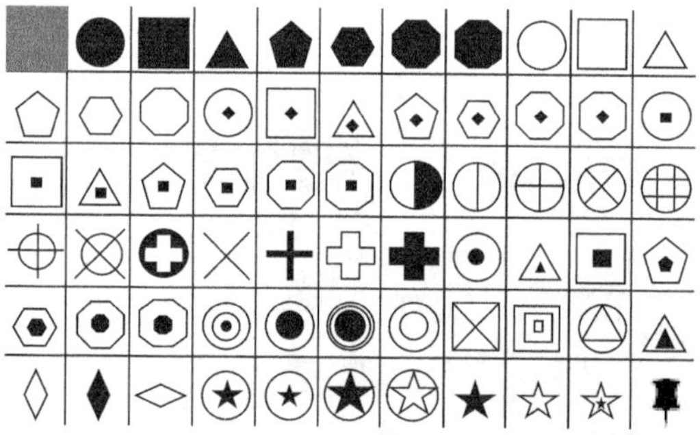

图 7-6　ArcGIS 中部分普通点状符号

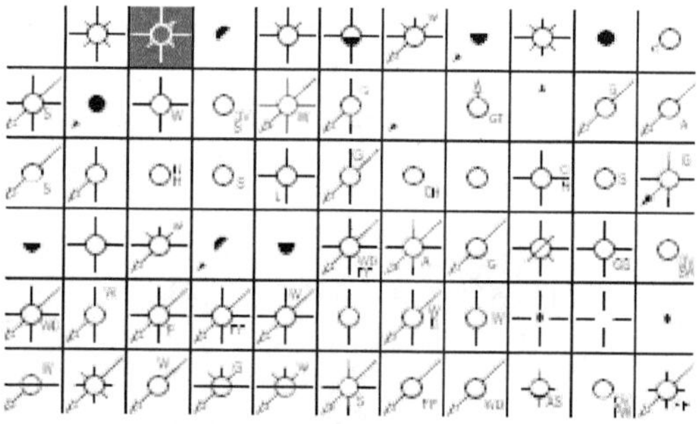

图 7-7　ArcGIS 中部分与管线相关的点状符号

2) 线状符号

线状符号是表示线状地物的走向和方位的一种符号，常用于表示河流、道路、管线等。线状符号的长度按照比例尺表示，宽度一般不按比例尺表示，如铁路线的宽度。图 7-8 是 ArcGIS 提供的部分线状符号。

3) 面状符号

面状符号，又称作填充符号，用来表示封闭区域的特性和空间分布性的符号，如湖泊、土地分类等。面状符号在各方向都能依比例尺表示，其表现一般都是点状符号在面区域内的重新排列，有时也用着色、晕线的方法。图 7-9 为几种面状符号。

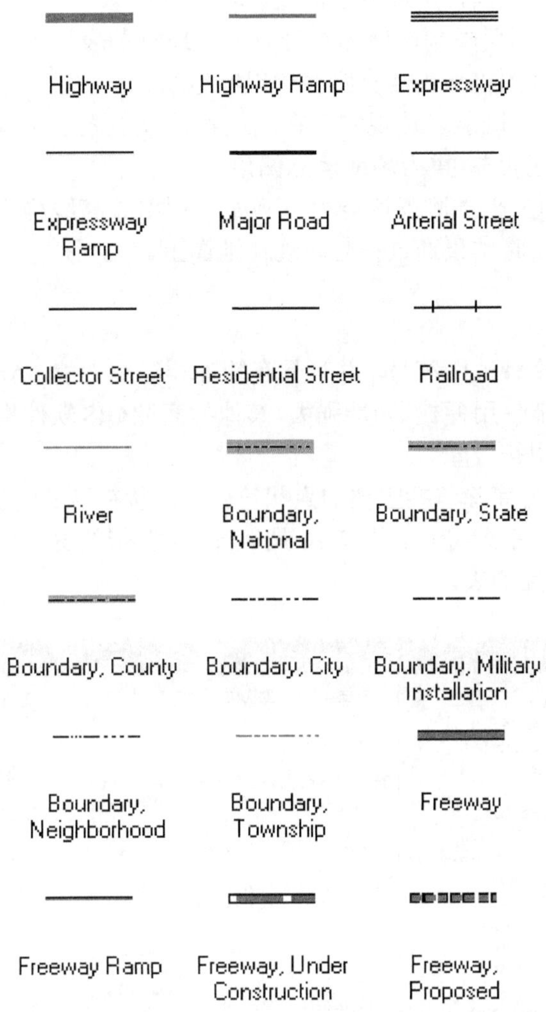

图 7-8　ArcGIS 中部分线状符号

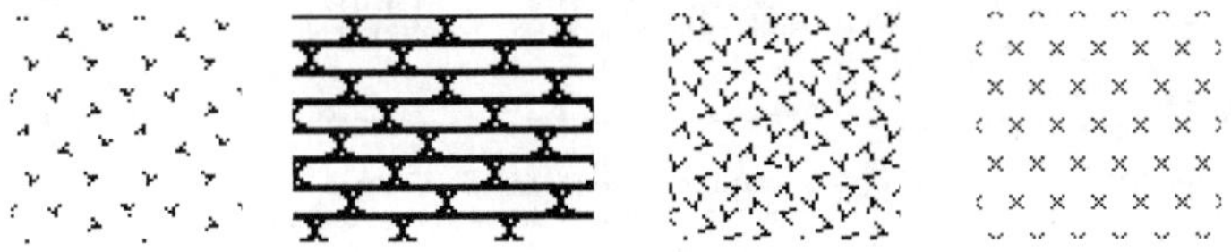

图 7-9　面状符号

除了以上的三种符号外，文字符号也是非常重要的一种符号，它以 Windows TrueType 字体方式表示在地图页面中。目前 ArcGIS、MapInfo 等 GIS 软件都支持此方式。

2. 地图符号的特点

地图符号是对现实世界地物的抽象表达，是传递地图信息的载体。通过符号的样式、大小、数量等差异判断地物类型，形成大脑对地图的认知。地图符号的主要特点有：

(1) 空间信息传递载体。地图符号将现实世界中地物抽象为一个符号，比如一条国家级高速公路，在实地可能有上千千米长，但通过地图符号使用简单的线就能表现出来。通过线向用户传递了高速公路的走向，所经过的河流、城市等信息。

(2) 地图符号不受比例尺限制。地图符号对现实地物的表达不受地图比例尺的限制，在任意缩放地图情况下，地图符号仍能真实表达现实地物。

(3) 具有较强表现力，既能表达现实存在的地物，又能表达想象或者设计中的空间现象或者地物，如地球的物理状态(重力场或地磁偏角)。

(4) 具有历史反演和未来推测表达能力。例如，利用等高线构成立体模型，经过分析做出洪水危害的预测预报，将结果通过符号表现在地图上。

7.3.2　地图符号库

地图符号库集合了多种地图符号，并且具有管理和组织功能。ArcGIS 系列产品中提供的地图符号库以及管理功能使用便捷、功能强大。其他的商业 GIS 软件也自带符号库，如 MapInfo 的 MAPINFOW.PEN 线型符号库①。

ArcGIS 中提供的符号库除包括主要的点状符号、线状符号、面状符号、文字符号外，还包括背景色、指北针等一系列符号。图 7-10 是 ArcGIS 自带的 ESRI.style 符号库。图 7-11 是 ArcGIS 提供的其他符号库列表。

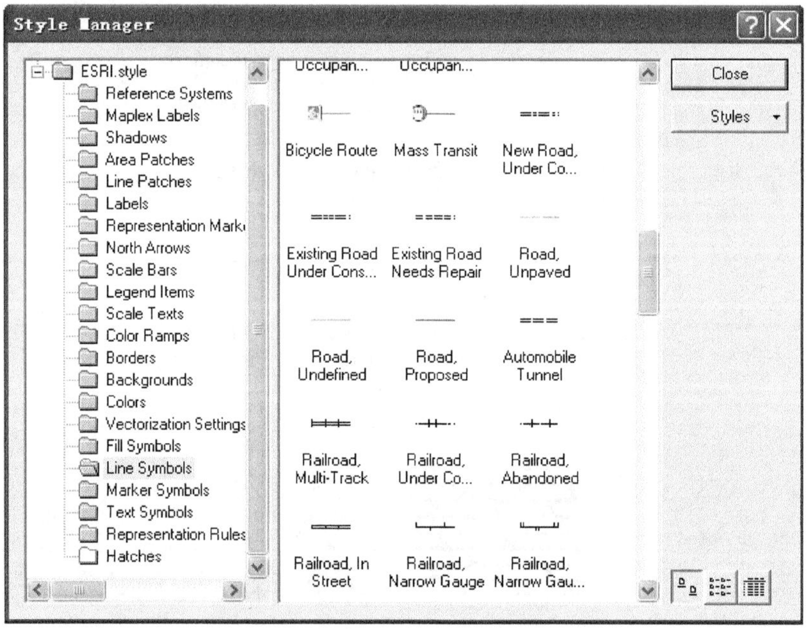

图 7-10　ArcGIS 中默认的地图符号库

ArcGIS 中还提供了地图符号库的符号制作和更新功能。图 7-12 所示是线状符号的制作界面，点状符号和面状符号与此类似。

① MapInfo 公司．http：//www.mapinfo.com.cn.

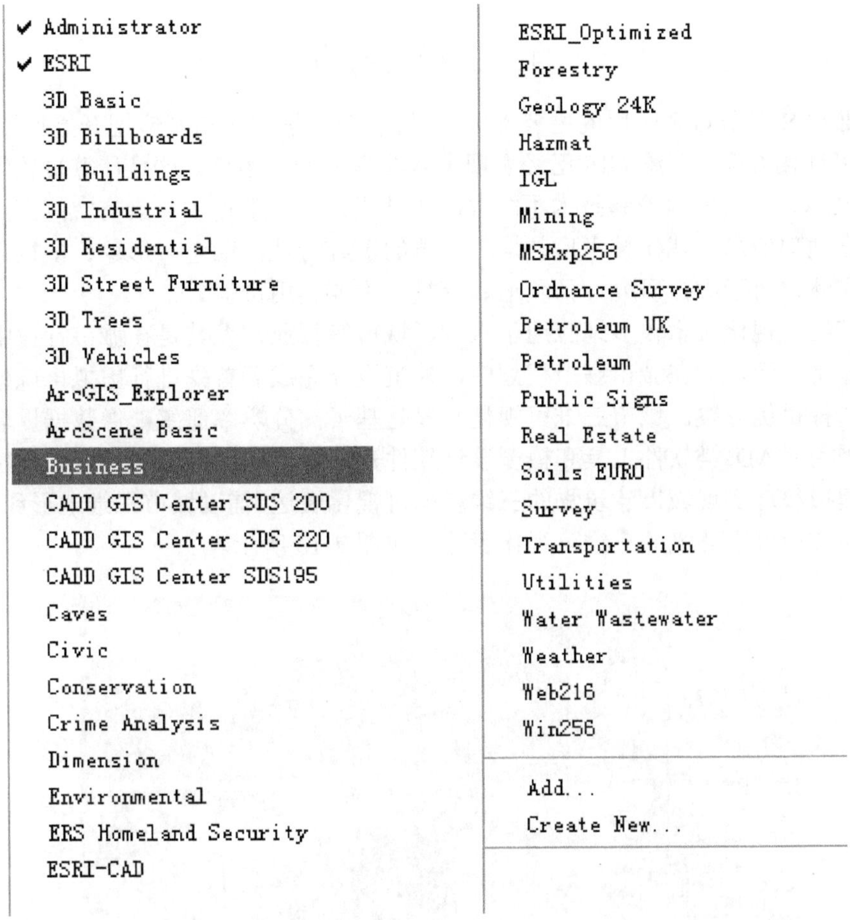

图 7-11　ArcGIS 提供的其他符号库

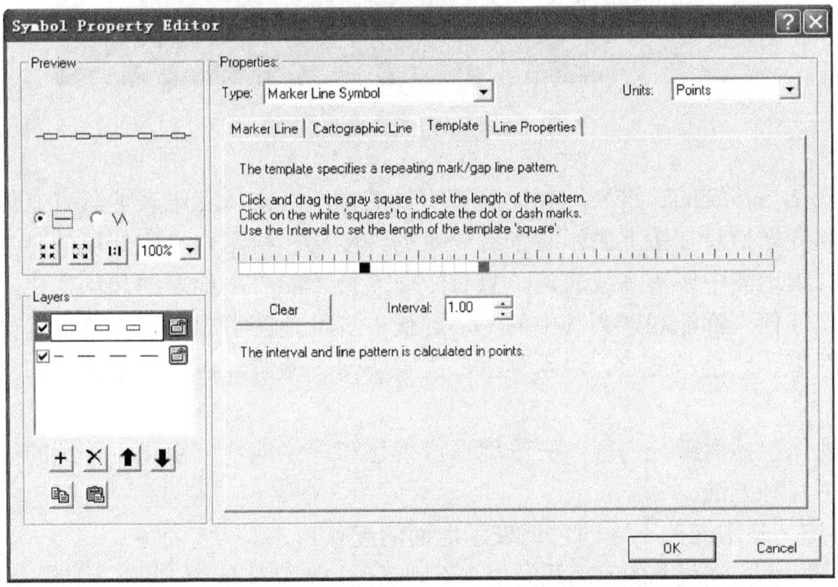

图 7-12　ArcGIS 中线状符号的制作界面

7.4　三维可视化

尽管二维 GIS 占据 GIS 应用的主要地位，但目前越来越多的 GIS 应用开始使用三维 GIS，而且在 GIS 可视化方面，三维 GIS 已经表现出其非常好的适用性。这是计算机软硬件技术以及 GIS 三维显示、分析等理论和技术不断发展的结果。空间数据本身具有空间三维特征，利用三维或多维地理信息可视化技术反映地理实体的多维特性，动态、形象、多视角、多方位地描述客观实体，对于虚拟研究、预测追踪等具有重要实用价值。

目前，三维可视化技术较多地应用于水利、城市等行业，尤其是在城市行业中三维可视化表达应用非常广泛。如在城市虚拟规划中，建筑设计完成后首先进行虚拟再现建筑物，通过对比分析选择最优方案。城市三维可视化一般是基于高分辨率遥感影像数据提取建筑物的三维信息，采用 CAD 类软件工具和模型设计软件建立城市的三维模型，并采集建筑物的纹理或者使用虚拟纹理实现城市建筑物的三维虚拟可视化表达。辅以城市三维地形和虚拟街景、自然景观等，实现城市环境的三维可视化表达，如图 7-13 所示。

图 7-13　城市三维场景示例

三维可视化与传统的二维表达相比具有明显的本质区别。三维表达具有立体直观性，各类地理要素和专题信息在图上表示时都有一定的深度感，给用户身临其境的感觉。比如对地形的表达，二维地图中以等高线表达，只有专业人员才能看出地表的起伏变化，而使用三维可视化表达，任何人都能观察到其中的地形起伏。三维地图直观易读，可以提供丰富的多维信息，对于军事、航空、交通、洪水预报、灾害防治、旅游、地质、矿山等部门有较高的应用价值。

三维可视化包括两部分内容：三维地形可视化和三维地物可视化。传统的三维地形可视化主要有以下几种方法。

(1) 晕渲法：使用深浅不同的色调表示地面的起伏形态。

(2) 分层设色法：在相邻的等高线间填充不同颜色得到立体地貌，能够表达连续的地表起伏。

(3) 透视图法：应用透视投影原理，建立透视立体图，具有较好的灵活性，能够根据需要任意变换视点和窗口使立体图形转动或进行局部放大缩小。

伴随大范围城市三维可视化的应用，大场景或者是全球化的三维可视化也取得了较大发展。基于高分辨率遥感或航空摄影影像，采用高速缓存技术，实现了全球场景的快速三维可视化，如 Google Earth、WorldWind、Virtual Earth、ArcGIS Globe、GeoGlobe 等一系列全球三维可视化软件。图 7-14 是 ArcGIS Globe 的三维可视化界面。

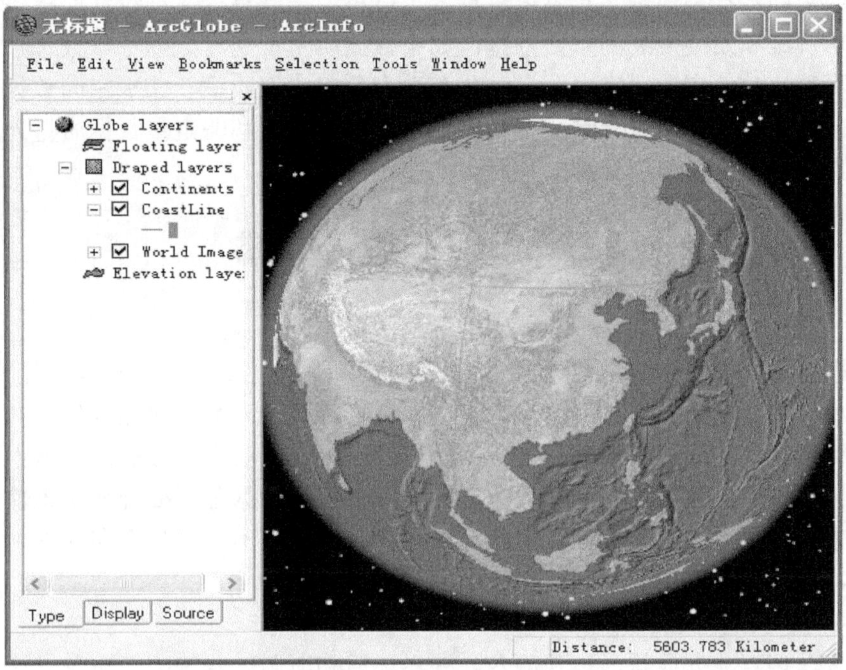

图 7-14　ArcGIS Globe 软件界面

虚拟现实是三维可视化的一个拓展方向，是近年来三维可视化的研究热点。它突破了传统静态地图和符号化表达地理信息，采用时空变换、交互性等技术实现动态、多维表达空间信息，使用户具有身临其境的感觉，探索多方式实现地理认知和空间分析。

习题与思考题

1. 简述地图可视化常用方式。
2. 简述专题地图的分类。
3. 简述常用专题地图内容表达方式。
4. 地图符号的主要特点是什么？
5. 简述地图符号的分类。
6. 简述目前常用的三维可视化软件。

第 8 章　空间数据质量

高质量的空间数据是地理信息系统进行各类分析并得到有意义结论的前提条件，是政府制定重大战略决策和发展规划的重要依据。如果数据质量不高、数据不一致、数据重复等，必然导致其不能有效地支持日常办公自动化和政府部门宏观决策。GIS 空间数据质量可用数据质量元素来描述。数据质量元素又分为定量数据质量元素和非定量数据质量元素，它们共同描述数据集满足设定的质量标准的程度。

8.1　空间数据质量概述

8.1.1　空间数据误差

空间数据有野外调查和测量数据、数字化数据、遥感数据、空间分析与统计分析数据等。野外调查和测量数据包括野外实地测量、量算、调查等数据；数字化数据包括对各种地形图和专题地图等数字化的数据。遥感数据包括航空或航天遥感获得的数据。数据误差的来源是多方面的。例如，原始数据录入到空间数据库以及随后的数据分析处理和结果输出过程，每一步都会带来数据误差。空间数据在生产、应用和分析过程不可避免存在误差，其误差有些可定量描述，有些则难以定量描述。

1. 野外测量与调查数据误差

野外测量与调查数据误差，与观测者、外界环境和所用仪器等因素有关。调查与测量数据误差多表现为随机误差和粗差。随机误差常采用最小二乘等随机模型处理，粗差采用可靠性理论探测剔除。

2. 数字化数据误差

地形图固有误差和数字化过程误差是数字化数据误差的主要来源。该误差主要包括控制点展绘和绘图误差、地图综合误差、数字化过程误差等。

3. 遥感数据误差

遥感数据误差主要包括数据获取误差、数据处理误差、数据分析误差、数据转换误差和人工判读误差等。数据获取误差指遥感信息获取时存在的各类误差；数据预处理包括利用地面控制进行几何校正、图像增强和分类等，这些预处理会引入各种各样的误差。人工判读误差是在数据分析和判读阶段引入的误差，这种误差与判读员从遥感影像中提取信息的能力和技能有关，还与影像的尺度和所需的概括程度有关。

4. 空间操作误差

空间数据在模型分析和数据处理等操作中会引入新误差，如数值精度误差、拓扑分析引起的误差等。

(1) 数值精度误差：数据计算中舍入误差出现在各种数值运算和模型分析过程中。例如，国土资源空间数据库中整数编码对面积和周长计算的影响；比例尺变换和旋转变换对空间关系的影响等。除了数据处理精度外，数据存储精度也会带来一定误差。

(2) 拓扑分析引起的误差：拓扑分析引起的误差是指空间数据拓扑分析过程产生的，如多层叠加过程产生的无意义多边形等。

5. 空间操作误差传播

在空间分析操作过程中，源误差和操作误差通过空间操作经累积后传播到空间数据中。

1) 函数运算误差传播

函数运算误差传播，如独立变量的和差关系、倍数关系或一般线性关系，其误差传播依最小二乘法进行评价。

2) 逻辑运算误差传播

指空间数据在进行叠加、推理等逻辑运算时，如布尔逻辑运算(AND 、OR、NOT)、或不精确推理运算等操作过程的误差传播。布尔逻辑运算是空间运算中的一类典型操作。例如，一幅土地利用现状图和一幅土壤类型图，需查询土层厚度大于 50cm 的麦田。在分析操作时，首先从土地利用现状图中找出麦田子集 A_1，再从土壤类型图中获取土层厚度大于 50cm 的子集 A_2；两个子集的交集 $A=A_1 \cap A_2$ 即为查询结果。由于子集 A_1 和 A_2 实际上都含有误差，如 A_1 子集可能还包含了其他植物。设 A_1 的误差为 5%、A_2 的误差为 10%，则 A 的误差应是多少属于逻辑运算误差传播的问题。

3) 不精确推理误差传播

空间数据分析过程，利用含有误差的知识时，经不精确推理所得结论的精度和可信度如何？这是推理关系下的传播定律所要解决的问题。目前有关空间数据逻辑运算的误差传播律正处于研究中，基于信息论、模糊数学、人工智能等的不精确推理误差传播也在应用探索。

8.1.2　空间数据不确定性

空间数据不确定性可以看作为一种广义的误差。它既包含随机误差，也包含系统误差和粗差；还包含可度量和不可度量的误差，以及数值上和概念上的误差。不确定性是指客观实体本身所具有的不精确性、随机性和模糊性。

1. 图形数据的不确定性

空间实体可以用矢量数据或栅格数据来描述，空间实体位置不确定性基本模型包括点、线以及多边形模型。点的位置不确定性模型在测量误差理论中，通常是用误差椭圆来表达；线的位置不确定性依据误差传播率、空间统计学等，建立线段不确定性分析模型，并在直线误差模型的基础上发展出曲线和多边形的不确定性模型。

2. 属性数据不确定性

属性数据不确定性是研究在采集、描述和分析客观实体的过程中，实体属性与其属性真值，在时间和空间内的不确定性变化。也可以认为属性不确定性是广义的属性误差或者是属性误差问题。属性不确定性主要来自属性的定义、数据源、数据建模和分析过程中引入的不确定性等。其中数据源的不确定性又源于数据采集过程中的量测、人为判断和假设等。例如，利用遥感技术获取的土地覆盖分类数据的属性不确定性，则主要来自空间、光谱和时域特性的不确定性。

3. 图形数据与属性数据不确定性关系

位置边界不确定性是图形与属性不确定性的典型表现。空间坐标定位的不确定导致属性分类的不确定。例如，遥感影像的混合像元，是地面位置上相邻的不同地物类别属性的综合反映；其类别属性的同物异谱或同谱异物特征使得相邻类别的边界难以准确定位。而且空间位置在用确切边界和均质多边形表示时，其误差就是同时含有属性和边界位置不确定性。

对于明确定义的面状目标，位置不确定性与属性不确定性的共同作用，意味着其边界并非总是几何意义上的线，有时是具有一定宽度的过渡区域。"S-带" 模型把位置和属性不确定性转化为统一描述模型，在同一理论基础下分析其不确定性的本质特征。

8.1.3　空间数据质量描述

数据质量描述是数据质量度量、评价的关键。数据质量评价的核心在于如何科学地确定数据质量描述指标。数据工程中将数据质量描述指标，分成客观数据质量描述指标(data quality indicator)和主观数据质量参数(data quality parameter)，使用者可根据需要，选择重要性指标进行数据质量评价。

空间数据质量描述指标也称为数据质量元素，数据质量元素又分为数据质量的定量元素和非定量元素，共同用来描述数据集质量①。

1. 定量数据质量元素

(1) 数据完整性，如要素的完整性、属性的完整性等。

(2) 数据逻辑一致性，包括拓扑一致性。

(3) 位置精度，如控制点位置精度、GPS 相对定位精度等。

(4) 时间精度，如与时间有关的数据误差等。

(5) 属性精度，如要素值域精度等。

其中数据完整性是指空间要素、要素属性及要素关系描述的完整或不完整、有无遗漏等。逻辑一致性描述数据结构(包括概念的、逻辑的或物理的数据结构)、要素属性和它们之间相互关系符合逻辑规则的程度。位置精度描述要素空间位置的精度。时间精度描述要素的时间属性和时间关系的精度。属性精度用来描述要素属性的定量或非定量精度和要素属性分类正确性及它们之间的相互关系。

2. 非定量数据质量元素

非定量数据质量元素是对数据质量的间接描述，包括数据生产的目的、适应性、用途和数据志等。数据生产者和数据的使用者可通过定性数据质量元素间接评价数据集的质量。

8.1.4　广义数据质量

空间数据质量是指在数据获取、数据管理与分析、数据分发或使用阶段的质量问题。数据质量的确定、控制和保障要涉及有关质量标准，以及对于保障和实现既定标准所必需的度量与控制。从质量控制的理念出发，西方管理学将其分为质量政策制定、质量设计、数据生产和数据使用四阶段质量控制。从质量控制的观点来看，产品与服务是由人来实现的，人的质量决定了产品的质量。现有质量控制中忽视了"人的存在"，即广义质量问题。广义质量不仅要包括质量政策制定、质量设计、生产质量和使用质量，还应包括人员的质量。

广义数据质量也可表述为：

(1) 物化质量。是可量化的，并且有一定控制标准的质量，如前述数据的完整性、逻辑

---

① ISO/TC211.2003.地理信息基本元素(ISO19113). http://www.isotc211.org.

一致性、位置精度、专题(属性)精度、时间精度。

(2) 服务质量。产品使用者所感知的、与物化质量有关的产品质量，如品牌形象等。

(3) 人本质量。是指产品生产人员和服务人员固有的质量，这是一种隐性质量的概念，是物化质量和服务质量的决定因素。

广义数据质量与数据提供者、生产者和使用者有关。随着对空间数据质量研究的深入，除了继续研究数据固有质量，还要进一步研究数据的服务质量和人本质量。例如，土地利用类数据中，水库周边的小路，是划归为道路实体，还是理解为水库边界，这是属性不确定性问题，同时这也是人本质量的隐性表现。因此，空间数据的广义质量问题还有待进一步研究。

8.2　空间数据质量评价

8.2.1　空间数据质量评价模型

空间数据质量评价，要保证空间数据集在上述数据的生命周期总体质量最优。对于复杂多源空间数据，在建立数据质量描述框架过程，要考虑保证具体的数据集质量的精确描述与度量。从广义数据质量和数据质量管理理念出发，研究建立数据质量描述指标，就是要研究关于数据使用与服务的质量指标，以及数据质量的改善措施，从理论上保证对于数据质量评价的科学性，保障数据在整个生命周期的质量最优。

空间数据在获取、数据加工、整理分析、数据库建库维护更新与数据分发、使用和服务阶段都存在质量问题。为揭示数据质量的本质，要保证空间数据集在上述数据的生命周期总体质量最优，建立数据质量五元组模型如下：

$$Q=\langle D, E, C, P, M\rangle \tag{8-1}$$

式中，D 为一类或多类空间数据集；E 为空间数据质量的描述指标与度量方法；C 为对空间数据集检查抽样方法；P 为对空间数据质量评价方法；M 为空间数据质量管理体系。

由上述描述空间数据质量的五元组模型可以知道，空间数据集质量控制，是保证五元组质量模型系统的基础条件；数据质量评价的目的是对数据整个生命周期中总体质量进行科学评判；数据质量描述指标是数据质量科学评价的前提；要保证数据在整个生命周期的质量，就要完善空间数据质量管理体系，促进数据质量科学管理。

8.2.2　数据质量描述指标概述

1. 数据质量描述指标分级分类

由于空间数据复杂与多时态特点，研究建立的数据质量描述指标，要能全面准确反映数据质量特性，还要针对不同的空间数据库、不同数据集特点研制数据质量描述指标，使数据质量描述指标具有较强的可操作性。根据空间数据库和专业数据库的不同特点，要详细研究数据质量描述指标分类、分级，制订切实可行的数据质量指标和数据检查项，以保证数据质量评价的可靠性和科学性。例如，可以针对土地利用现状数据库研制专门的质量描述指标和数据质量检查项。

2. 数据质量描述指标定义

图 8-1 和表 8-1 给出了国土资源数据质量主要描述指标。

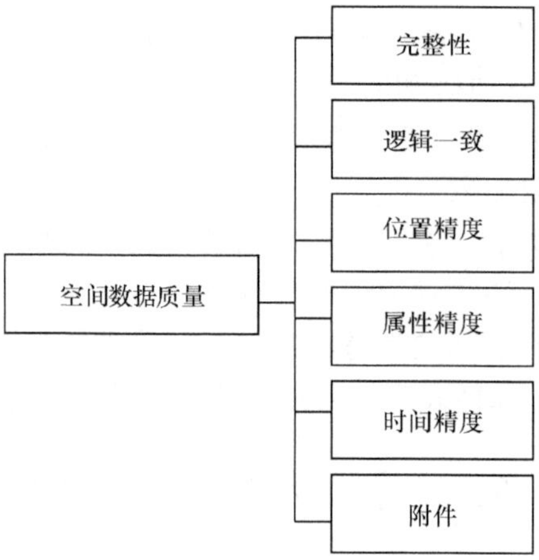

图 8-1　空间数据描述指标

表 8-1　数据质量描述指标①

一级质量元素	二级质量元素	描述
空间参考系	大地基准	采用大地基准符合要求
	高程基准	采用高程基准符合要求
	地图投影	采用地图投影参数符合要求
完整性	多余	数据集含有多余数据
	遗漏	数据集缺少应包含数据
逻辑一致性	概念一致性	与概念、模式和标准的符合程度
	值域一致性	值对值域的符合程度
	格式一致性	物理存储结构、格式符合程度
	拓扑一致性	拓扑关系反映准确程度
位置精度	平面精度	平面坐标与真值的接近程度
	高程精度	高程值或高程属性与真值的接近程度
	校正精度	校正后数据符合精度要求
	接边精度	相邻图幅间接边符合程度
属性精度	分类的正确性	要素分类的正确程度
	定性属性正确性	定性属性的正确程度
	定量属性准确性	定量属性的准确程度
影像质量	格网特性	格网特性符合规定
	影像特性	影像特性符合程度
元数据质量	完整性	元数据完整程度
	准确性	元数据准确程度
整饰质量	几何表达准确性	几何形态反映准确程度
	符号规范性	符号正确、定位准确、表示合理
	注记规范性	注记正确、关系合理

①国土资源部信息中心. 2008. 国土资源数据质量抽样与检查方法。

续表

一级质量元素	二级质量元素	描述
时间精度	时间时效性	数据时间有效性和现势性
附件质量	表格数据质量	调查表数据完整性和正确性
	文档信息质量	各类文档完整、规范

8.2.3　数据质量描述指标度量

研究空间数据质量描述指标和度量方法，是保障数据质量评价结果正确和可靠性的重要内容。例如，对于空间位置精度可采用绝对误差、中误差或相对误差来度量；对于属性数据的不确定性，除用精度(缺陷率)度量外，还可以用属性不确定度来描述；此外是否有其他更科学合理的度量方法，值得深入研究。数据质量描述指标度量模型见图 8-2。

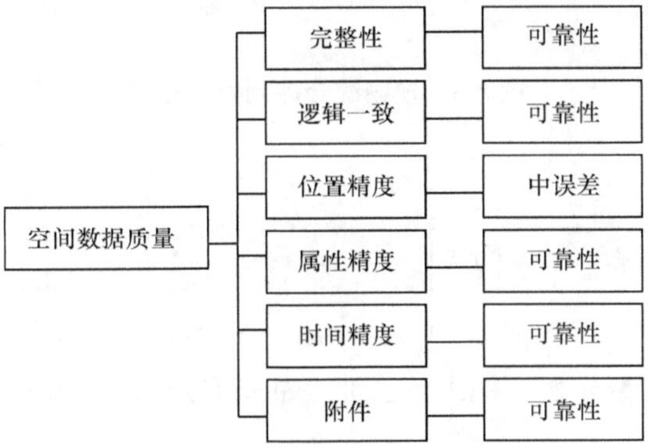

图 8-2　数据质量描述指标度量

8.3　空间数据质量评价方法

空间数据在获取、数据分析、加工和整理过程存在误差和不确定性问题。目前用于空间数据误差分布描述的方法主要有正态分布、拉普拉斯分布和二项分布等。数据质量评价可以采用直接评价或间接评价方法。直接评价方法是基于数据检查(包括全检和抽检)中的缺陷率，对数据集进行评价。间接评价方法是利用如数据志等数据信息推断或评价数据质量。

8.3.1　模糊综合评价法

数据质量评价的模糊综合评判，首先由一级质量元素、二级质量元素及确定的检查项，分别确定其对应的权重，以及确定检查项的关系矩阵，分三层计算得到。其数学模型见图 8-3。其中，

$E(u_1, u_2, \ldots, u_k)$ 为一级质量元素对应的权重值；

$E_j(u_{j1}, u_{j2}, \ldots, u_{jt})$ 为第 j 个二级质量元素对应的权重值；

$E_{ij}(u_{ij1}, u_{ij2}, \ldots, u_{ijt})$ 为第 i 个一级、第 j 个二级质量元素对应检查项权重值。

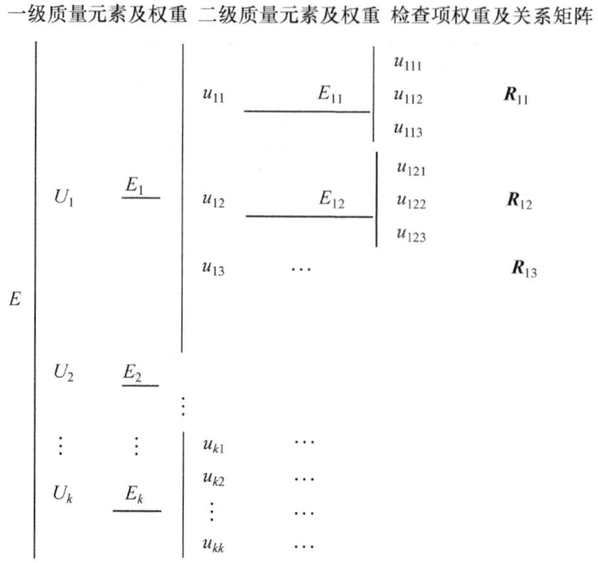

图 8-3　模糊综合评判数学模型

$$\boldsymbol{R}_{ij}=\begin{pmatrix} r_{11} & r_{12} & \cdots & r_{1n} \\ r_{21} & r_{22} & \cdots & r_{2n} \\ \vdots & \vdots & & \vdots \\ r_{m1} & r_{m2} & \cdots & r_{mn} \end{pmatrix} \tag{8-2}$$

式中，$\boldsymbol{R}_{ij}$ 为第 i 个一级质量元素、第 j 个二级质量元素对应检查项的模糊关系矩阵。

计算步骤如下：

(1) 由检查项的模糊关系矩阵计算二级质量元素对应模糊关系矩阵 $\boldsymbol{R}_i$

$$\boldsymbol{B}_{ij}=\boldsymbol{E}_{ij}\circ\boldsymbol{R}_{ij} \tag{8-3}$$

$$\boldsymbol{R}_i=\boldsymbol{R}(\boldsymbol{B}_{ij}) \tag{8-4}$$

(2) 由二级质量模糊关系矩阵计算一级质量对应模糊关系矩阵 $\boldsymbol{R}$

$$\boldsymbol{B}_i=\boldsymbol{E}_i\circ\boldsymbol{R}_i \tag{8-5}$$

$$\boldsymbol{R}=\boldsymbol{R}(\boldsymbol{B}_i) \tag{8-6}$$

(3) 最后评价结果计算

$$\boldsymbol{B}=\boldsymbol{E}\circ\boldsymbol{R} \tag{8-7}$$

式中，“∘”为模糊关系的合成运算；$\boldsymbol{B}$ 为 3 级模糊合成运算得到的结果(王新洲等，2003)。

8.3.2　加权平均法

加权平均法数据质量评价，是根据两级质量元素制定的数据检查项得分值以及该检查项重要性指标值，逐步计算实现。其计算步骤如下[①]。

(1) 二级质量元素分值计算

① 国家测绘局.2008.数字测绘成果质量检查与验收．GB/T 18316。

$$S_{ij}=\frac{\sum_{k=1}^{N}(w_{ijk}\cdot S_{ijk})}{\sum_{k=1}^{N}w_{ijk}} \tag{8-8}$$

式中，S_{ij}为第 i 个一级质量元素、第 j 个二级质量元素分值；S_{ijk}为第 i 个一级质量元素、第 j 个二级质量元素、第 k 个检查项得分；w_{ijk}为第 i 个一级质量元素、第 j 个二级质量元素、第 k 个检查项重要性权值；N 为全部检查项个数。

(2) 一级质量元素分值计算

$$S_{i}=\frac{\sum_{j=1}^{m}(w_{ij}\cdot S_{ij})}{\sum_{j=1}^{m}w_{ij}} \tag{8-9}$$

式中，S_i为第 i 个一级质量元素分值；S_{ij}为第 i 个一级质量元素、第 j 个二级质量元素得分；w_{ij}为第 i 个一级质量元素、第 j 个二级质量元素重要性指数值；m 为全部二级质量元素个数。

(3) 数据集质量计算

$$S=\frac{\sum_{i=1}^{n}(w_{i}\cdot S_{i})}{\sum_{i=1}^{n}w_{i}} \tag{8-10}$$

式中，S 为数据集质量分值；S_i为第 i 个一级质量元素得分；w_i为第 i 个一级质量元素重要性指数值；n 为全部一级质量元素个数。

数据级质量评价：由一级质量元素、二级质量元素及确定的检查项，计算对应质量元素的分值，根据质量元素的分值和质量元素的重要性指数值，按加权平均计算数据级质量得分，进而进行质量分等定级。

8.3.3　缺陷扣分法

将数据集所有不同缺陷级别的缺陷，转换为最低级别缺陷，分别确定全检数据的质量合格限，以及所有抽检数据的质量合格限[①]。

1) 计算全检部分所有检查项的平均实际缺陷率

统计每个全检项的各级别缺陷数，根据各级别缺陷的换算比例，将所有缺陷换算为最低级别缺陷数，并除以检查的个体数，得到每个全检项的实际缺陷率。对所有全检项的实际缺陷率进行算术平均，得到全检部分数据的平均实际缺陷率，用 $U_{全}$表示。

2) 计算抽检部分所有检查项的平均实际缺陷率

统计每个抽检项各级别缺陷数，根据各级别缺陷的换算比例，将所有缺陷换算为最低级别缺陷数，除以样本量得出每个抽检项的实际缺陷率。对所有抽检项的实际缺陷率进行算术平均，得到抽检部分数据的平均实际缺陷率，用 $U_{抽}$表示。

①国土资源部信息中心.2008.国土资源数据质量抽样与检查方法。

3）计算数据集的得分

用 $V_{全}$表示全检部分数据的质量合格限；$V_{抽}$作为抽检数据的质量合格限，预置分数为 100 分，按下式计算数据集得分：

$$\left.\begin{aligned} S_{全} &= 100 - U_{全} \cdot \left(\frac{40}{V_{全}}\right) \\ S_{检} &= 100 - U_{检} \cdot \left(\frac{40}{V_{检}}\right) \\ S &= S_{全} \cdot K + S_{检} \cdot (1-K) \end{aligned}\right\} \tag{8-11}$$

式中，S 为数据集得分；U 为平均实际缺陷率；V 为质量合格限，下标分别代表全检和抽检；K 为全检部分检查项数占全部检查项数的比例。

最后需要强调的是，由式(8-8)可以知道，仅当数据质量描述指标、检查项及重要性指标值能够全面、准确反映数据质量特性时，根据式(8-8)方能得到准确、无偏的评价结果。由此，根据空间数据集和专业数据库的不同特点，详细研究数据质量描述指标分类、分级，制定切实可行的数据质量元素和数据检查项，以保证数据质量评价的可靠性和科学性，如针对土地利用现状数据库研制专门的质量描述指标和数据质量检查项。

8.4　空间数据质量管理

8.4.1　数据质量控制

在式(8-1)五元组模型中，空间数据集 D 的质量控制，是系统模型保持最优的前提条件。地理信息系统在空间数据获取、分析管理与应用过程，如数据获取精度（位置精度和属性精度）和不确定性问题，都存在影响数据质量的因素。空间数据质量控制是顾及数据获取、管理、应用阶段的过程控制，根据数据质量描述指标，对数据的检查与控制，以保证系统数据质量整体最优。

8.4.2　数据质量改善

空间数据质量是影响政府主管部门最后决策的关键。与数据有关的部门首先应重视数据质量，要对数据质量严格把关。数据质量改善应按如下步骤进行：

(1) 确定质量管理人员。人员质量是影响空间数据质量的重要环节，应采取切实措施，保证质量管理人员落实到位以及保障数据生产和服务人员的质量。

(2) 建立分级负责制度。在空间数据整个生命周期，建立包括数据（如土地台账）收集、整理更新、使用与分发过程的分级负责制度。

(3) 数据检查结束，提出质量改善措施，落实数据质量改善的效果。

8.4.3　数据质量管理体系

按照全面数据质量管理理论，空间数据质量管理体系可分为四个阶段：质量的定义、质量的度量、质量分析和质量改善。其流程可用图 8-4 表示。

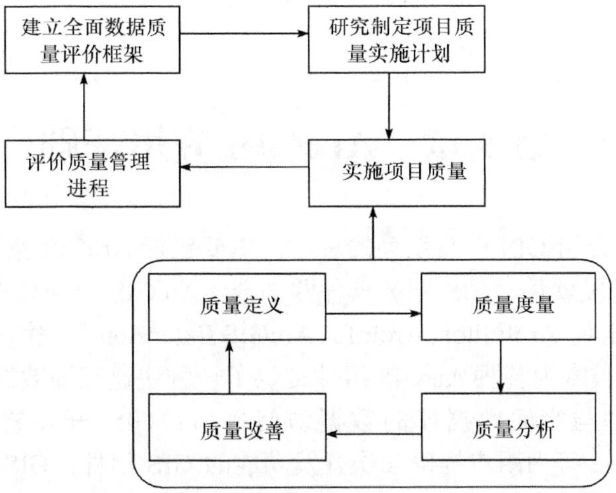

图 8-4　空间数据质量管理流程

空间数据质量管理体系可描述如下：

(1) 建立空间数据质量的职能机构，制定空间数据质量管理规划。

(2) 建立统一的空间数据质量描述指标和度量标准。

(3) 进行空间数据质量评价和质量报告。

(4) 培训推进空间数据质量管理体系的骨干。

(5) 建立、健全空间数据质量改善措施和改进项目评审制度。

(6) 建立空间数据质量的激励制度。

(7) 对空间数据质量管理体系进行持续改善，使数据质量管理制度化、标准化、正规化。

习题与思考题

1. 试述空间数据的主要误差来源。
2. 简述空间数据的不确定性及其类型。
3. 如何描述空间数据质量？什么是数据质量元素？
4. 简述定量数据质量元素的主要内容。
5. 什么是广义数据质量？为何要提出广义数据质量的概念？
6. 试述空间数据质量评价主要方法。

第 9 章　ArcGIS 应用基础

ArcGIS 是 ESRI 公司 GIS 产品系列的总称，主要包括 ArcGIS 桌面软件、空间数据库引擎(ArcSDE)、GIS 开发软件、GIS 服务软件四部分。ArcGIS 桌面软件是一系列 GIS 应用软件的组合，包括 ArcView、ArcEditor、ArcInfo、ArcGIS Extension 等；空间数据库引擎(ArcSDE)基于空间数据库索引技术为各种 ArcGIS 组件提供了一种快速查询数据库中图形数据的工具，是前端 ArcGIS 组件与空间数据库的数据访问接口；GIS 开发软件是指 MapObjects、ArcObjects、ArcEngine 等为用户提供二次开发功能的 GIS 组件；GIS 服务软件包括 ArcIMS 和 ArcGIS Server，它实现了空间数据的分布式存储、访问、网络发布。

9.1　ArcGIS 10 概述

ArcGIS 10 是美国环境系统研究所(Environment System Research Institute，ESRI)开发的 GIS 软件体系，是世界范围内应用最广泛的软件之一。ArcGIS 软件集成了 ESRI 公司近 50 年 GIS 咨询和开发经验，具有较好的理论和实践基础并且符合工业标准。ArcGIS 具有较强的伸缩性和扩展性，适用于不同级别用户。

9.1.1　ArcGIS 10 软件特色

ArcGIS 10 功能完善、具有较好的扩展性和支持性。ArcGIS 10 在兼容现有版本数据模型和功能方法的基础上，进一步增强了用户的扩展和自定义开发功能，更加注重用户体验和数据应用。在 ArcGIS 10 中，通过扩展 ArcGIS Engine 和 ArcGIS Server 开发模块，为用户提供了灵活的应用方式。

1. 功能完善、稳定

在 GIS 的广泛应用中，ArcGIS 一直以具有强大的空间分析和空间数据处理功能著称。其独特的空间数据模型及空间分析等功能，为 GIS 应用部门提供了科学的计算结果和强有力的决策依据。

ArcGIS 产品系列完善，具有稳定的系统架构和丰富的 GIS 功能，为各行各业提供全面的解决方案，全球有 100 多个国家和地区在使用不同级别的 ArcGIS 产品。ArcGIS 支持超大数据量的存储，具有较高的响应效率。目前，ArcGIS 是唯一真正具有 TB 级数据存储的实例，包括美国地质调查局、美国国土安全部等均使用 ArcGIS 管理超过上百 TB 的基础地理数据。在国内，国家基础地理信息中心、国家测绘地理信息局直属单位及其下属各级测绘地理信息局、国土资源部、建设部等政府部门都采用 ArcGIS 存储并管理海量空间数据。

2. 技术成熟稳定并跟踪软硬件发展

ESRI 作为全球最大的 GIS 软件提供商，从事 GIS 理论研究、产品开发以及应用拓展近 50 年，在全球拥有数以百万计的用户群体。其产品经历了数十年的应用考验，技术成熟、应用成功、稳定性强。

ArcGIS 跟踪 IT 行业软硬件及 GIS 应用与理论的发展前沿，以强大的开发阵容和雄厚的开发实力，紧紧跟踪技术发展。目前 ArcGIS 10 能够支持 64 位操作系统，支持开源数据库和各种商业数据库最新版本，支持 Microsoft 公司的 Visual Studio 2008 和 Java6.0 开发工具，支持 Google 的 KML 数据格式以及 OGC 的标准和规范。

3. 扩展性与可伸缩性

ArcGIS 10 符合软件工业化标准，具有统一的系统体系架构模式，具有较好的扩展性。ArcGIS 支持多种空间数据格式，ArcGIS 的 Shp 和 E00 数据格式已经成为应用中的数据标准，被大多数 GIS 厂商软件产品支持，因此其在软件层次和应用层次都具有较好的扩展性。

ArcGIS 10 系列产品具有相同的核心技术和架构模式，为系统资源的共享、系统的无缝升级、数据和应用功能的平滑移植提供了有力的保障；具有较好的伸缩性(图 9-1)，能满足不同用户不同应用阶段的需求，便于统筹规划，充分保护了前期资金和工作投入，避免了系统“升级即重建”的尴尬，使得 GIS 的建设和应用具有极大的延展性和灵活性。

ArcGIS 10 的可伸缩性还表现在部署模式，支持从桌面到网络的多级多模式部署，有利于数据的分享以及应用，有助于用户的分析和决策。

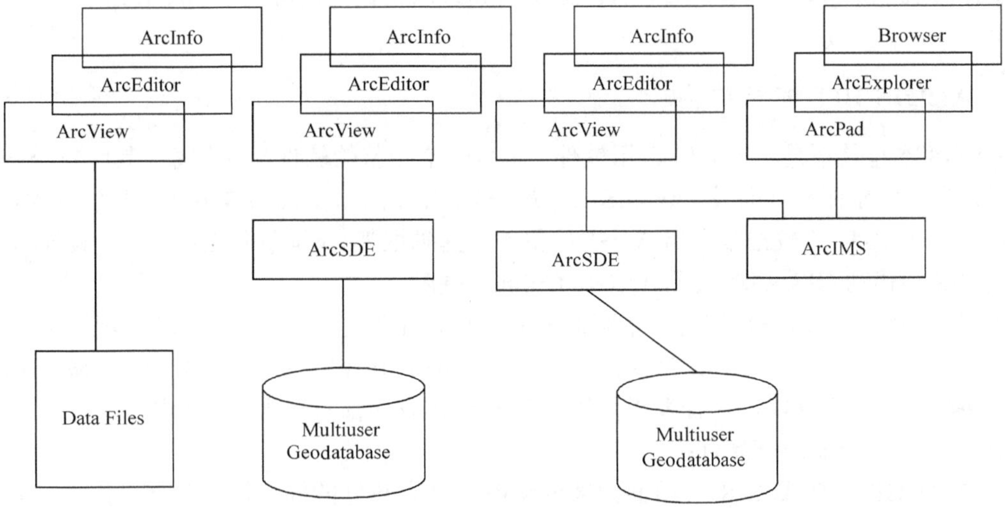

图 9-1　ArcGIS 的可伸缩性

4. 标准与互操作

ArcGIS 产品的设计和开发遵循国际通用标准，包括 GIS 行业标准和开放 IT 技术标准。ArcGIS 的标准保证了其所构建应用系统的开放性和可持续发展。目前，ESRI 公司支持和整合的 IT 标准主要有：

(1) 数据库管理系统，Oracle、Microsoft SQLServer、PostSQL、IBM DB2 Universal Database、Informix 等。

(2) 网络协议，TCP/IP、HTTP、HTTPS 等。

(3) 开发环境，VB、VC、C#、Visual Studio .net 和 Java。

(4) 企业应用，SAS、IBM DB2、Oracle、SAP。

(5) Web 服务标准，XML、SOAP、UDDI、WSDL、OGC 规范(WFS、WMS、WCS)。

互操作是一种通过不同软件体系实现不同数据格式的数据共享能力。GIS 空间数据特性所决定的数据复杂性，使得用户需要这一功能实现多个软件提供商所生产数据的协同作业。OGC（Open Geospatial Consortium）一直致力于空间数据和 GIS 应用的互操作和共享。ArcGIS 软件能够支持 OGC Web 标准、WMS、WFS 和 WCS，并且随着 OGC 宣布 Google KML2.2 成为 OGC 标准，ArcGIS 也将完全支持 OGC 规范的 KML 格式。ArcGIS 对标准和互操作的支持，使得其能与其他软件或者模块协同用于 GIS 行业。

5. 操作简单、灵活的定制与开发

ArcGIS 10 系列软件不仅有着完善的可扩展体系结构，而且在保留强大功能的基础上，界面风格更加简单友好，易于使用。

ArcGIS 10 提供了符合工业标准的 VBA（Microsoft Visual Basic for Application）作为 ArcGIS 桌面系统脚本编程工具，实现灵活的定制功能。此外，ArcGIS 还提供了丰富的工具条和功能扩展模块，供用户在不同应用中选择定制应用。

基于 COM 组件库的 ArcGIS 10 软件体系，符合工业标准，凡是支持 COM 编程开发的编程工具，如 Microsoft Visual C++、Delphi 等都可以用于定制和开发 ArcGIS 应用。同时，ESRI 为 ArcGIS 提供了详细的帮助文档、组件库说明和代码范例，使得基于 ArcGIS 的开发变得异常简单。

9.1.2　ArcGIS 10.5 体系结构

ArcGIS 本身并不是一个 GIS 应用软件，而是一个完整的软件产品体系，其中每个产品都是依据特定的需求而设计研发。ArcGIS 10 是 ESRI 开发的新一代 GIS 软件，于 2010 年推出，在原有的 ArcGIS 9 的数据服务器 ArcSDE 和 4 个基础框架（桌面软件 Desktop、服务器 GIS、嵌入式 GIS 和移动 GIS）中增加了 ArcGIS Online 功能。

如图 9-2 所示，ArcGIS 作为一个可伸缩的平台，无论是在桌面端、服务器端、移动、网络等方面都为用户提供了相应的产品。而且，伴随 ArcGIS 10.5 的推出，ESRI 增强了 ArcGIS 中的网络服务和应用功能，在开发组件以及开发模式方面都有较大改善和提高。

ArcGIS 10.5 主要的产品有：

（1）桌面 GIS，完成 GIS 应用的大部分功能，具有较好的伸缩性，从轻量级的 ArcView 到复杂的 ArcEditor 再到完善的 ArcInfo，能够符合不同级别用户的应用。

（2）移动 GIS，包括 ArcPad 以及为平板电脑使用的 ArcGIS Desktop 和 Engine 组件，具有离线环境下的强大编辑功能。

（3）服务端 GIS，包括 ArcGIS Server、ArcIMS、ArcSDE，为用户提供了从数据管理、数据访问、数据发布、数据服务等级别的不同应用组件和产品。

（4）开发 GIS，包括 ArcGIS Engine、EDN、ArcObjects 等。开发 GIS 是 ArcGIS 产品的基础，是 ArcGIS 二次开发的接口和规范。EDN 更是为用户提供了详尽的开发文档和技术指导。

（5）空间数据库及引擎，包括 Personal Database、Enterprise Database、Spatial Data Engine（ArcSDE）等。这为用户的大数据量应用提供了产品支持，而 ArcSDE 空间数据库引擎则为大数据量空间数据库的数据快速检索和获取提供了高效方法。

（6）ArcGIS Online，它是一种基于云的协作式平台，作为 ArcGIS 系统的组成部分，能利用其一系列的拓展功能；还能够允许组织成员使用、创建、共享地图、数据和应用程序及访问 ArcGIS 的应用程序和权威性地图。

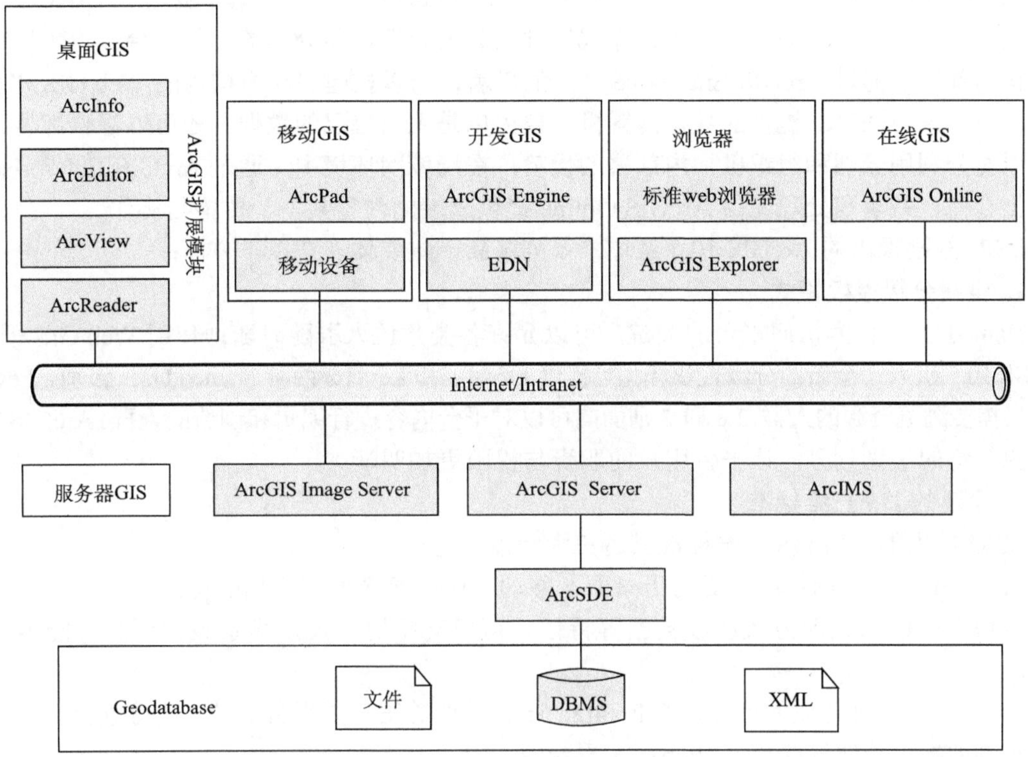

图 9-2　ArcGIS 10.5 产品体系结构

9.1.3　ArcGIS 10.5 新特性

ESRI 在 2017 年新年来临之际，在众人期盼之中发布了其最新产品 ArcGIS 10.5。从 ArcGIS 10.0 到目前的 10.5 版本的发展来看，每个产品都添加了许多实用的新功能，并对原有功能进行了很大的增强和改进。ArcGIS 10.5 已经成为了一个以 Web 为中心的智能地理平台，推出了更精细的分级授权、全新的 i3S 三维标准、大数据分析处理产品、多 Portal 间协作共享等许多新特性及增强，使得能进一步促进用户间的沟通协作，分析大数据潜在的价值，使用户更高效、更智能、更敏捷的进行决策及响应。ArcGIS 10.5 包括了最新版本 ESRI 的企业 GIS，并能够释放数据自身全部的潜力；分布式计算能够加速分析操作的完成，通过使用新的 ArcGIS GeoAnalytics Server 以及 ArcGIS Server 服务，在对大数据集执行复杂的时空分析时，可以将处理时间从几天缩短到几分钟，并可以在单机以及分布式计算环境中执行大批量处理任务以及栅格分析；ArcGIS 10.5 能够进行交互式的数据探索并能够跨企业合作；可以从 ArcGIS GeoEvent Server 需要的数据源和设备连接到流数据，从而方便用户进行监测、过滤、分析及保存事件；此外，用户还能借助 ESRI Business Analyst Server 使用 ArcGIS 应用程序进行数据分析。

ArcGIS 10.5 平台拥有十分丰富的能力，可以在数据管理、制图与可视化、空间分析、大数据、实时、三维及影像等方面能够为各行各业运用地理学思维解决其行业问题提供强有力的支持。此外，ArcGIS 10.5 提供了非常灵活的部署方式，可以根据组织机构的现有资源和具体需求进行相应选择，可以在云端部署：ArcGIS Online 云端平台是基于亚马逊的 AWS 搭建的，提供了一个基于云的、完整的协作式地理信息内容管理与分享的工作平台；也可以在组织机构内部署：通过 ArcGIS Enterprise 产品的部署，可以构建组织机构内的 Web GIS 平台，数据既可以来自 ESRI 提供的数据前置机，也可以是用户自己的数据；还可以混合部署：用户可以充分利用云端和组织机构内部署的优势。在局域网环境中，通过 ArcGIS Enterprise 提供数据存储、共享和处理，由 ArcGIS Online 提供云端的内容共享、传播与协作。

ESRI 刚刚推出的 ArcGIS 10.5 经过一系列革新，主要体现在以下方面：

1. 全新分级授权模式

Named User 作为访问平台的关键，可以允许各类角色人群随时随地使用 Web GIS 平台。ArcGIS 10.5 引入了全新的分级授权模型，提供 Level 1 和 Level 2 两种 Named User 级别。Level 1 面向只需要浏览资源的人群，Level 2 则面向可以对平台内容进行编辑和创造的人群。ArcGIS 10.5 通过更精细的级别划分，让平台用户的职责与权限更加明晰。

2. 全新的 i3S 三维标准

ESRI 推出的全新 i3S 三维标准具备三大特点：

(1) 采用 Web 访问标准，更易于桌面、移动、Web 等多种客户端的访问。

(2) 具有 LOD、流方式加载数据等特性，可以支持更大规模场景数据更高性能地加载显示。

(3) 它还是一种开放的标准，被 Pix4D、Smart 3D 等第三方平台支持，使得倾斜摄影数据等更多源的数据能够轻松接入 Web GIS 平台中。

3. 全新大数据分析处理产品

ArcGIS 10.5 全新推出的 ArcGIS GeoAnalytics Server 和 ArcGIS Image Server 两款服务器产品是分别针对矢量和栅格大数据进行高效处理。ArcGIS 大数据分析集成分布式计算框架，大大提升了海量数据处理效率，数十亿级规模数据计算以分钟计算；提供丰富的大数据分析工具，能够通过 ArcGIS Pro、Portal for ArcGIS 等多个客户端像使用常规地理处理 (GP) 工具一样轻松使用。ArcGIS 10.5 为用户提供了一个高效快速、即拿即用的地理大数据平台，帮助用户从时间、空间等多维度了解和认知大数据，挖掘更多有价值的信息。

4. 高效的实时大数据分析处理产品

ArcGIS 10.5 推出的服务器产品 GeoEvent Server 支持 TCP、WebScocket 等多种主流传输协议，实时大数据可以高速接入，在进行连续的实时处理分析后，可将实时大数据分布式存储、并进行动态实时聚合显示，同时能够对存储的历史大数据进行挖掘分析。

5. 全新专业级影像生产工具集 OrthoMapping

ArcGIS 10.5 影像新增的专业级数据产品生产工具集 OrthoMapping，支持基于无人机、大飞机、卫星拍摄的原始影像进行信息产品生产，可生成镶嵌正射产品、DSM/DTM、点云等成果类型。工具集成了更加成熟的区域网平差算法，大大提升了数据处理精度。

6. 全新空间数据挖掘产品 Insights for ArcGIS

(1) 提供了丰富的可视化和空间分析工具。

(2) 支持多源数据访问。

(3) 丰富了分析工具及交互式动态分析，提供了绚丽丰富的地图、图表等多样可视化表达，并且所有分析流程可以即时记录即时分享。

7. Portal to Portal 协作共享新模式

ArcGIS 10.5 中 Portal for ArcGIS 新增的 Portal to Portal 协作功能可以解决多个 Portal 之间的协作共享，实现跨组织、跨领域的业务协作。通过 Portal to Portal 协作构建一个分布式 Web GIS，大大促进了数据的开放与共享。

8. 新一代服务器软件 ArcGIS Enterprise

ArcGIS 10.5 推出 ArcGIS Enterprise，原身为 ArcGIS for Server，是组织机构内部搭建 WebGIS 平台的关键产品，包括 ArcGIS Server、ArcGIS Data Store 、Portal for ArcGIS 等核心组件。其中 ArcGIS Server 提供了五种服务器产品：GIS Server 、GeoAnalytics Server 、GeoEvent Server 、Image Server 、Business Analyst Server，分别提供基础 GIS 服务、矢量大数据分析、实时大数据、栅格服务及栅格大数据分析、商业分析功能，用户可以根据自身需求选择扩展平台能力。

9. 跨平台开发产品 ArcGIS Runtime 100.0

(1) 支持跨平台、跨设备，如 Windows、Linux、Mac、iOS、Android 等。

(2) 采用全新的底层架构设计，支持所有开发平台具有一致的 API 接口。

(3) 与 Web GIS 无缝对接，开发者可随时随地使用、制作、编辑平台资源。

(4) 增强的 3D 体验，倾斜摄影、精细模型等全支持，并支持三维符号化、三维路径分析等。

(5) 强大的离线功能可以支持移动地图包、底图切片包及要素服务离线同步等多种离线模式。

(6) 支持直连 SDE 数据库、本地栅格数据源等。

9.2　ArcMap 应用基础

ArcMap 是 ArcGIS 桌面软件中一个主要的应用程序模块，具有面向地图的所有功能，包括地图制图、地图分析和编辑，以及 ArcGIS 桌面扩展应用。

ArcMap 提供两种类型的地图视图：地图数据视图和地图布局视图。地图数据视图是地理数据集的显示窗口，实现地图数据的符号化显示、分析和编辑。在地图布局窗口中，用户可以处理地图的页面，包括地图数据视图和其他地图元素，如比例尺、图例、指北针和参照地图等。通常 ArcMap 可以将地图组成页面，便于打印和印刷。内容表视图帮助用户组织和控制数据框中 GIS 数据图层的显示属性。

9.2.1　ArcMap 界面

ArcMap 窗口主要由主菜单、标准工具条、扩展工具条、内容表视图(Table of Content)、地图视图、地图布局视图(Layout View)、浏览工具条、状态条等组成。如图 9-3 所示。

1. 主菜单

ArcMap 主菜单包含了其所有功能，并且与标准工具条、扩展工具条等相对应。主菜单、工具条界面如图 9-4 和图 9-5 所示。

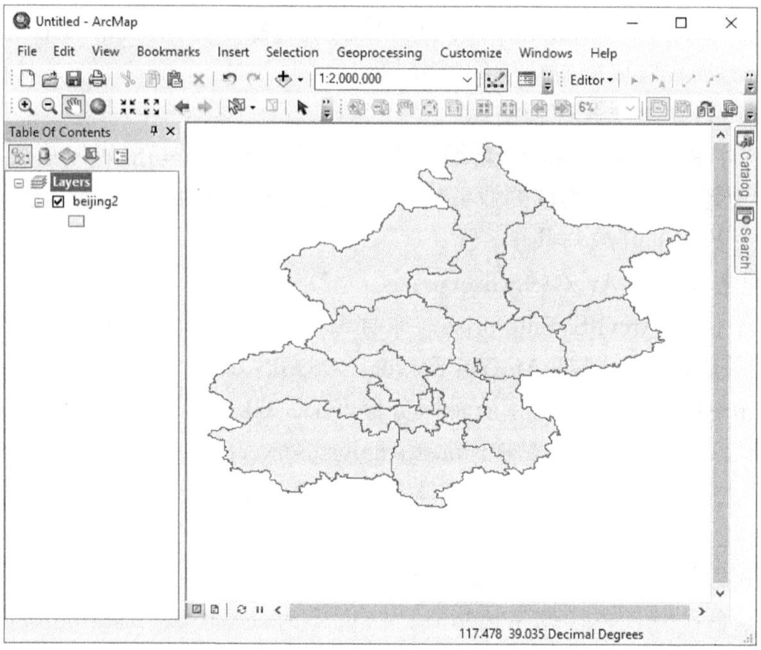

图 9-3　ArcMap 界面主窗口

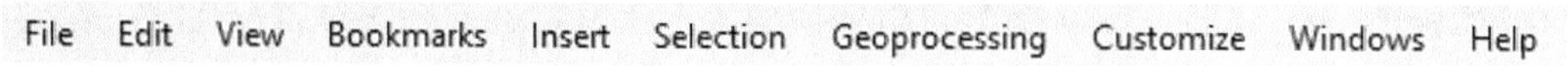

图 9-4　ArcMap 主菜单

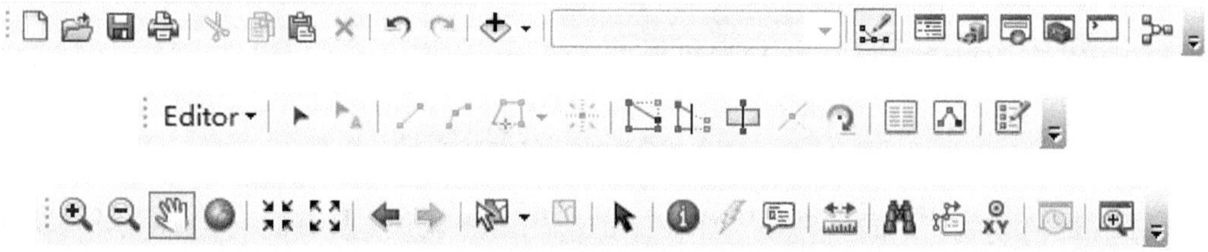

图 9-5　工具条界面

2. 内容表视图

内容表视图(Table of Content)是 ArcMap 中打开数据内容的逻辑组织，其中包含地图数据框架(Map Frame)、图层列表、显示、数据源、选择性设置等主要界面组件。在此部分，用户能够查看数据的来源，能够设置图层数据的可见性、可选性、上下叠置顺序，并可以按照数据图层的逻辑关系设置图层组(Group Layer)。内容表视图界面如图 9-6 所示。

3. 地图数据视图

地图数据视图，如图 9-3 系统主界面中显示地图的窗口部分所示。地图视图是数据显示窗口，按照内容表视图中定义的图层可见性、上下叠置关系显示地图数据。ArcMap 提供了动态投影、标注修改、地图缓存等多项地图显示设置，增强了数据显示的灵活性。图 9-7 即为地图视图属性设置窗口(通过右键快捷菜单 Data Frame Properties 弹出)。

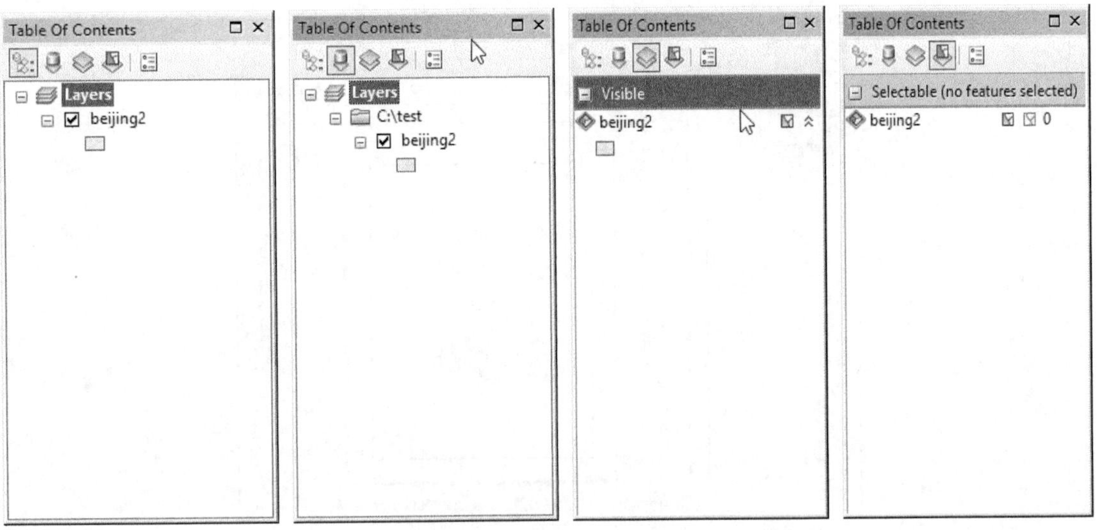

图 9-6　内容表视图界面

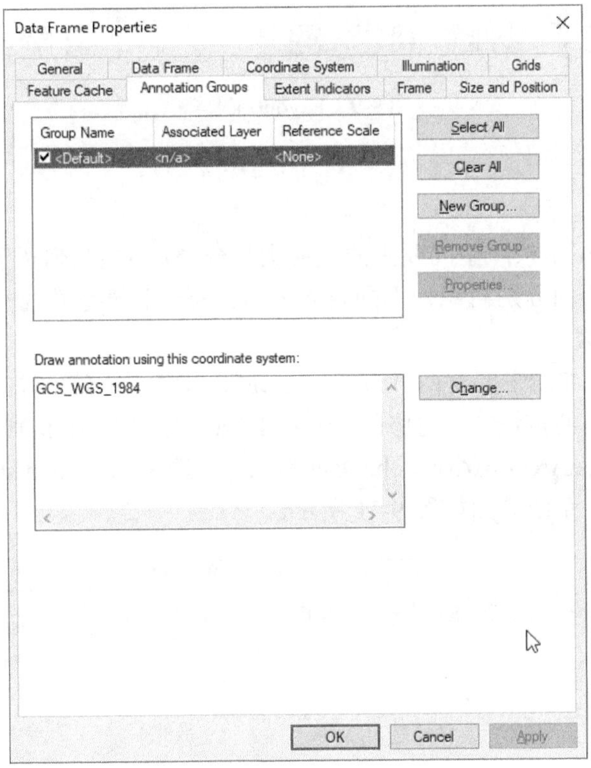

图 9-7　地图视图属性设置对话框

4. 地图布局视图

制图设计是地图输出中的重要环节，其工作在地图布局视图(Layout View)中完成，主界面如图 9-8 所示。在地图布局视图中，图名、图例、比例尺、指北针等地图辅助要素可以根据需要布局在图面的不同位置。部署功能通过 Layout 工具条实现，如图 9-9 所示。

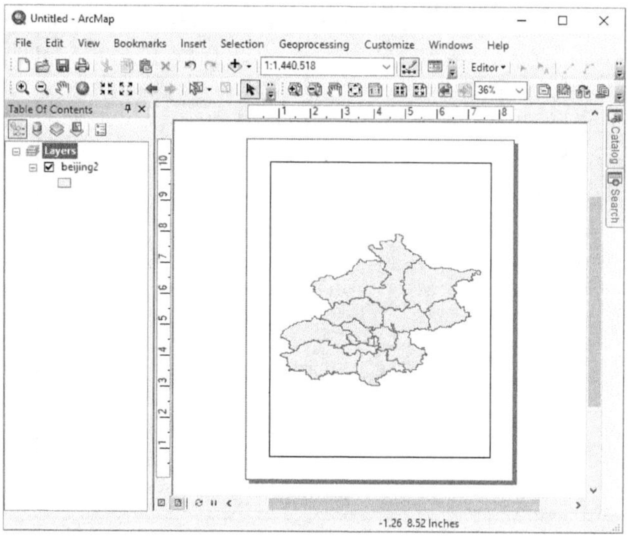

图 9-8　地图布局视图主窗口

图 9-9　Layout 工具条

9.2.2　ArcMap 图层管理

ArcGIS 中数据组织是按照空间要素的几何类型分类，不同几何类型要素组织在不同类型数据集中，即点、线、面分别组织为不同要素类型。每一种要素类型代表一个图层。

1. 图层加载、卸载

在 ArcMap 中图层加载主要有两种方式：ArcMap 中直接加载和拖入加载。

通过标准工具栏中的按钮，打开一个 Add Data 对话框(图 9-10)用于加载图层数据，定位到 C:\Program Files\ArcGIS\ArcGlobeData 目录下，选中 continent.shp，点击【Add】按钮，即可以加载一个图层，系统界面如图 9-11 所示。

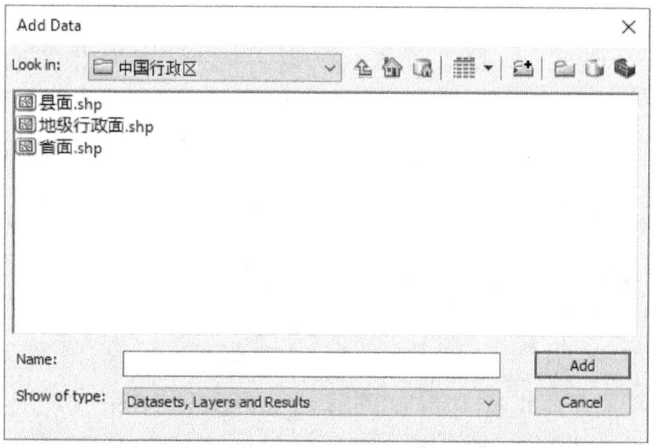

图 9-10　Add Data 对话框加载图层

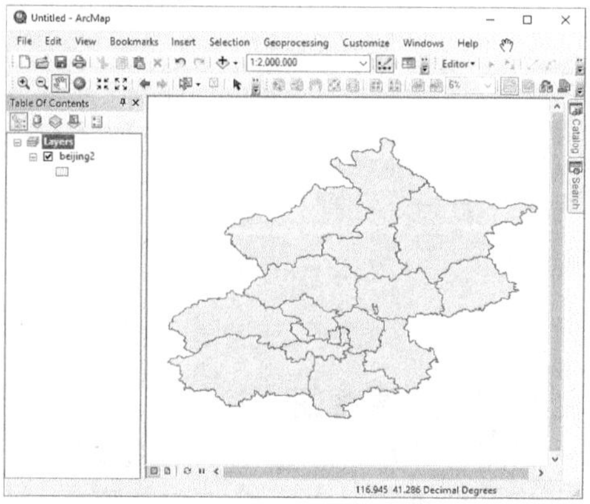

图 9-11　图层加载后的效果图

拖入加载图层可以从 Windows 资源管理器或者是 ArcCatalog 中选择需要加载的文件名或者图层，使用鼠标左键拖放到 ArcMap 地图视图窗口或者是左侧的内容表视图中，即可实现图层的加载。

在 ArcMap 主界面左侧的内容表视图中，选择【Display】或者【Source】选项卡，选中要卸载的图层并点击鼠标右键，弹出快捷菜单如图 9-12 所示，选择【Remove】，即可实现图层的卸载。结合【shift】和【ctrl】键可以实现多个图层的选择。

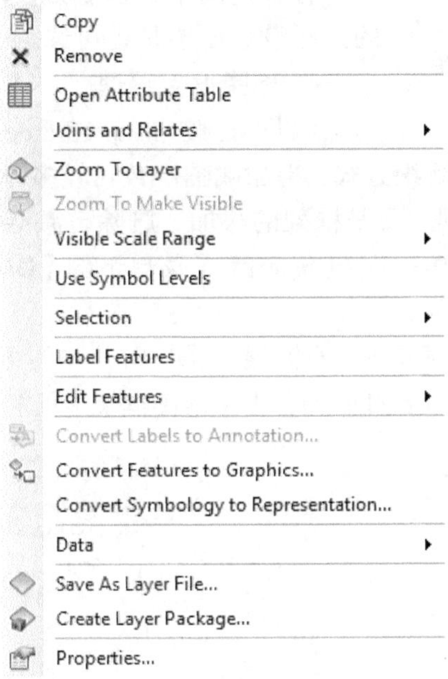

图 9-12　内容表视图的右键快捷菜单

2. 图层顺序调整

图层顺序是图层显示绘制的先后顺序，顺序不同代表不同的图层叠置关系。因为 ArcGIS 按要素类型组织图层，所以图层显示要按照一定的规则排序，避免面状地物对点状和线状地物的遮挡。图层的调整非常有必要，一般按以下规则排序：

(1) 按注记、点、线、面自上而下排序。

(2) 按照地图设计目的及图层的重要性自上而下排序。

图层顺序调整也可以用鼠标左键拖动自由排序。

3. 图层属性设置

图层的属性是图层名称、显示、选择等特性的表现，其设置可以在 ArcMap 的内容表视图中实现。一般常用的属性设置包括：图层更名、可见性设置、透明度设置、可选性设置、坐标定义等。本节主要介绍图层更名、可见性设置、可选性设置。

在内容表视图中，选中需要更名的图层，在选中后蓝色显示的区域再点击一次鼠标左键即可看到在图层名称后有一个闪烁的编辑鼠标提示。在此状态下输入新的名称，并回车或者左键点击内容表视图的其他位置，即可实现图层的更名。图层的默认名称一般是图层的数据源文件名。

可见性是一个图层的关键属性。在 ArcMap 中可见性包括两方面：图层是否可见和图层可见范围设置。图层是否可见通过 ArcMap 左侧的内容表视图中的☑实现，如果打钩说明可见；如果为空，则整个图层都不可见；如果为灰色，则图层已经设定了可见范围显示。

可见性范围设置通过图 9-12 的【Visible Scale Range】子菜单(图 9-13)设置。调整地图显示到适当比例尺范围下，分别点击【Set Minimum Scale】和【Set Maximum Scale】设置图层可见性范围。

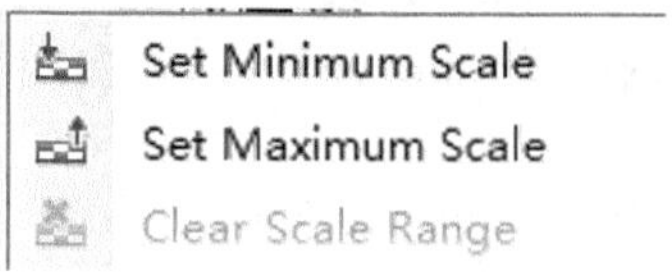

图 9-13　Visible Scale Range 子菜单

图层的可选性设置通过 ArcMap 的内容表视图完成。在内容表视图中选择【Selection】选项卡，通过勾选图层前的方框设置图层是否可选。

4. 地图框架管理

地图框架(Map Frame)和图层组(Group Layer)是 ArcGIS 中对图层的一种逻辑组织方式。当加载图层数目较多时，利用图层间的逻辑关系分组组织图层数据。地图框架管理主要是框架的添加、删除、激活。

通过 ArcMap 主菜单(图 9-14)中【Insert】子菜单下的【Data Frame】添加一个地图框架。【Insert】子菜单如图 9-14 所示。

地图框架的删除通过内容表视图中右键菜单(图 9-15)中的【Remove】完成；激活通过右键菜单中的【Activate】完成。在 ArcMap 的若干个地图框架中仅能有一个地图框架处于激活状态。

图 9-14　Insert 子菜单

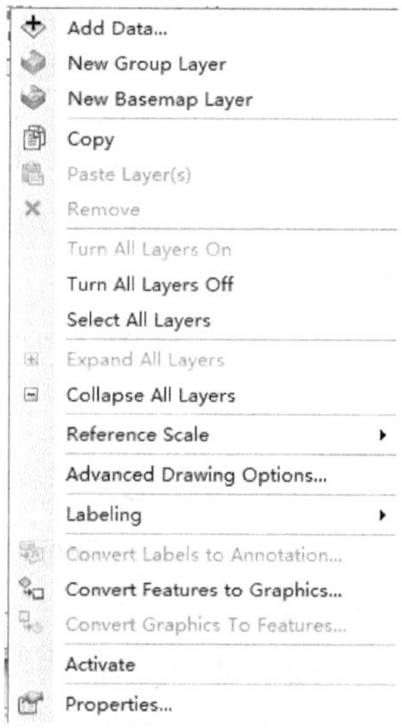

图 9-15　内容表视图右键快捷菜单

5. 图层组管理

图层组也是以图层间的逻辑关系组织图层的一种方式。图层组的管理包括图层组的创建、添加图层、删除图层、删除图层组。

图层组的创建是以地图框架为基础的，选中地图框架，在右键弹出菜单中选中【New Group Layer】即可创建一个图层组。图层组的右键快捷菜单中的【Remove】按钮能够实现图层组的删除。在内容表视图中，通过鼠标的拖拉能够实现图层组中图层的增加和删除。

6. 图层保存

ArcMap 中的图层保存有两层含义：单一图层存储为 Lyr 格式，所有图层保存为 mxd 格式。Lyr 格式是 ArcGIS 推出的一种支持图层颜色等属性保存的图层格式，即将所见即所得的图层设计内容保存下来。mxd 是 ArcGIS 产品中一种通用的图层格式，内容为各个图层的存储路径和图层属性，其中图层存储路径可以通过 File 菜单下的【Map Document Properties】设置，如图 9-16 所示。

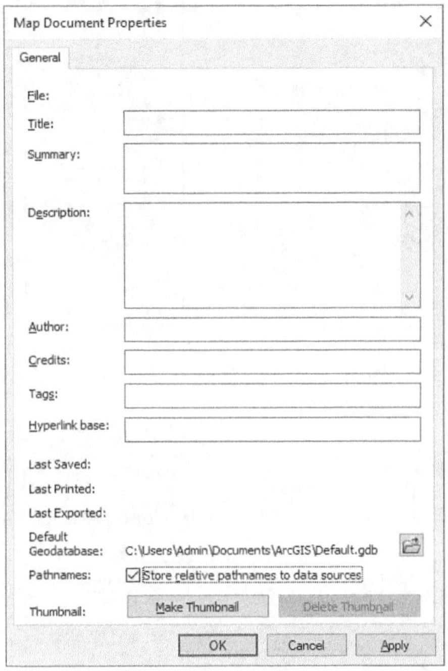

图 9-16　mxd 存储路径设置

9.3　ArcCatalog 应用基础

ArcCatalog 是 ArcGIS 桌面应用的另一重要模块，是用户设计并维护空间数据及空间数据库的模块，支持的数据内容有地图数据、关系表数据、元数据、服务等。ArcCatalog 主要功能如下：

(1) 设计、浏览地理空间数据。

(2) 记录、查看和管理元数据。

(3) 定义、输入和输出 GeoDatabase 结构和设计。

(4) 支持网络和本地的 GIS 数据搜索。

(5) 管理 ArcGIS Server，并发布各种服务。

GIS 用户使用 ArcCatalog 组织、管理和使用 GIS 数据，同时也使用标准化的元数据描述数据。GIS 数据库的管理员使用 ArcCatalog 定义、建立、维护 GeoDatabase。

ArcCatalog 主要功能如下：

(1) 设计、浏览地理空间数据(图 9-17)。

(2) 记录、查看和管理元数据(图 9-18)。

(3) 定义、输入和输出 GeoDatabase 结构和设计。

(4) 支持网络和本地的 GIS 数据搜索(图 9-19)。

(5) 管理 ArcGIS Server，并发布各种服务(图 9-20)。

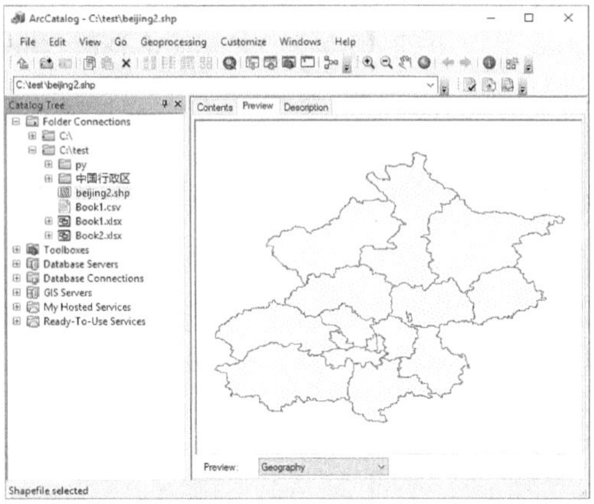

图 9-17　ArcCatalog 运行界面

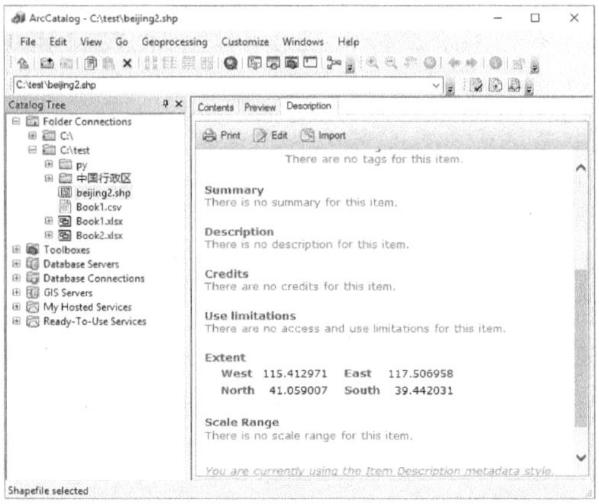

图 9-18　ArcCatalog 元数据窗口

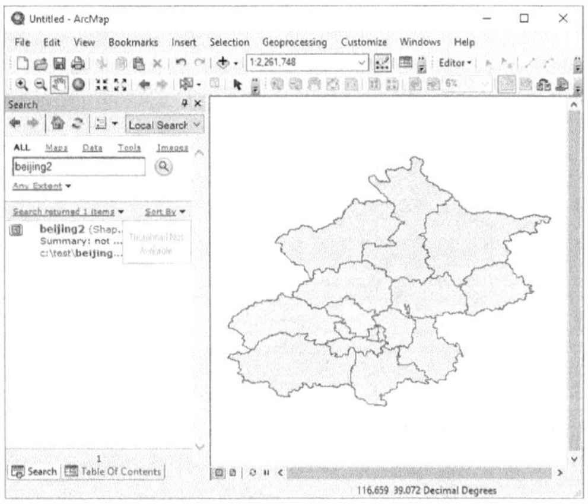

图 9-19　在 ArcCatalog 中搜索预览本地数据

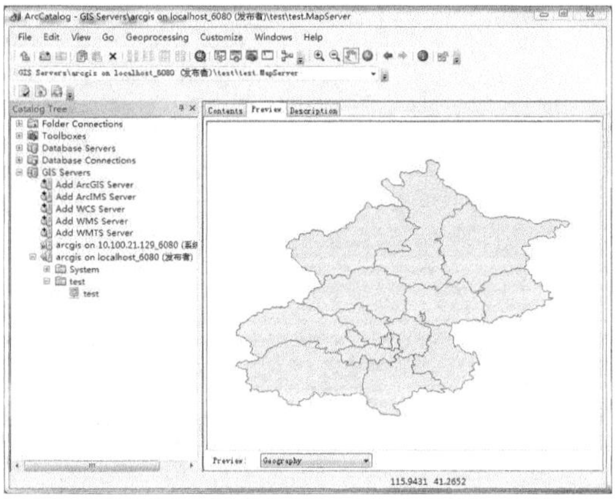

图 9-20　预览 ArcGIS Server 生成的地图服务

9.3.1　ArcCatalog 数据组织与管理

ArcCatalog 管理的主要数据源和数据类型包括：本地硬盘的各类可支持数据(如 shp、Coverage 等)、地理坐标定义数据、空间数据库连接参数、GIS 服务器连接参数、FME 互操作连接参数、Toolbox 工具箱等。其他可支持条目可以从主菜单的【Customize】→【ArcCatalog Options】子菜单弹出的对话框【General】选项卡(图 9-21)中查看。

空间数据库是常用的数据组织和存储方式。本章重点介绍空间数据库中的数据组织、浏览、管理、转换等内容。

空间数据库中数据主要分为矢量数据、栅格数据、空间拓扑关系数据、关系属性表数据。其中空间拓扑关系数据是附属于矢量数据的一类表达空间数据拓扑关系的数据。空间数据库中数据集组织模式如图 9-22 所示。

矢量数据集包括各种不同类型的地物类(FeatureClass)，在 ArcGIS 中严格划分为点、线、面、文字四种要素类，不同类型地物不允许跨类存储。栅格数据集按照数据的波段数目分为多个波段层，每层类似于矢量的一个地物类，可以在 ArcMap 中加载为一个图层。

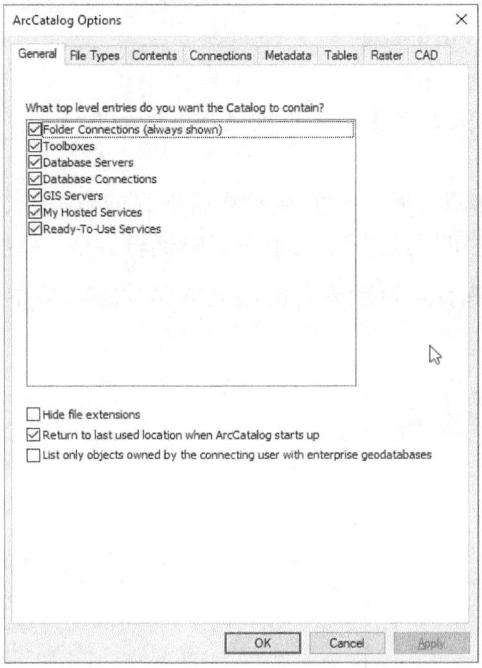

图 9-21　ArcCatalog 支持数据类型

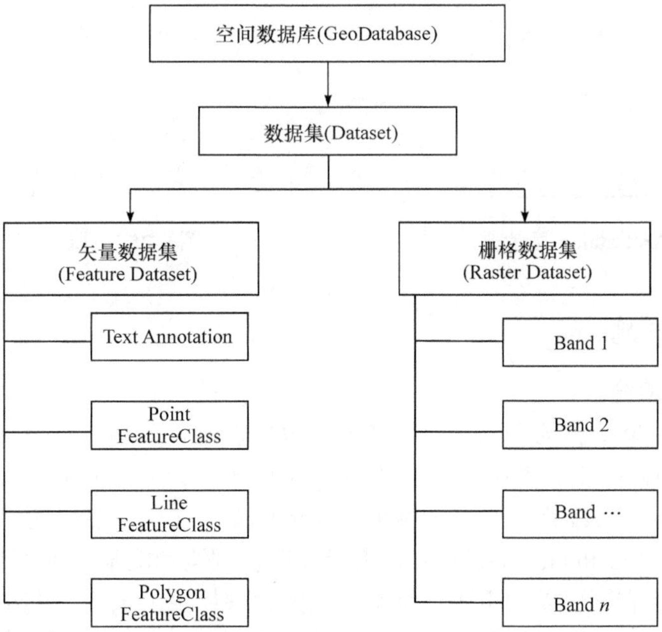

图 9-22　空间数据库数据集组织模式

9.3.2 ArcCatalog 目录树

目录树是 ArcCatalog 提供给用户的直观的数据检索目录，类似 Windows 的资源管理器。目录树如图 9-23 所示。目录树中包含用户感兴趣的数据类型和数据源，其中支持数据源可以由用户通过图 9-21 的选项对话框设置。

1. 目录树显示开关

ArcCatalog 目录树的开关通过主菜单下的【Windows】子菜单(图 9-24)完成。

2. 目录树中添加内容

目录树中添加内容包括两方面：添加新的数据格式或数据源、添加本地文件夹的链接。添加新的数据格式或数据源可以通过图 9-21 所示对话框完成。添加本地文件夹的链接可以在标准工具栏上选择按钮或者是目录树右键快捷菜单(图 9-25)中的【Connect To Folder...】子菜单。

图 9-23 ArcCatalog 目录树

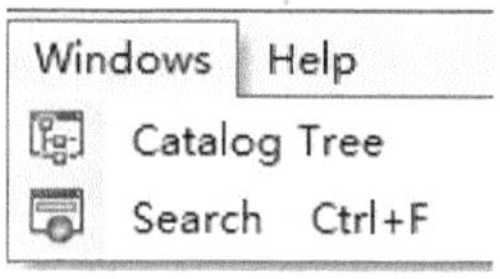

图 9-24 【Windows】子菜单

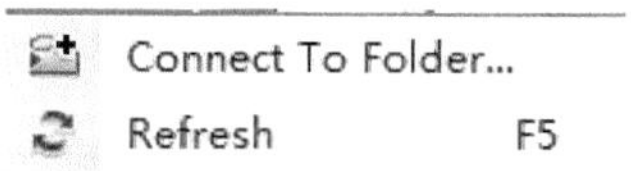

图 9-25 目录树右键快捷菜单

9.3.3 空间数据浏览

1. 空间数据的浏览

ArcCatalog 中空间数据的浏览有多种模式：数据表浏览、图形数据浏览、元数据浏览。图 9-26 所示 ArcCatalog 主界面中，右侧地图窗口顶部的【Preview】选项卡表示图形数据和数据表的浏览，【Metadata】选项卡是元数据类型的浏览。在地图窗口的底部【Preview】下拉框中有两个选项：Table 和 Geography 分别表示数据表浏览和图形数据浏览。

图形内容浏览状态下可以利用图形浏览工具条实现图形的放大、缩小、平移、查询等。在表格浏览状态下可以实现数据列的调整、冻结、排列、属性修改、查找以及表格数据的统计等。

2. 数据搜索

空间数据搜索是在 ArcCatalog 中按照某个搜索规则或者感兴趣的主题在空间数据中搜索需要的数据。数据的搜索通过主菜单【Windows】下的子菜单【Search】弹出的对话框(图 9-27)实现。

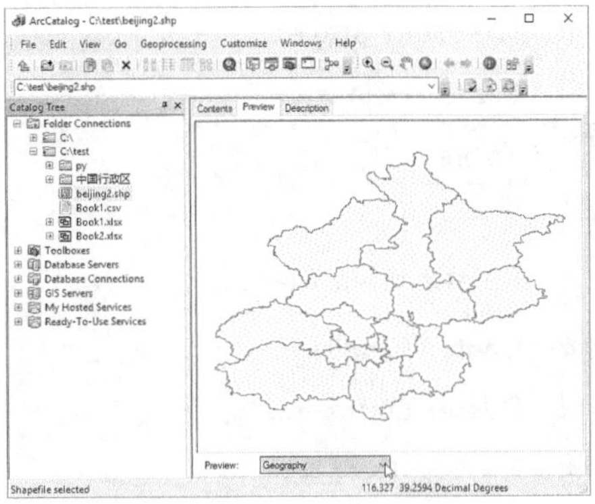

图 9-26　ArcCatalog 主界面

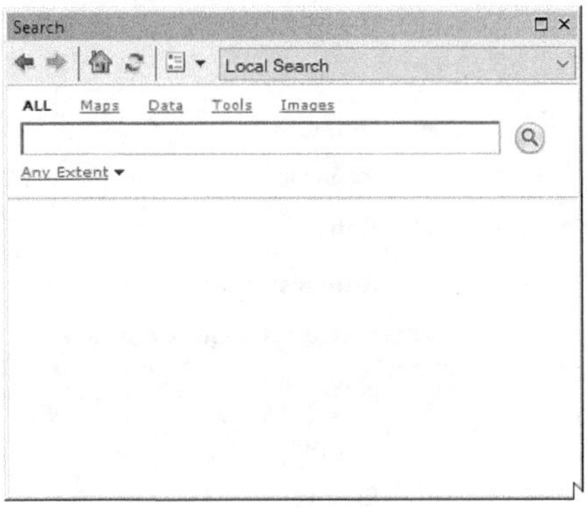

图 9-27　Search 对话框

3. 数据定位搜索

数据定位搜索界面如图 9-27 所示。在【Search】下拉框中选择搜索范围；输入搜索的关键词。点击右侧的🔍进行搜索，搜索到的目录将显示在下方，单击目录在 ArcCatalog 中显示搜索结果。

9.3.4　空间数据库建立

ArcGIS 中的空间数据库主要分为三类：企业数据库、文件数据库、个人数据库。企业数据库即通常意义上的 ArcSDE 空间数据库。在企业数据库中，数据是存储在通用关系数据库，如 Oracle、MicroSoft SqlServer、Informix、IBM DB2 等，支持海量数据的存储与访问，同时支持多用户的任意访问。文件数据库是 ESRI 公司在 ArcGIS 9.2 版本中推出的一种支持数据库的文件系统，每个文件数据库对应一个操作系统文件夹，数据库下的每个 Dataset 最大支持 1TB 的存储量。文件数据库支持多个读取用户和 1 个写入用户，适用于单用户或者小规模的企业用户。个人数据库是 ArcGIS 8 以来就具有的数据格式，是以 Microsoft 的 Access 文件格式作为数据存储的格式，最大支持存储数据量为 2GB。

图 9-28　ArcGIS 空间数据库中的数据内容

空间数据是存储在空间数据库中的主要内容。如图 9-28 所示矩形区域内即为空间数据库中的主要空间数据内容。自上而下依次是：文件空间数据库、空间数据集、地物数据类、表格数据类。

本节主要以文件数据库为例，介绍空间数据库中多种数据的创建。

1. 表格数据类

表格数据类是普通的关系二维表格，与常用的数据库(如 Oracle、SQLServer)中的数据表同属一类。较早的 GIS 软件平台将空间数据的属性数据与图形数据分开存储，属性数据存放在关系数据库中，图形数据存放在文件中。伴随空间数据库的出现，实现了属性与空间数据库的统一存储与管理，因此表格类的属性数据也是存储在空间数据库中的。图 9-29 所示为表格数据类的创建菜单。

首先，输入表格名称，如图 9-30 所示。其次，定义表格的各个字段属性(图 9-31)，如字段名称、字段类型等。

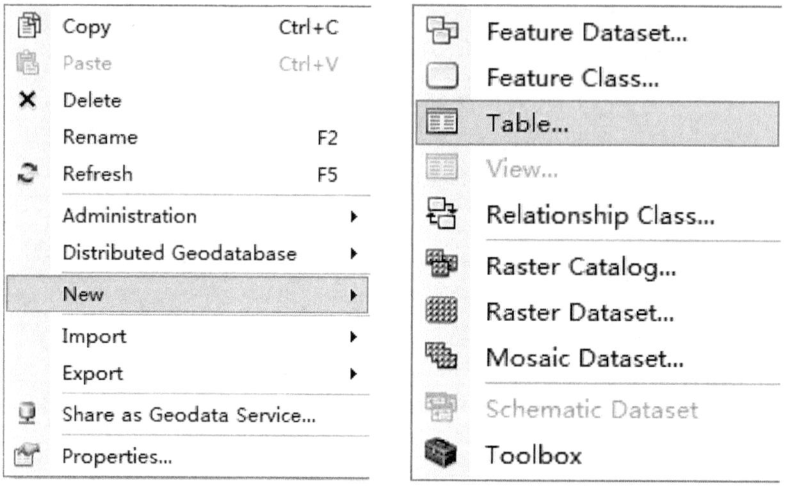

图 9-29　表格数据类创建

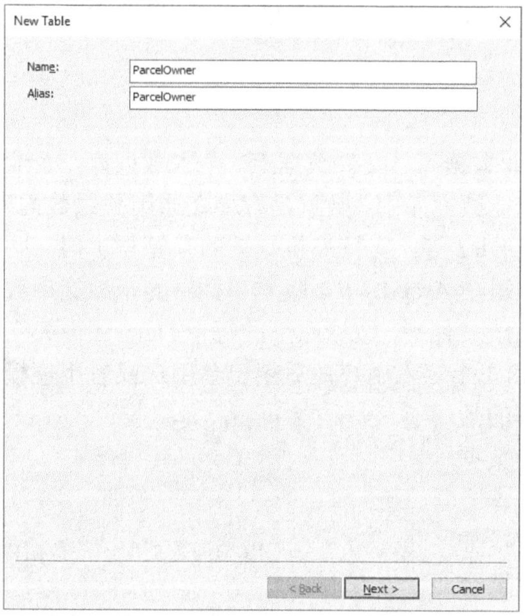

图 9-30　表格名称输入对话框

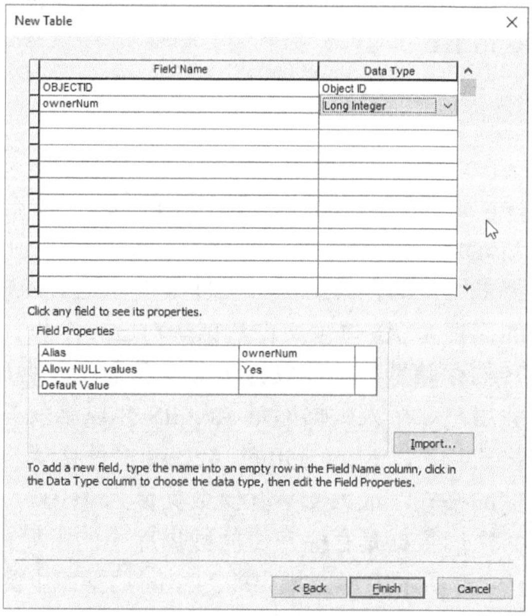

图 9-31　表格字段定义

2. 数据集(Dataset)

数据集是空间数据库的下一层数据组织单元，是各种数据类的集合。数据集根据存储数据格式不同可以分为栅格数据集和矢量数据集。本节以矢量数据集的创建为例，介绍数据集的创建步骤。

第一步，在对话框中输入数据集名称(图 9-32)。

第二步，定义数据集的投影坐标系(图 9-33)和平面坐标系(图 9-34)。在此可以选择系统定义的坐标系统，也可以按照系统向导建立新的坐标系统。

第三步，定义各项容差(图 9-35)。容差在地物比较以及空间关系建立中非常重要。

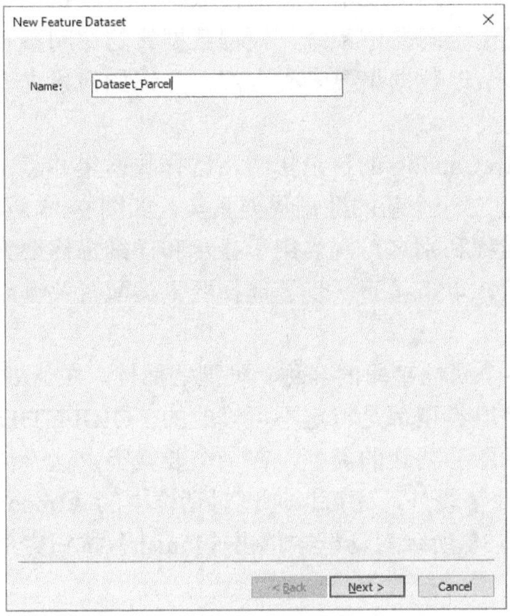

图 9-32　数据集名称输入对话框

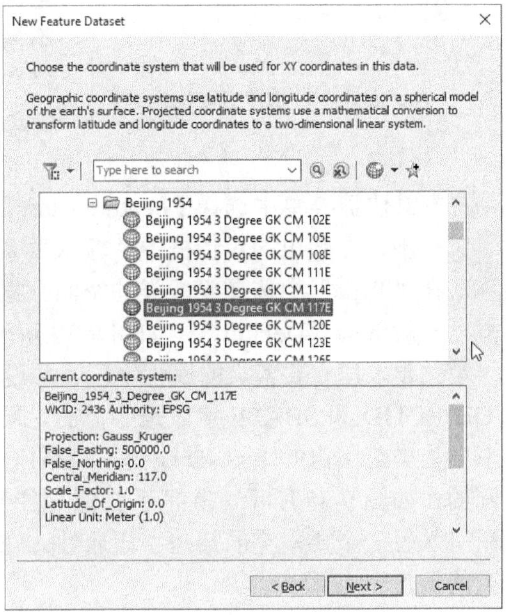

图 9-33　投影坐标系选择

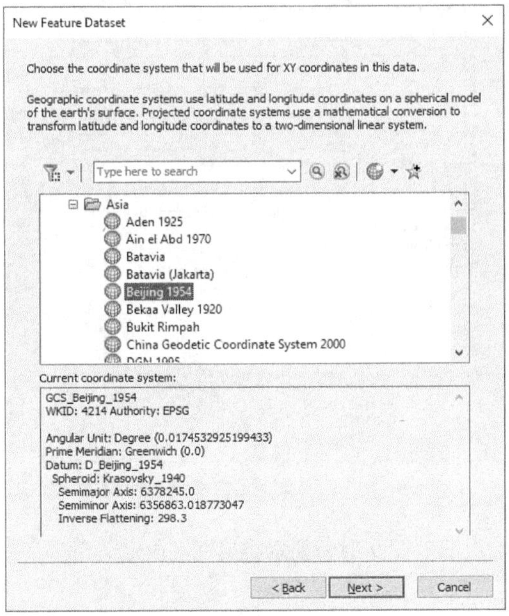

图 9-34　平面坐标系定义

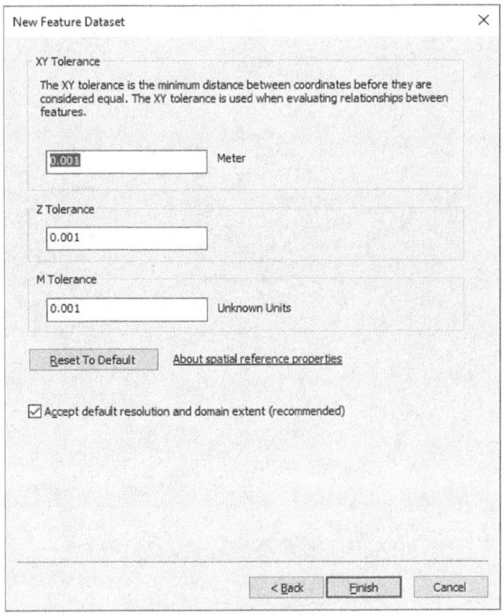

图 9-35　各项容差定义

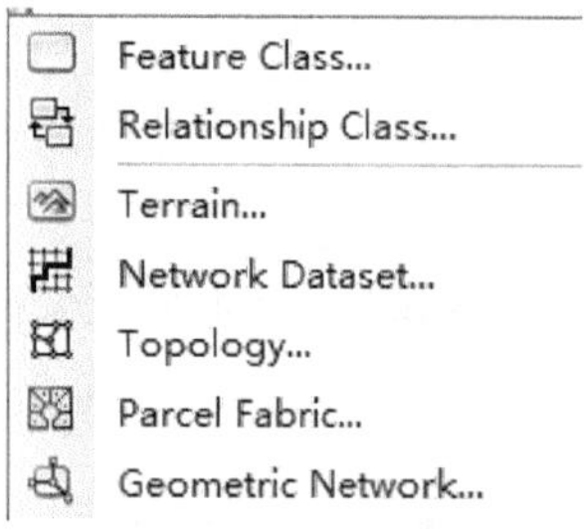

图 9-36　ArcCatalog 目录树右键快捷菜单

3. 地物要素类(Feature Class)

在 ArcGIS 中地物要素类有两种：独立地物要素类和数据集地物要素类。独立地物要素类(简称独立要素类)存储在空间数据库下，在创建时必须定义空间参考坐标系统；数据集要素类存储在数据集下，在创建时不需要指定空间参考系统，根据数据集的空间参考系建立。本节以数据集要素类为例，介绍如何建立一个简单要素类。

在 ArcCatalog 的目录树中，选择数据集并点击右键，在右键快捷菜单中选择【Feature Class…】建立一个新的数据集要素类，如图 9-36 所示。

第一步，在弹出的对话框中，输入要素类名称和别名，别名用于显示和详细描述要素类名称。在“Type”中选择要素类的空间数据类型。单击【下一步】选择要素类配置关键字对话框，一般选择“Default”， 如图 9-37 所示。

第二步，建立要素类的属性字段，并设置各个属性字段的名称、类型等属性。在 ArcGIS 中 OBJECTID 和 SHAPE 字段是必需的，而且字段类型都是特定不可修改的。OBJECTID 是图形要素类范围内的唯一 ID 编码，SHAPE 表示图形要素的类型，在一个要素类内这一值是相同的，如图 9-38 所示。除了手工定义各个属性字段外，还可以通过对话框中的【Import】按钮引入另一个要素类的某些字段属性。在图 9-38 所示对话框中单击【Finish】按钮完成要素类的创建。

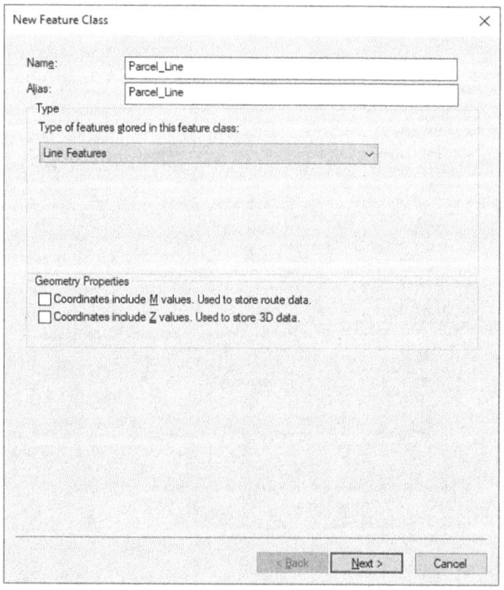

图 9-37　要素类名称输入对话框

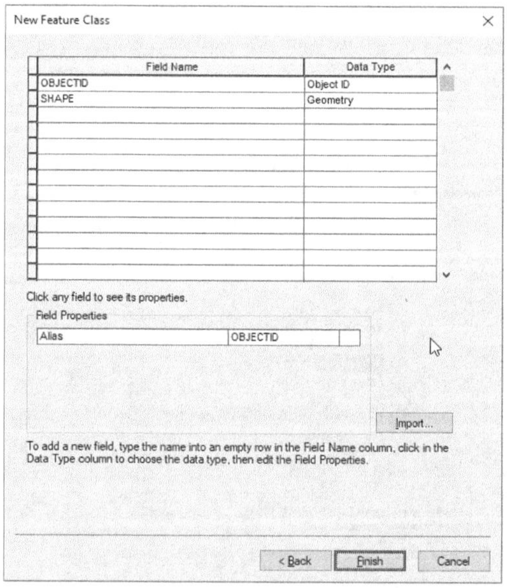

图 9-38　要素类属性字段定义

9.4　GeoProcessing 空间处理

GeoProcessing 框架是一个致力于用户工作自动化的工具集合。它为用户提供了一系列底层空间处理工具，用户既可以使用这些工具完成某些任务，又可以组合这些工具创建新的软件组件或者空间处理工具。同时，GeoProcessing 框架还提供了脚本语言以及开发环境，用户在组合底层工具的基础上开发新的工具和控件，提高了应用的灵活性。

GeoProcessing 的核心思想是为用户提供一套简单、快速工具，能够将用户的新方法、新思路尽快转换为可执行、可管理的空间应用工具和空间分析组件。例如，可以利用 ModelBuilder 组合多个空间处理工具构建空间处理工作流。

GeoProcessing 基于数据的转换框架，典型的 GeoProcessing 工具就是对输入的 ArcGIS 数据集（如地物要素类、栅格数据或者关系表格数据）进行处理，并生成一个新的数据集（图 9-39）。在处理工程中，每一个工具只是整个工作的一个小部分，但也是非常重要、不可或缺的空间操作，比如数据集间的空间投影变换、数据集字段的增加删除操作、创建缓冲区等。

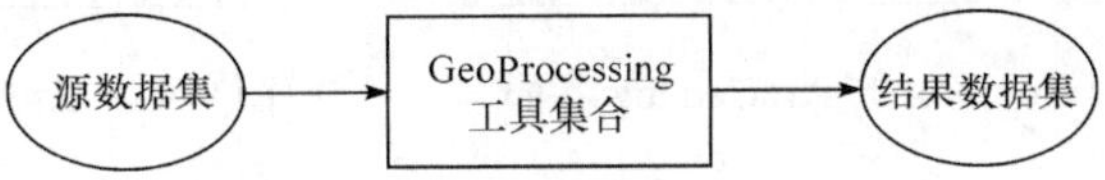

图 9-39 GeoProcessing 基本处理流程

9.4.1 GeoProcessing 概述

GeoProcessing 框架是 ArcGIS 9 推出的一套用于组织和管理 ArcGIS 空间处理工具的用户界面组合。框架中的工具能够以多种方式运行，如 ArcToolbox 中的对话框、ModelBuilder 中的模型、命令行以及脚本。这个框架方便了对空间处理模型的创建、使用、说明和共享。主要包括：①用于浏览和执行的 ArcToolbox 窗口；②用户交互式填写工具执行参数的用户对话框界面；③命令行参数输入与运行界面窗口；④空间处理模型与模型创建工具 ModelBuilder；⑤创建 ArcToolbox 工具的脚本以及加载工具。

9.4.2 ArcToolbox

ArcToolbox 是 GeoProcessing 框架的主要入口。ArcGIS 提供了 400 多个空间处理工具用于空间数据处理，这些工具组织为工具箱或者工具集合显示在 ArcToolbox 中。在 ArcCatalog、ArcMap、ArcView、ArcEditor 和 ArcInfo 中都可以使用，图 9-40 所示为在 ArcCatalog 中的界面。

通过主界面的工具按钮显示 ArcToolbox 工具箱窗口如图 9-41 所示。工具箱是树状界面，主要分为以下几类：①数据管理；②数据转换；③Coverage 的处理；④矢量分析；⑤地理编码；⑥统计分析。

ArcToolbox 为用户提供了便捷的工具维护和管理快捷菜单。如图 9-42 所示，左图为根节点弹出的快捷菜单，实现 ArcToolbox 的管理和维护；右图为各个节点上弹出的右键快捷菜单。从快捷菜单可以看出，ArcToolbox 为空间处理工具的定制和管理提供了多种工具。

ArcToolbox 工具达 400 多个，为了便于使用，ArcToolbox 提供了搜索功能，如图 9-43 所示。

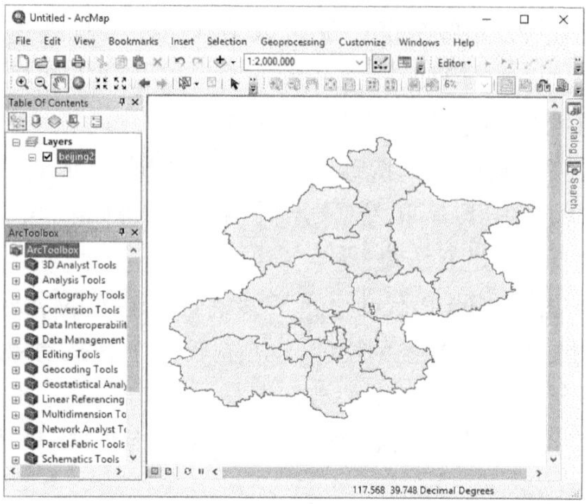

图 9-40　内嵌 ArcToolbox 的 ArcCatalog 界面

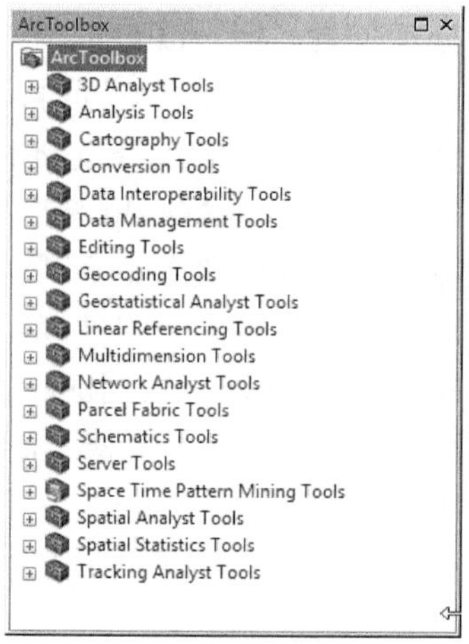

图 9-41　ArcToolbox 独立运行界面

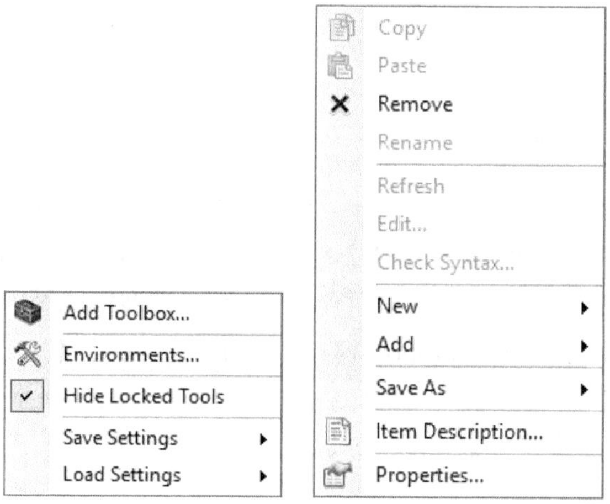

图 9-42　ArcToolbox 右键快捷菜单

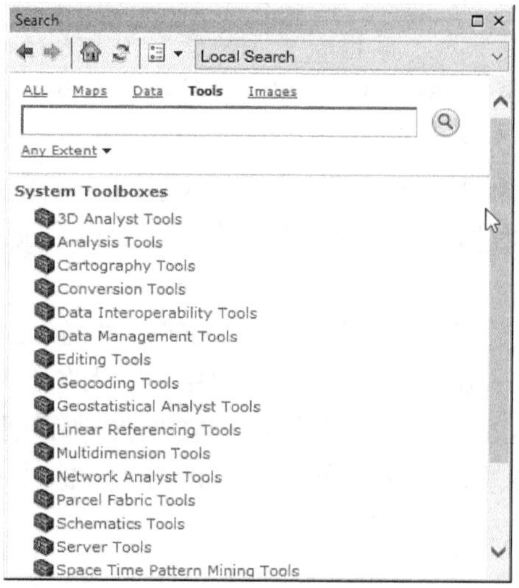

图 9-43　ArcToolbox 搜索界面

9.4.3　ModelBuilder

模型是 GeoProcessing 框架的主要组成部分。模型是数据流图示，它将一系列的工具和数据串起来以创建高级的功能和流程。用户可以将工具和数据集拖动到一个模型中，然后按照有序的步骤把它们连接起来以实现复杂的 GIS 任务。

ModelBuilder 是为建立空间处理流程和脚本提供的可视化的建模工具，实现了用户之间的空间数据处理方法和流程共享。

通过在 ArcToolbox 中添加新的模型或者对已有模型进行编辑可以打开 ModelBuilder 窗口。在 ModelBuilder 窗口中可以通过拖拽把 ArcToolbox 中的工具(包括其他模型或者脚本)添加到模型中。可以双击工具图标设置工具的参数。工具对话框中的参数可以手工输入或者从 ArcCatalog 或 ArcMap 的目录表中拖入。ModelBuilder 的工具条可以完成多种任务，包括设置模型的属性和参数，调整模型的布局和样式，在 ArcToolbox 中双击即可执行模型，如图 9-44 所示。

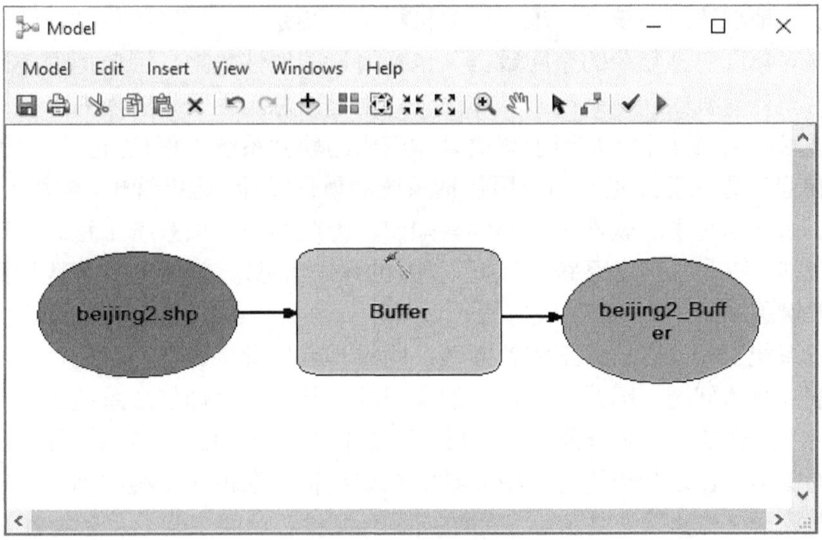

图 9-44　ModelBuilder 界面

习题与思考题

1. 请画出 ArcGIS 10.5 产品体系结构图，掌握 ArcGIS 产品体系。
2. ArcMap 界面中有几种视图窗口？其名称分别是什么？其作用是什么？
3. 简述 ArcCatalog 中空间数据的搜索查找方法。
4. 请用文字描述空间数据库中表格数据类、地物要素类、地物数据集的创建方法。
5. 什么是 GeoProcessing 框架？主要包括哪些操作方式？

第 10 章　地理信息系统工程与应用

地理信息系统已经在许多行业中得到了较好应用，尤其是在城市管理、环境、交通等与空间位置紧密相关行业应用中体现了其空间分析优势。地理信息系统分为两类：工具型 GIS 和应用型 GIS。工具型 GIS 如 ArcGIS、MapInfo 等，这些软件提供一系列 GIS 工具和模块，具有通用性，支持用户的二次开发。应用型 GIS 是面向具体应用，用于解决工程中的具体问题，具有较好的目标性，因此一般称作地理信息系统工程。本章主要讲述地理信息系统工程的实施与应用。

10.1　地理信息系统工程概述

前已述及，地理信息系统是一项集计算机科学、测绘学、图形图像学、地理学等的交叉性学科，处理对象既包括复杂的空间数据又包括海量的属性数据，因此地理信息系统是一个面向应用的大型计算机软硬件系统。具体地讲，地理信息工程是指应用 GIS 的理论和方法，结合计算机技术、测绘技术等，用于解决具体应用的软件系统工程(邬伦等，2002；吴信才，2002)。地理信息工程的开发建设和应用包括系统的最优设计、运行管理，以及资源分配管理，需要管理学、系统运筹学、软件工程等学科知识，因此称作一项系统工程。地理信息工程主要构成要素包括：人员、信息系统、数据(有时也称作信息)。学者们普遍认为数据是地理信息工程中的关键因素。

地理信息系统工程既有软件工程的共性，同时具有自身特殊性。首先，GIS 工程是面向具体应用，解决具体问题，因此具有较好的实用性。其次，地理信息系统工程具有行业应用特点，虽然使用数据是同一城市范围的数据，但在不同行业应用中，对数据的组织不尽相同。在我国目前的国情下，这种应用过程中领导的知识结构和意识对工程实施具有较大影响。最后，GIS 工程数据结构和算法复杂。空间数据具有海量、空间多维等复杂特性，导致 GIS 工程数据结构复杂，算法难度较大。

地理信息系统工程的实施主要有以下几个步骤：

(1)用户需求调研与可行性研究。

(2)工程实施方案与总体设计。

(3)开发与测试。

(4)试运行与调试。

(5)系统维护和评价。

用户需求调研是地理信息工程建设的重要一步，调研用户对 GIS 的需求和现有业务需求，以及用户现有数据基础，并形成用户需求调研报告，明确用户业务需求和系统需求，分析用户数据和系统现状，提出系统建设预期目标，分析系统建设的可行性。用户需求调研报告是系统功能设计和系统总体设计的依据，为用户下一步工作奠定基础(吴信才，2002)。

在用户调研分析报告基础上，制定系统工程建设的实施方案，并对系统进行总体设计。

以实施方案和总体设计为纲领实施系统的详细设计、数据整理分析和开发测试工作。在系统开发完成之后进行系统试运行和调试、完善系统、系统安装运行。

10.2　地理信息系统工程设计

10.2.1　总体设计

地理信息系统工程总体设计是从系统建设的目的出发，遵循先进性、科学规范性、可操作性、可扩展性和安全性的设计原则，进行系统体系结构设计。内容包括系统构建的关键技术、数据及数据库体系结构设计、接口设计、模块体系设计、工程建设的软硬件环境设计、系统组网及安全性设计等。

在模块体系设计中论述系统的模块划分以及模块间的相互关系，并给出各模块的物理实现(dll 动态库方式还是 exe 可执行文件方式)及各文件的部署位置。用表格或框图形式说明本系统的系统元素(各层模块、子程序、公用程序等)的标识符和功能，分层次地给出各元素之间的控制与被控制关系，如表 10-1 所示。

表 10-1　模块体系设计表

程序需求	程序 1	程序 2	…	程序 *n*
功能需求 1				
功能需求 2				
⋮				
功能需求 *n*				

地理信息工程设计阶段还应该选择合适的软硬件配置，要充分考虑每个 GIS 工程提出的海量数据存储、系统的伸缩性、系统的开放性、多用户并发访问、Internet 等需求。

10.2.2　界面设计

系统界面是用户与软件系统的交互接口，界面设计的美观性和实用性决定了系统应用的主要方面。一个交互功能弱的软件必然导致用户学习进程的减慢，增加应用的复杂性。因此，界面设计是除算法设计、数据结构设计等外的另一个非常重要的设计工作。一个成功实用的界面设计需要综合考虑美观性、交互性、专业性等方面。

GIS 工程界面主要有三种表现形式：通用 GUI 界面、工作流模式、命令行界面。通用 GUI 界面指常规 Windows 样式界面，包括菜单和工具栏等交互式功能部件，是最常用的一种界面风格。工作流模式是部分软件中使用的界面风格，比如 ERDAS 软件和 ArcGIS 软件中都有模块使用(图 10-1)。命令行界面是目前较少使用的一种界面风格(图 10-2)。

在 GIS 工程的界面设计中首先确定采用的界面风格，然后设计系统功能的表现方式，要明确哪些采用菜单实现，哪些使用按钮或者命令行实现。常使用框图等示意图表示出布局和相互关系，如图 10-3 所示。

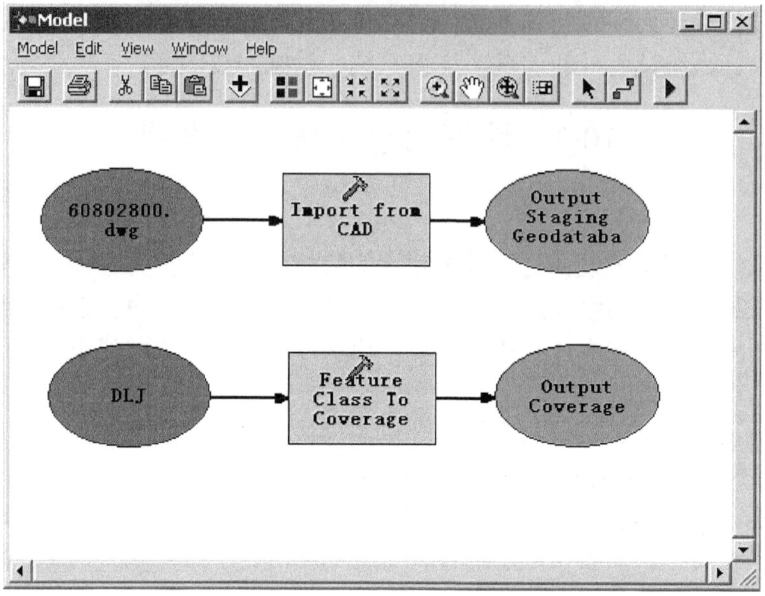

图 10-1　ArcGIS 中 ModelBuilder 的工作流风格界面

图 10-2　ArcGIS 中的命令行风格界面

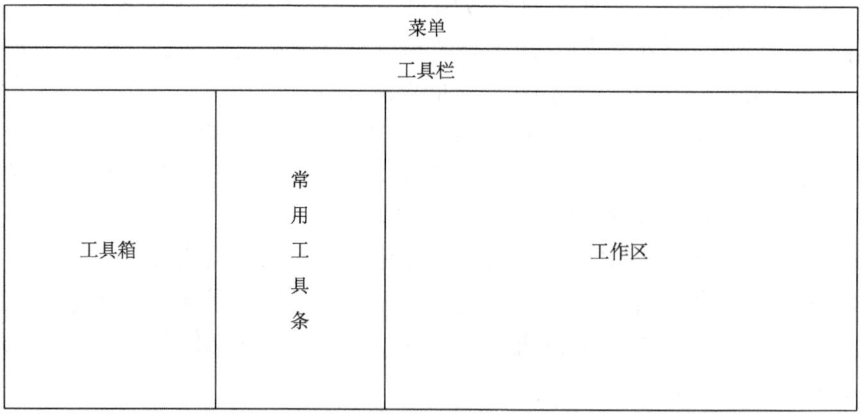

图 10-3　界面要素布局示意图

10.2.3　数据库设计

在 GIS 工程的实施中，数据和数据库建设是工程的主要内容，大多数学者认为，数据和数据库建设时间及投资占 GIS 工程建设的比例一般为 50%～70%。因此，数据库的设计显得尤为重要。

数据库设计是面向用户应用和现有数据基础，构建最优的空间数据库模型，建立空间数据库，实现空间数据的有效组织和存储，满足 GIS 工程的应用需要。数据库设计一般包括三个主要阶段：概念设计阶段、逻辑设计阶段、物理设计阶段。概念设计是在用户需求调研的基础上形成独立于机器底层和数据库管理系统的概念模型，即 E-R 图。逻辑设计是将 E-R 图转换成具体的数据库产品支持的数据模型，如关系模型，形成数据库逻辑模式；然后从用户处理要求和安全性考虑，在基本表的基础上建立必要的视图(View)，形成数据的外模式。物理设计根据数据库管理系统(DBMS)的特点和数据处理需要，组织数据的物理存储，建立数据库索引，形成数据库内模式。

图 10-4 为一个概念设计 E-R 图示例，图中所示为人员及相关实体之间的 E-R 图。

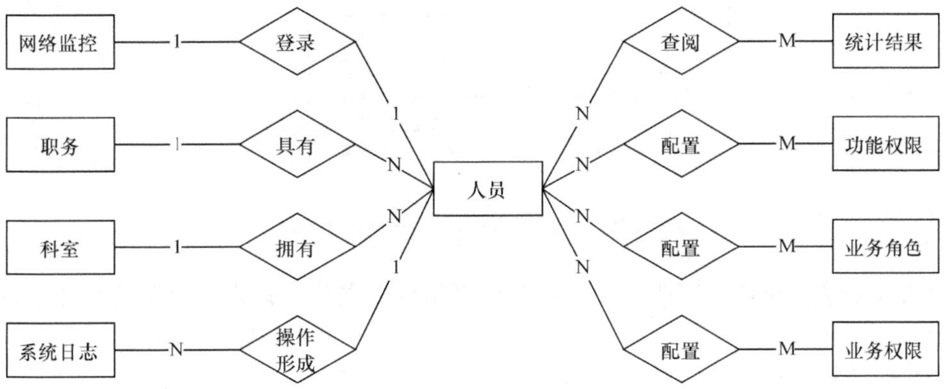

图 10-4　E-R 图示例

示例中 E-R 图在逻辑设计阶段映射为关系数据库模型，设计为 9 张表，分别是人员表、监控表、职务表、科室表、日志表、统计表、功能权限表、业务角色表、业务权限表。由 9 张表构成数据库的外模式。在物理存储设计中考虑 9 张表的存储，假定示例采用 Oracle 数据库存储，则可以设计一个表空间对应一个数据文件，存储 9 张表。

在 GIS 工程中，考虑到空间数据的存在，应用中并非如上述示例般简单。空间数据库的逻辑设计一般是以图库-数据集-数据层为主线考虑其逻辑设计(图 10-5)，在物理存储中需要考虑空间数据使用文件存储还是数据库存储。

10.2.4　系统详细设计

系统详细设计是解决系统“如何做”的问题。一般而言，系统详细设计包括数据结构设计、模块设计、代码设计(类设计)。

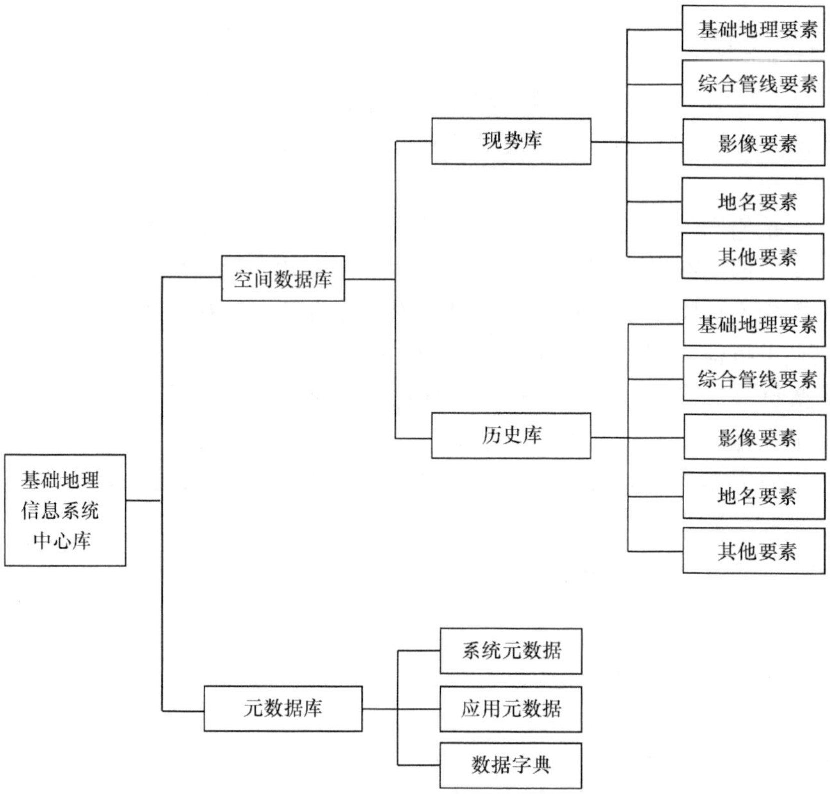

图 10-5　空间数据库逻辑设计示例

系统的数据结构设计，应明确给出每个数据结构的名称、标识符以及它们之中每个数据项、记录、文卷和系统的标识、定义、长度及它们之间层次的或表格的相互关系。并用表格说明各个数据结构与访问这些数据结构的形式，如表 10-2 所示。

表 10-2　数据结构设计示意

数据结构	程序 1	程序 2	…	程序 *n*
数据结构 1	√			
数据结构 2	√	√		
⋮				
数据结构 *n*		√		√

模块设计中应明确说明模块命名、模块设计功能、模块包含类与其他模块的关系等，如表 10-3 所示。

类设计是对类的成员对象，包括成员方法和成员变量的设计。内容包括类的命名、功能表述、类的继承关系、类的成员对象设计等。类的设计可以采用 Rational Rose、Microsoft Visio 等工具。

表 10-3　模块设计表

模块名称	模块名
功能描述	列出模块功能
接口与属性	说明函数功能、输入参数、输出参数、返回值等
数据结构与算法	不论是采用经典的还是专用的数据结构与算法，都应该做必要的描述 不仅用于指导程序的实现，还可以让人们清楚地了解该对象类是如何设计的
所包含类	列出模块中包含的类名

10.3　地理信息系统工程开发

10.3.1　工程开发概述

前已述及，地理信息系统分为两类：应用型地理信息系统和工具型地理信息系统。应用型地理信息系统，即 GIS 工程，集中于某些行业的应用，包括专题地理信息系统和区域综合地理信息系统。工具型地理信息系统，即 GIS 工具软件包，如 ArcGIS、MapInfo 等，具有空间数据输入、存储、处理、分析和输出等 GIS 基本功能。随着地理信息系统应用领域的扩展，应用型 GIS 的开发日显重要。

选择一种合适的开发方法是地理信息系统工程中非常关键的工作。目前，常用的软件开发方法有原型开发方法、结构化开发方法、极限编程与敏捷软件开发。原型法适用于小型 GIS 工程应用开发，是在软件系统的不断开发过程中明确系统的功能和表现，不断迭代修改 GIS 软件设计的一种开发方法。结构化开发方法是需求和功能非常明确背景下采用的一种开发方法，软件开发的各个阶段划分非常明显。极限编程(eXtreme programming，XP)是一种软件工程方法学，是敏捷软件开发中最富有成效的几种方法学之一。极限编程具有适应性强、快速工作、响应变化能力强等特点，适用于小型开发团队。

GIS 开发主要有三种模式：基于高级编程语言的底层开发、基于 GIS 软件提供的宏语言二次开发、基于组件 GIS 的二次开发(刘仁义和刘南，2006)。

VC、VB 等高级开发语言支持从 Windows 底层的软件开发，这也是一些商业 GIS 软件的来源。这种开发对编程人员要求严格、难度较高，不适合 GIS 工程应用。基于 GIS 软件提供的宏语言(如 ESRI 的 ArcView 提供了 Avenue 语言，MapInfo 公司研制的 MapInfo Professional 提供了 MapBasic 语言等)二次开发能够充分利用 GIS 软件提供的函数和模块，有效地避免了底层开发中难度较高的弊端，基于宏语言既能加快开发进度又提高了应用的可靠性。但宏语言一般功能简单，不适合复杂的 GIS 工程应用。目前较常用的方式是基于 GIS 软件提供的二次开发组件结合高级编程语言，集成两者的优势，成为目前 GIS 开发的主流模式。这些 GIS 组件如 ArcGIS 提供的 ArcEngine、ArcObjects，MapInfo 提供的 MapX 等。这种模式的优点是既可以充分利用 GIS 软件工具强大的 GIS 功能，又集成了高级开发语言的高效、方便等优点，不仅大大提高应用系统的开发效率，而且使用可视化软件开发工具开发出来的 GIS 应用程序具有更好的外观效果，可靠性好、易于移植、便于维护。

10.3.2　组件式 GIS 开发

GIS 技术的发展，在软件模式上经历了功能模块、软件包式软件、核心式软件，到当前的组件式 GIS(ComGIS)和 Web GIS 阶段。传统 GIS 虽然在功能上相对成熟，但伴随 GIS 应用的推广，对更多用户而言，他们为了使用 GIS 软件中的一小部分功能，就需要购买整个庞大的 GIS 软件，投资过于昂贵，阻碍了 GIS 的普及和应用。组件式 GIS 的推出解决了这一问题。

组件式 GIS(ComGIS)就是采用了面向对象技术和组件式软件的 GIS 系统。其基本思想是把 GIS 的各大功能模块划分为几个控件，每个控件完成不同的功能。各个 GIS 控件之间，以及 GIS 控件与其他非 GIS 控件之间，可以方便地通过可视化的软件开发工具集成起来，形成最终的 GIS 应用。控件如同一堆各式各样的积木，它们分别实现不同的功能(包括 GIS 和非 GIS 功能)，根据需要把实现各种功能的“积木”搭建起来，就构成了应用系统。几个著名的 GIS 软件公司纷纷推出一系列 ComGIS 软件，如 Intergraph 公司的 GeoMedia、ESRI 公司的 MapObjects、MapInfo 公司的 MapX 等(刘仁义和刘南，2006)。

组件式 GIS 具有支持通用开发语言、开发简捷、功能强大、能够与 GIS 软件无缝集成、应用灵活、投资适中等优点，是当前 GIS 工程应用的主要模式。组件式 GIS 依赖于 GIS 软件提供的资源库，便于 GIS 应用的扩展。组件式 GIS 集成第三方的组件能够为用户提供更加美观的用户界面。目前很多第三方控件可以解决任何通用软件编程中所遇到的问题，从简单的命令按钮到动态的三维统计图，从多媒体播放到超文本显示，几乎无所不有。这些控件中有商业软件，也有价格很低的共享软件甚至免费软件。

但组件式 GIS 也存在不足，主要体现在以下两个方面：

(1)与专业的 GIS 客户端软件相比，采用组件式 GIS 技术效率相对较低。

(2)组件式 GIS 对 GIS 软件的依赖性较大，需要依赖 GIS 软件提供的组件完成 GIS 应用，而有的 GIS 软件提供了强大的组件库，有的则提供了部分功能组件。

常用组件式 GIS 软件开发性能比较如表 10-4 所示。

表 10-4　组件式 GIS 软件开发性能对比表

软件	ArcGIS	SuperMap	AutoDesk	MapInfo
开发语言	VB，VC++，Delphi，C++ Builder，Java 等	VB，VC++，Delphi，C++ Builder，Java 等	VB，C++，Delphi 等	VB，VC++，Delphi 等
功能	MapObjects 功能弱，ArcObjects/ArcEngine 功能强大	功能强大	比较强大	功能弱属于轻量级客户端
集成性	强	强	弱	强
扩展性	基于标准组件开发，可集成其他组件，扩展性强	基于标准组件开发，可集成其他组件，扩展性强	基于标准组件开发，可集成其他组件，扩展性强	基于标准组件开发，可集成其他组件，扩展性强

续表

软件	ArcGIS	SuperMap	AutoDesk	MapInfo
伸缩性	MapObjects 只有一个控件，功能弱；ArcObjects、ArcEngine 组件群庞大，功能强大能满足大型应用需求	多个组件组成，可自由拆卸组合，可以根据不同的项目选择不同的组件，有利于降低客户端成本。适合于大型、中型和小型项目应用	可裁减性差，伸缩性强	MapX 只有一个控件，功能弱，满足不了大型应用需求
对象封装粒度	MapObjects 对象封装粒度适中(有 45 个对象)，易于使用，具有灵活性；ArcObjects/ArcEngines 对象封装粒度细，功能强大	SuperMap 对象封装粒度适中(有 120 多个对象)，易于使用，同时具有灵活性	ObjectARX 对象粒度适中，便于灵活使用	MapX 对象封装粒度适中(有 56 个对象)，易于使用，同时具有灵活性
二次开发文档	ArcObjects/ArcEngine 开发文档齐全，并附有示范代码	参数说明较详细，且常用方法有大量示范代码	参数说明较简单，但有一定示范代码	参数说明较详细，有一定示范代码

10.4　地理信息系统工程应用实例

伴随 GIS 技术的发展和应用的推广，GIS 已经深入到人们日常生活的各行各业。一般认为社会 85%的行业应用都与 GIS 和空间信息相关，这些领域包括国土资源管理、城市和区域规划、商业管理、交通运输、石油天然气、军事、教育等。本节以数字城市中基础空间数据管理与应用子系统为例，讲述地理信息系统工程应用的设计与开发。因为开发测试、试运行等涉及具体实际操作工作，难于用文字组织讲述，所以在此主要讲述实例的需求调研和设计内容。

基础空间数据管理与应用子系统是数字城市建设中的基础内容，能够实现基础地理空间数据(包括 4D 数据以及其他专题数据)的统一管理，主要包括空间数据的输入、格式输出、编辑更新、查询统计、空间分析、制图输出、专题图、历史库管理、3D 分析等应用。子系统具有海量数据管理、高效智能无缝拼接处理、多源数据融合、动态更新维护等特点。因此，在系统设计中要遵循开放性、扩展性、适用性等原则。

10.4.1　需求调研

需求调研是项目立项后的第一项工作，同时也是最重要的工作。需求调研是后期设计和系统运行的基础和关键。用户需求分析是针对系统功能和设计工作，根据用户的现行软件系统和现有数据基础，以及业务工作对系统的需求进行调研，明确用户对系统的需求，发现并提出现有软件系统中的问题，并分析用户需求和系统建设的可行性，形成对问题、数据、需求的调研报告。

具体工作内容包括：

(1) 用户情况调查包括现有软件系统问题、数据现状、业务需求。

(2) 明确系统建设目标和任务。

(3)系统可行性分析研究。

(4)撰写并提交需求调研报告。

以基础空间数据管理与应用子系统为例，调研内容如下。

1. 用户组织结构及职责

基础空间数据管理与应用子系统是数字城市建设的基础系统，其用户从行政级别分为市政府相关部门、各个业务主管部门，从用户性质分为系统管理员、局级管理员用户、局级应用用户、普通查询用户。系统管理员负责基础空间数据系统的维护和管理，主要工作包括人员授权与审核、空间数据库管理与维护、数据的导入与导出。局级管理员用户负责本局所提交空间数据(需要导入基础空间数据库的数据)的质量审核和规范化、与系统管理员之间的数据交互。局级应用用户是每个职能部门中应用到基础空间数据的人员，这些数据通过前端系统从基础空间数据管理系统申请获取。普通查询用户是面向数据查询和应用相关的大众用户，这部分用户只是查询数据，如通过 Internet 网络查询城市交通地图的普通上网用户。

基础空间数据管理与应用系统涉及各单位的组织关系如图 10-6 所示。

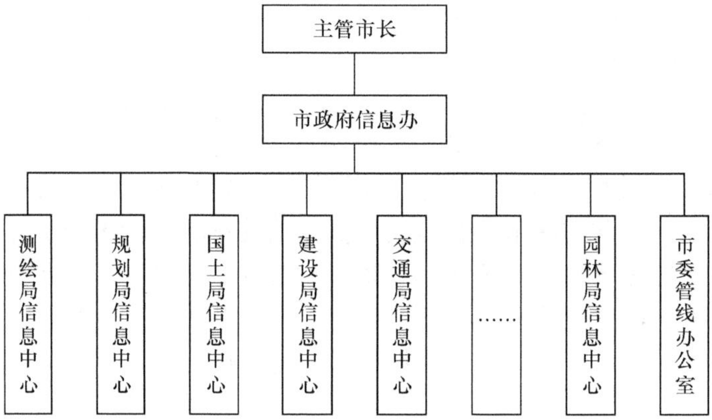

图 10-6　各单位的组织关系

基础空间数据管理与应用子系统作为数字城市的基础系统，与城市各职能部门关系非常密切。系统的建设一般是由主管市长为负责人的领导小组负责，并由市政府信息化办公室(简称信息办)具体落实。在系统的建设和应用中又涉及多个职能部门，如城市规划局、建设局、测绘局、国土局等，这些部门既是系统的建设者也是系统的主要用户。各职能部门的业务数据是基础空间数据的一部分，各自的业务办公又需要以城市基础空间数据为基础。

通过调研，还应列出上述组织结构中的各个相关人员以及在本系统中的具体角色如表 10-5 和表 10-6 所示。

表 10-5　职务表格

序号	职务名称
1	市长
2	局长
…	……
…	……

表 10-6　人员表格

单位	人员姓名	职务代码	本系统中的职责	备注
规划局	张三	处长	数据质检	
规划局	李四	科员	局管理员，数据质检和维护	
……	……	……	……	

其中人员职务代码来自于职务表格。

2. 数据现状

数字城市基础空间数据管理与应用子系统涉及城市范围内的几十个相关职能部门，不仅基础地形图等数据是数据现状调研的对象，而且职能部门的业务相关数据，尤其是和空间数据相关的业务数据也是调研范畴。

数据现状调研内容包括：数据的时间跨度、数据格式、存储方式、数据归属、数据生产、数据更新维护等。调研表格如表 10-7 所示。

表 10-7　空间数据现状调研表格

数据名称	数据格式	存储方式	数据量	生产单位	归属单位	生产时间	维护历史记录
基础地形图	dwg 2004	文件	2GB	测绘局	测绘局	2003.8	1. 2005 年更新区域 1 2. 2007 年更新区域 2
……	……	……	……	……	……	……	……

3. 业务需求

市政府信息办公室是基础空间数据管理的主要部门，负责空间数据的维护与管理。但因为基础空间数据的行业性较强，而市政府信息办一般人员都是计算机专业人员，不具备空间数据和 GIS 的基础知识。所以，在国内大多数城市，基础空间数据的维护和管理都是在市政府信息办公室的领导下委托给某个职能部门，有的城市由规划局负责，有的是由测绘局负责。空间数据维护和管理的具体业务工作是需求调研的重点。

城市的各个职能部门以城市基础空间数据为基础展开业务办公的，如城市规划局一般以城市基础地形图开展规划工作；国土局以城市范围大比例尺地形图进行城镇地籍工作等。因此，各个职能部门与城市基础空间数据相关的业务也是调研的内容。调研报告中一般按部门阐述调研内容，每部门的调研内容又常按图 10-7 方式组织。

4. 现行系统和软硬件调研

现行系统指目前在用的系统，一般而言，现行系统因为不能满足新的需求而需要升级或者重新建设。在本例中，对现行系统的调研内容如下：

(1) 系统的运行环境，包含软件环境和硬件环境。

(2) 系统的数据处理能力，包括能处理的数据格式、数据量、对空间数据的完整性、一致性的处理能力等。

业务 1 　　业务概述 　　业务涉及人员和工作角色 　　业务所用基础空间数据 　　业务所用专题数据 　　业务所用表格 　　业务处理流程 业务 2 　　业务概述 　　业务涉及人员和工作角色 　　业务所用基础空间数据 　　业务所用专题数据 　　业务所用表格 　　业务处理流程

图 10-7　部门调研内容组织形式

(3)用户对现行系统提出的问题，包括用户对系统改善的期待、用户提出的系统中问题等。

另一个调研内容是用户的现有软硬件现状。用户现有软硬件是新系统建设的基础，新系统基于用户软硬件条件建设减少了用户投资。一般包含如下几个内容。

(1)硬件：PC 机参数和台数；服务器型号、参数、台套数；宽幅地图打印机；扫描仪；用户网络设施等。

(2)软件：系统软件、GIS 软件、图像处理软件、数据库软件、空间数据库引擎软件等。

5. 需求分析

总结调研情况，并对调研内容做出分析，提出用户对数据和系统的需求，用户新业务需求对空间数据和系统的要求等。在本例中重点有以下几点：

(1)提供完善的基础空间数据管理与应用服务体系。包括基础空间数据输入、编辑、管理、查询、空间分析和制图输出以及空间数据库更新等。管理的数据主要有 DLG 数据、DEM 数据、DOM 数据、DRG 数据以及相关的元数据。

(2)海量空间数据处理。基础 GIS 平台所管理的数据包括基础地形要素(控制点、道路、水系、居民地等)、综合管线等基础空间数据，还包括庞大的影像数据。系统不仅需要管理与其直接相关的属性信息，还需记录一些派生的附属数据。在数据库设计阶段要求对数据进行合理的分类、封装，在尽可能减少数据重复存储的前提下，充分考虑提高数据的检索速度。

(3)实现元数据库管理。基于国家基础地理信息标准，采用面向对象的技术建立空间数据元数据库，并进一步提供数据集编目信息和信息交换的网络服务，提供对空间数据的标识、内容、质量、状况及其他有关特征的全面描述。

(4)空间数据与非空间数据并存。城市基础空间数据管理平台要求实现空间数据和非空间数据统一管理，实现真正的数据“无缝”管理。空间、非空间数据表达了地理信息的不同内容。图形是基础 GIS 管理工作的基础，而非图形的信息是系统实现的结果和目标。系统数据库要求能够有效地组织空间数据和非空间数据，并实现图形和属性之间的数据快速传递和互访。

(5) 实现城市综合管网信息的集中动态管理与应用。

(6) 基于空间位置的动态地名管理与应用。

(7) 地理数据的分发服务和互联网发布。

(8) 支持地理信息工程办公自动化。

10.4.2　总体设计

总体设计又称作概要设计，是对系统建设的宏观规划。总体设计一般包括如下几个内容：系统总体结构设计、软硬件平台设计、开发模式设计、模块划分、技术路线等。

1. 总体结构设计

依据数字城市建设规划和基础空间数据管理与应用子系统建设目标，突出基础空间数据为核心的原则，将基础空间数据流程划分为三个层次：由城市基础空间数据(1∶500 地形图、1∶1000 地形图、航空影像数据、规划图数据等)组成的基础空间数据层、基础空间数据管理的数据管理层、以基础空间数据为核心结合各种专业基础数据和各种专业应用模型开发形成数据应用服务层。总体结构如图 10-8 所示。

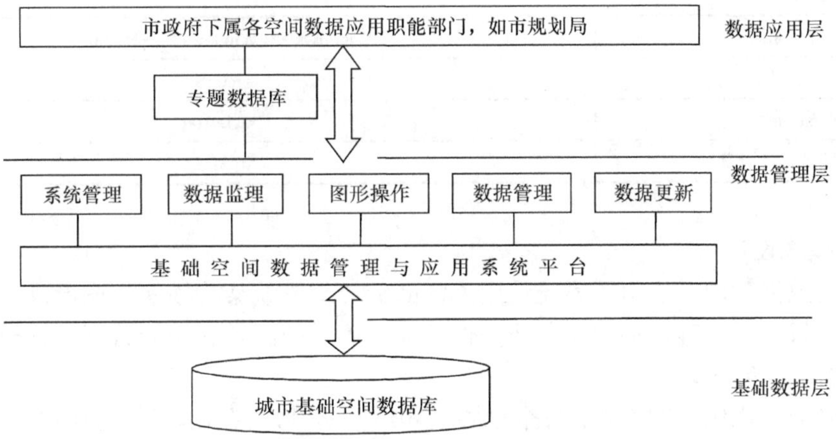

图 10-8　总体结构图

2. 软硬件平台设计

依据前期调研的用户现有软硬件平台，以及系统建设对软硬件的需求，推荐以下系统软硬件平台。

(1) 服务器。

型号	Dell PowerEdge™R900_C 四路机架式服务器
CPU	Quad-Core Intel® Xeon® E7330，2x3MB Cache　4×2.4GB
内存	DDR-2 667MHz ECC 2R Memory　16GB
硬盘	3.5″，　15Krpm, SAS Hard Drive 6*300GB

(2)客户端。

型号	Dell OptiPlex™ 755_A
CPU	Intel® Core™2 Quad Processor Q6700　2.66G，缓存 8M
内存	4G/DDR2 667MHz
硬盘	2×250G/SATA II

(3)其他设备。

设备名称	设备说明
双网物理隔离卡	内/外网硬盘以及内/外网网线
信息安全交换系统	内外网隔离系统
外网交换机	10/100M 自适应接口的 CISCO 交换机
外部设备	A0 幅面绘图仪、平推打印机、A4 以上幅面激光打印机、彩色喷墨 600dpi 以上的扫描仪
网络设备	集线器(或者交换机)

(4)软件。

操作系统	Windows XP/Windows Server 2003
GIS 平台	ArcGIS
数据库	Oracle 10g
空间数据库引擎	ArcSDE

3. 开发模式设计

基础空间数据管理与应用子系统采用 Client/Server 系统架构模块，图形操作功能模块只位于客户端，只能通过客户端实现图形操作功能，而系统配置和空间数据库管理模块可以同时位于服务器端或客户端。

子系统采用模块化开发方式，每个模块以 dll 或 exe 形式存在，利用面向对象的方法集成各个模块形成基础空间数据管理与应用子系统。

4. 模块划分

系统模块划分如表 10-8 所示。

表 10-8　系统模块划分表

工程名	工程类型	中文描述	运行环境
MapView	exe	客户端图形	客户端
SysConfig	exe	系统配置	服务器端和客户端
MapLib	exe	图库管理	服务器端和客户端
MapPrepare	dll	数据预处理	服务器端
MapTrans	dll	数据转换	服务器端
MapStat	dll	数据统计	客户端
MetaConfig	dll	元数据管理	客户端和服务器端
PubFuns	dll	公用模块	客户端和服务器端

5. 技术路线

基础空间数据采用 Oracle 10g＋ArcSDE 9 实现存储；采用 ArcGIS Server 和 ArcSDE 9 作为数据服务器构成数据管理层；在数据应用层则采用 ArcGIS Desktop 作为数据建立的平台；利用 Visual C＋＋开发工具与 ArcGIS 提供的 COM 接口——ArcEngine 的结合，建立系统数据管理层的应用，其中通过 ArcSDE 实现数据的访问，实现数据库中空间数据的检索、查询、统计、更新等功能，实现网上数据发布等功能。系统技术路线如图 10-9 所示。

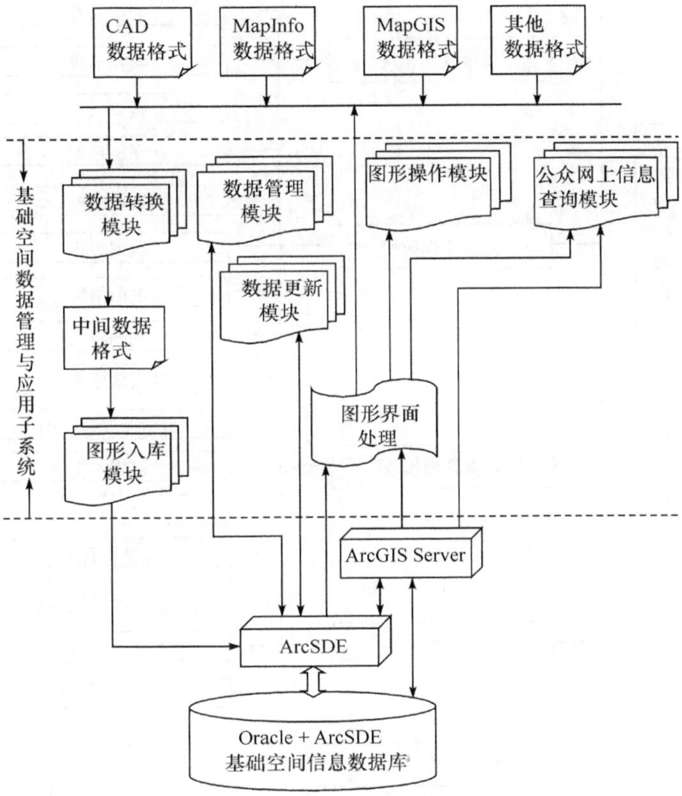

图 10-9　系统技术路线图

10.4.3　功能设计

空间数据管理与应用子系统是为保证空间数据库的正常运转和基于空间数据库的应用而开发的系统平台。为实现这一功能，该子系统细化为系统管理、质检入库、图形操作、数据管理、信息查询、数据更新等模块。功能设计如图 10-10 所示。

10.4.4　数据库设计

1) 逻辑设计

空间数据库的设计采用了“逻辑分幅、空间分区、数据归类”的设计思路。逻辑分幅是无缝空间数据库的一种动态分块方式，主要用于数据的快速显示。空间分区将空间数据按特征分为不同区块，并给出唯一标识码。以上设计可以提高数据加载效率，避免数据加载冗余问题。图 10-11 为数据库逻辑设计。

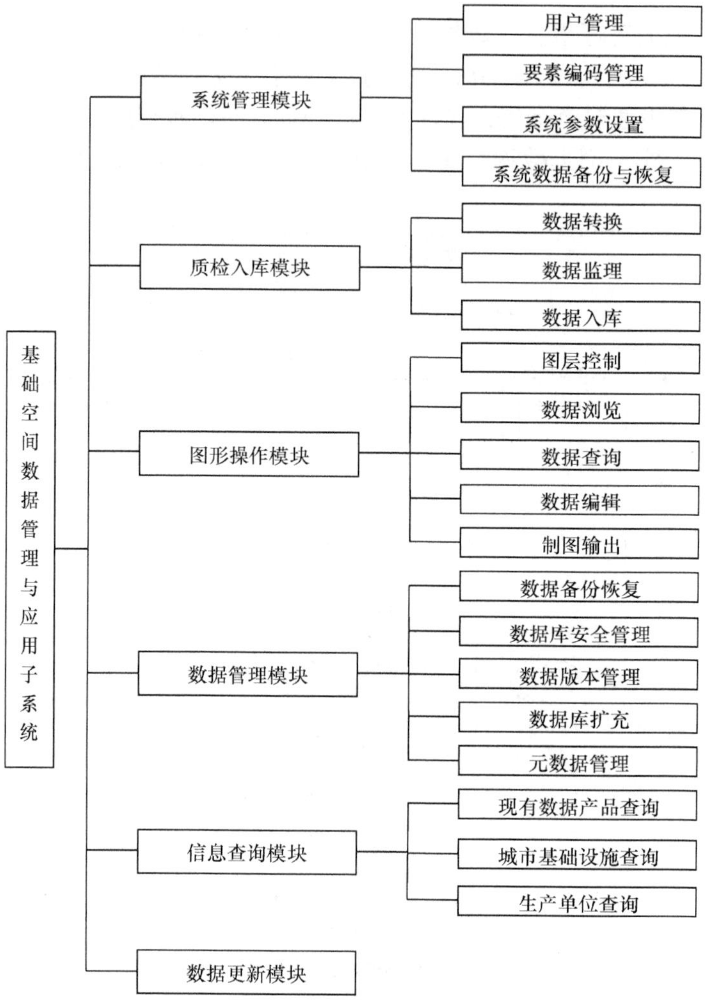

图 10-10　功能设计图

2) 物理设计

基于数据库机制存储和管理元数据、日志、访问控制信息及海量空间数据。在本系统中，基于上述逻辑设计采用了分幅表—分区表—地物类的三级物理存储方式。物理设计如图 10-12 所示。

10.4.5　系统详细设计

系统详细设计是系统类级别的设计。详细设计主要工作是基于模块设计中的模块划分设计每个模块中的类以及类之间的关系。本例模块划分见表 10-10 所示。

类的设计可以基于 UML 类设计工具(图 10-13)或者在 Microsoft word 文档中直接阐述类的设计内容，包括类的功能、成员、输入输出、测试方法等。限于篇幅，现以后一种方式为例，仅讲述 CMapView 类(地图类)的设计方法与步骤，其他的类成员设计仿此进行。

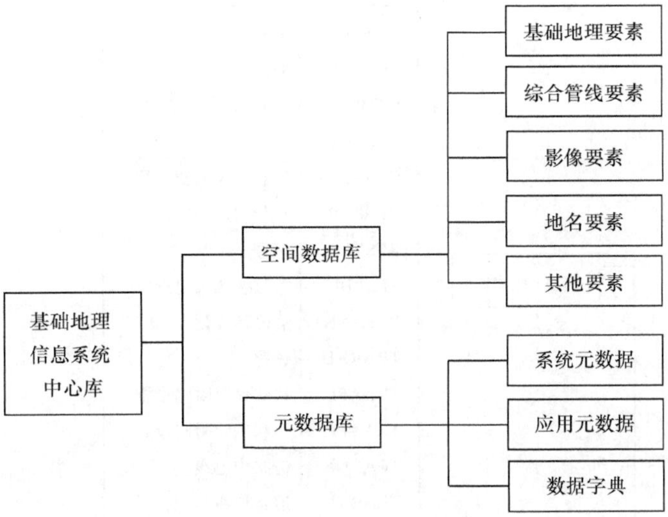

图 10-11　空间数据库逻辑设计

CMapView 是地图显示窗口中的一个类，面向 VC＋＋开发语言设计。

1. 程序描述

根据用户从图库中选择的地形图层、索引图层生成 IMap 接口，利用 IMap 接口控制地图显示和要素的选择。

2. 功能

用于控制地图显示、选择要素和符号化图层。

3. 类设计

1) 成员变量

IMapPtr m_ipMap;

IActiveViewPtr m_ipActiveView;

CMapLayer *m_pLayer;

IFeatureLayerPtr m_ipFeatureLayer; //当前编辑层

2) 构造函数

原型：CMapView (IMapPtr ipMap);

功能：根据 CView 视图类的成员变量 m_ipMap 来实例化

输入：ipMap　CView 视图类的成员变量

3) GetLayerInfo (IFeatureLayerPtr ipFeatureLayer)

原型：LayerInfo GetLayerInfo (IFeatureLayerPtr ipFeatureLayer);

功能：获取某一图层信息

输入：ipFeatureLayer 指定图层

输出：LayerInfo

4) SetMapExtent (IEnvelopePtr ipExtent)

原型：void SetMapExtent (IEnvelopePtr ipExtent);

功能：根据 CView 视图类中获取的 IEnvelope 来设置地图显示范围

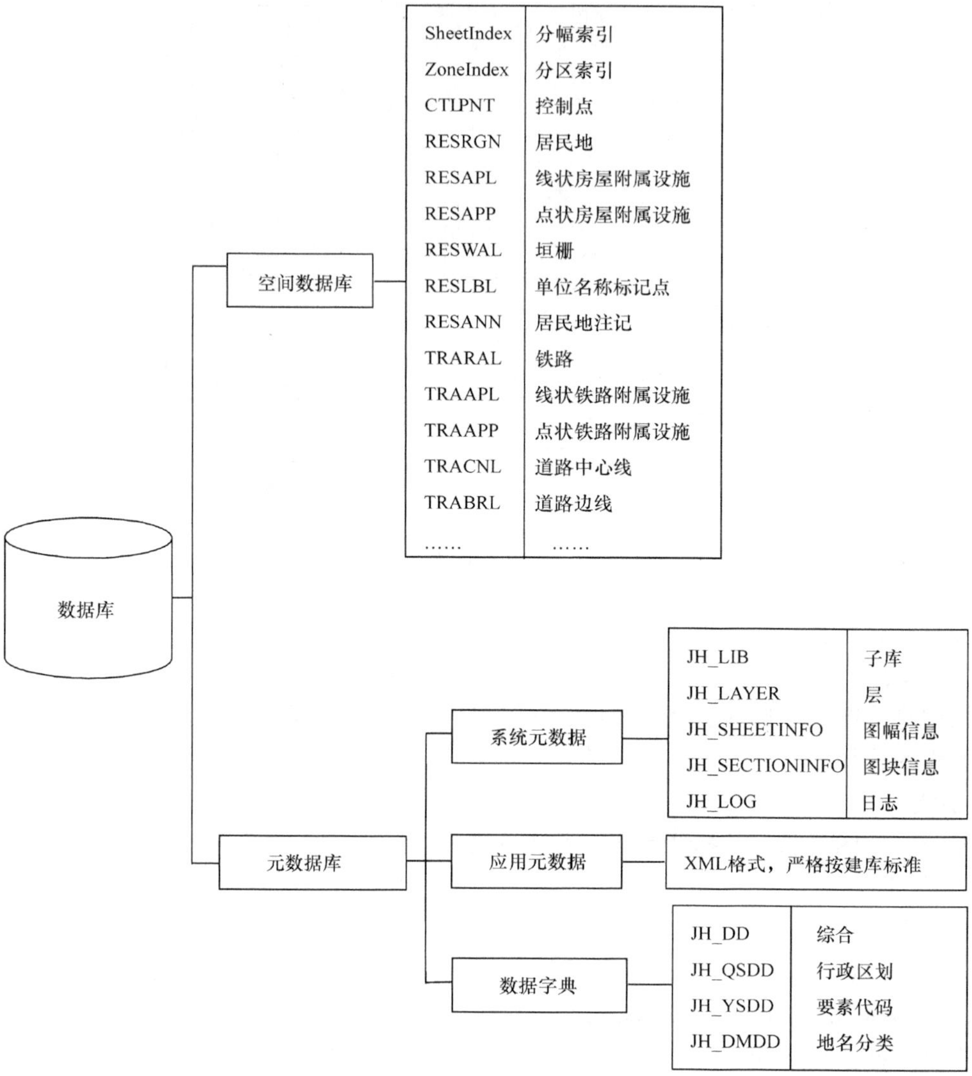

图 10-12　数据库物理设计

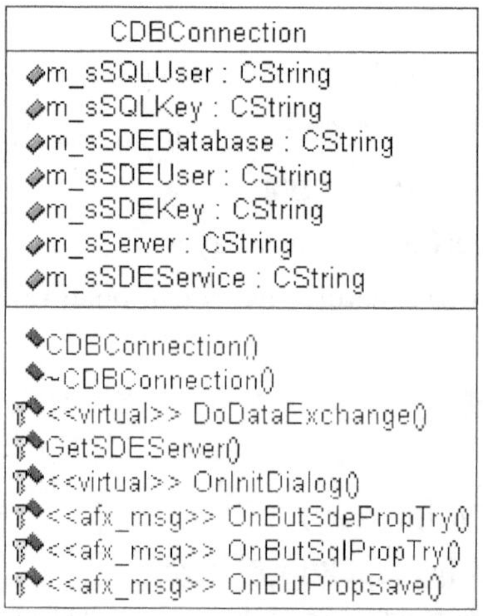

图 10-13　SysConfig 中的类 CDBConnection 设计

输入：ipExtent　CView 视图中获取的变量
输出：无
5) FilterMapWithQuery (BSTR sql)
原型：void FilterMapWithQuery (BSTR sql)；
功能：根据指定的 sql 语句对地图进行过滤显示
输入：sql　查询语句，如“sheetCode＝1”
输出：无
其他类成员设计内容略。

4. 测试方法

(1) 创建的网格个数和实际的是否相符合。
(2) 经纬度显示要注意结果的正确性。

接口设计是详细设计中的另一个重要工作，是实现类和类、模块和模块之间通信的基础。表 10-9 为数据流通信接口设计实例。

表 10-9　数据报文格式设计

传输标签 TranLabel				应用标签 AppLabel			应用数据段
信源 DFrom	信宿 DTo	数据类型 Dtype	时间 DTime	流水号	数据区长度	保留	应用数据 Data
1B	1B	1B	2B×7	4B	4B	4B	

系统内的数据按照统一的格式进行交互。数据报文由传输标签、应用标签和应用数据段组成，一个报文的传输标签 TranLabel 由 DFrom、DTo、Dtype 和 DTime 等字段组成，用于描述该报文的类型名称、要求传输的起止地点和发出时间等传输特性。一个报文的应用标签 AppLabel 由流水号、数据区长度、保留等字段组成，用于描述报文的应用特性。应用数据区内存放具体的数据信息。

习题与思考题

1. 简述地理信息系统工程的主要实施步骤。
2. 简述 GIS 工程界面的常用表现形式。
3. 简述 GIS 开发主要模式。
4. 组件式 GIS 的特点是什么？

主要参考文献

边馥苓. 1996. 地理信息系统原理和方法. 北京: 测绘出版社
陈述彭, 鲁学军, 周成虎. 1999. 地理信息系统导论. 北京: 科学出版社
承继成, 李琦, 易善桢. 1999. 国家空间信息基础设施与数字地球. 北京: 清华大学出版社
党安荣. 2003. ArcGIS 8 Desktop 地理信息系统应用指南. 北京: 清华大学出版社
杜道生, 陈军, 李征航. 1995. RS GIS GPS 的集成与应用. 北京: 测绘出版社
龚健雅. 1999. 当代 GIS 的若干理论与技术. 武汉: 武汉测绘科技大学出版社
龚健雅. 2001. 地理信息系统基础. 北京: 科学出版社
龚健雅. 2007. 对地观测数据处理与分析研究进展. 武汉: 武汉大学出版社
郭仁中. 2000. 空间分析. 武汉: 武汉测绘科技大学出版社
郝力. 2002. 城市地理信息系统及应用. 北京: 电子工业出版社
胡鹏, 黄杏元, 华一新. 2002. 地理信息系统教程. 武汉: 武汉大学出版社
黄杏元, 汤勤. 1990. 地理信息系统概论. 北京: 高等教育出版社
李德仁. 2006. 移动测量技术及其应用. 地理空间信息, (04): 1-5
李德仁, 龚健雅, 边馥苓. 1993. 地理信息系统导论. 北京: 测绘出版社
李德仁, 王树根, 周月琴. 2008. 摄影测量与遥感概论. 2 版. 北京: 测绘出版社
李建松. 2006. 地理信息系统原理. 武汉: 武汉大学出版社
李清泉, 杨必胜, 等. 2003. 三维空间数据的实时获取、建模与可视化. 武汉: 武汉大学出版社
廖明生, 林珲. 2003. 雷达干涉测量——原理与信号处理. 北京: 测绘出版社
刘南, 刘仁义. 2002. 地理信息系统. 北京: 高等教育出版社
刘仁义, 刘南. 2006. ArcGIS 开发宝典从入门到精通. 北京: 科学出版社
刘正. 2005. 地理信息系统应用教程 Autodesk Map. 北京: 国防工业出版社
宁津生, 陈俊勇, 李德仁, 等. 2004. 测绘学概论. 武汉: 武汉大学出版社
闾国年, 张书亮, 王永君, 等. 2007. 地理信息共享技术. 北京: 科学出版社
宋小冬. 2007. 地理信息系统实习教程. 北京: 科学出版社
宋小冬, 叶嘉安. 1995. 地理信息系统及其在城市规划与管理中的应用. 北京: 科学出版社
汤国安, 刘学军, 盛业华, 等. 2007. 地理信息系统教程. 北京: 高等教育出版社
汤国安, 杨昕, 等. 2012. ArcGIS 地理信息系统空间分析实验教程. 2 版. 北京: 科学出版社
田永中. 2010. 地理信息系统基础与实验教程. 北京: 科学出版社
王家耀, 魏海平, 成毅, 等. 2004. 时空 GIS 的研究与进展. 海洋测绘, 25(5): 71-75
王任享. 2003. 三线阵 CCD 影像卫星摄影测量原理. 北京: 测绘出版社
王新洲, 史文中, 王树良. 2003. 模糊空间信息处理. 武汉: 武汉大学出版社
韦娟. 2010. 地理信息系统及 3S 空间信息技术. 西安: 西安电子科技大学出版社
邬伦, 任伏虎, 谢昆青, 等. 1994. 地理信息系统教程. 北京: 北京大学出版社
邬伦, 张晶, 赵伟. 2002. 地理信息系统. 北京: 电子工业出版社
吴信才. 2002. 地理信息系统原理及方法. 北京: 电子工业出版社
修文群. 1999. 城市地理信息系统. 北京: 北京希望出版社
叶嘉安, 宋小冬, 钮心毅. 2006. 地理信息与规划支持系统. 北京: 科学出版社
虞立新. 2002. 地理信息系统及其在社会科学研究中的应用. 国外社会科学, (6): 50-54

袁博, 邵进达. 2006. 地理信息系统基础与实践. 北京: 国防工业出版社
张超, 陈丙咸. 1995. 地理信息系统. 北京: 高等教育出版社
张海藩. 1998. 软件工程导论. 北京: 清华大学出版社
张宏, 温永宁, 刘爱利, 等. 2006. 地理信息系统算法基础. 北京: 科学出版社
张书亮, 闾国年, 李秀梅, 等. 2005. 网络地理信息系统. 北京: 科学出版社
张小红. 2007. 机载激光雷达测量技术理论与方法. 武汉: 武汉大学出版社
张治国. 2008. ArcGIS 简明教程. 北京: 科学出版社
周落根. 2011. 移动测量系统及实景三维技术的发展与应用. 中国地理信息产业发展报告(2011). 北京: 社会科学文献出版社
周培德. 1999. 计算几何——算法分析与设计. 北京: 清华大学出版社
周启鸣, 刘学军. 2006. 数字地形分析. 北京: 科学出版社
周卫, 孙毅中, 盛业华. 2006. 基础地理信息系统. 北京: 科学出版社
朱光, 季晓燕, 戎兵. 1997. 地理信息系统原理及应用. 北京: 测绘出版社
Bernhardsen T. 2006. 地理信息系统导论. 王浒, 李浩川译. 北京: 机械工业出版社
Longley P A, Goodchild M F, Maguire D J, et al. 2007. 地理信息系统与科学. 张晶, 刘瑜, 张洁, 等译. 北京: 机械工业出版社